U0169849

高等学校电子信息类专业系列教材

信号与系统(MATLAB 版)

主　编　杜芳芳　刘国良
副主编　崔玉建　李明雨　朱　佩
　　　　解博江　杨　强

西安电子科技大学出版社

内 容 简 介

本书着重于信号与系统分析及应用，突出基础性、系统性、实用性，并注重理论与实践结合。全书共七章，分别为信号与系统的基本知识，连续信号的频域分析，连续系统的时域分析，连续系统的频域、复频域分析，离散系统的时域分析，离散系统的 z 域分析，系统函数的零、极点分析。

本书可供普通高等院校物联网工程、通信工程，以及电子信息类、自动化类、计算机类等专业使用，也可作为专科学校的教材。

图书在版编目(CIP)数据

信号与系统：MATLAB版/杜芳芳，刘国良主编. —西安：西安电子科技大学出版社，2022.8
ISBN 978 - 7 - 5606 - 6559 - 7

Ⅰ. ①信… Ⅱ. ①杜… ②刘… Ⅲ. ①信号系统 Ⅳ. ①TN911.6

中国版本图书馆 CIP 数据核字(2022)第 138076 号

策 划	刘玉芳
责任编辑	刘玉芳
出版发行	西安电子科技大学出版社(西安市太白南路 2 号)
电 话	(029)88202421 88201467 邮 编 710071
网 址	www.xduph.com 电子邮箱 xdupfxb001@163.com
经 销	新华书店
印刷单位	陕西日报社
版 次	2022 年 8 月第 1 版 2022 年 8 月第 1 次印刷
开 本	787 毫米×1092 毫米 1/16 印张 17.5
字 数	409千字
印 数	1～2000 册
定 价	45.00 元

ISBN 978 - 7 - 5606 - 6559 - 7/TN

XDUP 6861001 - 1

前　言

　　"信号与系统"课程的主要任务是：在时间域及频率域研究时间函数 $x(t)$ 及离散序列 $x(n)$ 的各种表示方式，研究系统特性的各种描述方式，研究激励信号通过系统时所获得的响应。"信号与系统"是通信工程、电子信息工程及自动化等专业的一门基础课程，也是物联网工程等专业不可或缺的专业基础课程，其中的概念和分析方法广泛应用于通信、自动控制、信号与信息处理、电路与系统等领域。

　　信号与系统从概念上可以分为信号分析和系统分析两部分，但二者又是密切相关的。连续信号可分解为不同的基本信号，对应推导出的线性系统的分析方法分别为时域分析、频域分析和复频域分析。离散信号分解和系统分析也是类似的过程。本书采用先连续后离散的布局安排知识，学生可先集中精力学好连续信号与系统分析的内容，再通过类比理解离散信号与系统分析的概念。本书所需的数学知识包括微分方程、差分方程、级数、复变函数、线性代数等。

　　MATLAB 是功能强大的商业数学软件，广泛用于数据分析、无线通信、深度学习、图像处理与计算机视觉、信号处理、量化金融与风险管理、机器人、控制系统等领域。本书将信号与系统的知识和 MATLAB 有机结合，充分发挥 MATLAB 强大的科学计算功能。利用丰富的工具箱函数，将专业知识与 MATLAB 有机结合，这不仅将大量繁杂的数学运算用计算机实现，还有利于提高学生分析问题、解决问题的能力。学生在学习信号与系统分析的基本理论和方法的同时，还可以深入掌握 MATLAB 软件的使用。

　　考虑到有些学校没有开设 MATLAB 课程，或者开设时间在本课程之后，为了兼顾各方面应用，本书将 MATLAB 相关内容独立设置，作为可选内容，不讲 MATLAB 部分也不影响本书内容的完整性。

　　本书各章均附有相应的练习与思考题，供学生在学习完各章内容后进行上机实践。

　　本书第 1 章由杜芳芳编写，第 2 章由刘国良编写，第 3 章由崔玉建编写，第 4 章由李明雨编写，第 5 章由朱佩编写，第 6 章由解博江编写，第 7 章由杨强编写。刘国良负责全书的统稿与结构设计，李明雨负责校对。

本书可作为普通高等院校物联网工程、通信工程以及电子信息类、自动化类与计算机类等专业的"信号与系统"课程的教材，也可作为专科学校相关专业教材及工程技术人员的参考书。

本书的顺利出版得到了西安电子科技大学出版社的大力支持，以及刘玉芳老师的热情帮助，在此表示衷心感谢！

由于本书内容涉及面广且有一定深度，加上作者的水平有限，书中错误和不足之处在所难免，敬请广大读者和同行批评指正。作者在此表示衷心的感谢。

作者 E-mail：MRLGL@163.com

刘国良

2022 年 4 月

目 录

2

第1章　信号与系统的基本知识

本章概述信号与系统的基本概念。学生应重点掌握不同信号的特点，线性时不变系统的性质、特点，系统的连接。

1.1　信号与信号分析的概念

1.1.1　信号

信号是描述范围广泛的一类物理现象，我们生活在一个信息社会里，在我们身边甚至在我们身上信号都是无处不在的，如随时可以听到的语音信号，随时可看到的视频、图像信号，伴随着生命始终的心电信号、脑电信号，以及心音、脉搏、血压、呼吸等众多的生理信号。

1. 消息、信息、信号

消息、信息与信号是既有联系又有区别的不同概念。

所谓"消息(Message)"，就是来自外界的、通过某种方式传递的声音、图像、文字、符号等各种报道。

所谓"信息(Information)"，就是指消息中有意义的内容。它是信息论中的一个术语，通过传递各种消息，人们可获取各种不同的信息。因此，通俗地说，"信息"是指具有新内容、新知识的"消息"。为了有效地传播和利用信息，人们常常将信息转换成便于传输和处理的信号。本书中对"信息"和"消息"两词不加严格区分。

"信号(Signal)"也称为"讯号"，是运载"消息"的工具，是"消息"的载体，"消息"通过"信号"表现出来。

从狭义的概念出发，"信号"是载有"消息"(包含"信息")的物理量，是系统直接进行加工、变换和处理的对象；"信号"是"消息"的表现形式，是传输"消息"的载体与工具。"信息"则是事物存在状态或属性的反映，蕴涵于"消息"之中，并通过"信号"进行传播、加工和处理。

从广义上讲，信号是随时间变化的某种物理量。它包含光信号、声信号和电信号等。

例如，古代人利用点燃烽火台而产生的滚滚狼烟，向远方军队传递敌人入侵的消息，这属于光信号；当我们说话时，声波传输到他人的耳朵，使他人了解我们的意图，这属于声信号；遨游太空的各种无线电波、四通八达的电话网中的电流等，都可以用来向远方传递各种消息，这属于电信号。人们通过接收的光、声或电信号，可知道对方要表达的信息。

在互联网、物联网时代，人们可以拓展性地理解消息、信息与信号的概念。例如，自己从网上选购了需要的物品，该物品进行包装，并通过快递到达自己手中。那么，物品就可以理解为"信息"：有用的内容；包裹可以理解为"消息"：包含信息的物理量；快递可以理解为"信号"：传递消息的运载工具。信号有不同形式，相当于运载工具可以是汽车、火车、飞机等。

事实上，信息方法已经成为一种科学思维方法，即把系统抽象为一个信息的获取、传输、加工、处理等有目的的运动，从而揭示出系统复杂过程的规律。它的优点在于不对事物的结构进行解剖性的分析，而是从整体出发研究系统与环境之间的信息输入和输出的关系。通过对信息流程的综合考察，获得对系统的整体性认识。

信号是多种多样的，但不管是何种"信号"，它都是"消息"的载体，是"消息"的一种表现形式。

信号常表示为时间函数，该函数的图形称为信号的波形。在进行信号分析时，信号与函数两个词常互相通用。

在电子信息类系统中，可以使"信号"的一个或多个特征量发生变化，用以代表"信息"的变化。

2. 电信号和非电信号

信号按物理属性可分为电信号和非电信号，两种信号可以相互转换。电信号容易产生、控制和处理。

本书所指的信号在一般情况下均为电信号。

1.1.2　信号分析

通过研究信号的描述、运算、特性以及信号发生某些变化时其相应的特性变化，来揭示信号自身的时域特性、频域特性等，称为信号分析。

信号分析即将信号分解为某些基本信号的线性组合，通过对这些基本信号在时域和频域上的特性分析来达到了解信号特性的目的。信号的分解可以在时域、频域或变换域中进行，因此信号分析方法可分为时域分析法、频域分析法和变换域分析法。

1. 信号的时域分析

信号的时域分析是指用不同的时间函数描述具有不同形态的信号波的形成，也称为波形分析。具体地讲，信号的时域分析是将连续时间信号表示为单位冲激信号 $\delta(t)$ 的加权积分，将离散时间信号表示为单位冲激序列 $\delta(k)$ 的加权和，从而产生了时域中的卷积积分运算与卷积和运算。

连续时间信号的时域分析，主要使用微分方程；离散时间信号的时域分析，主要依靠差分方程等，在 MATLAB 中使用 Z 变换可以把差分方程转化为简单的代数方程，从而使其求解过程大大简化。

2. 信号的频域分析

信号的频域分析是将连续时间(或离散时间)信号表示为复指数信号 $e^{jn\Omega t}$ (或 $e^{j\Omega k}$) 的加权积分(或加权和)，频域分析采用的是傅里叶分析的理论和方法，同时产生了信号频谱的概念。

用频率函数来描述或表征任意信号的方法，称为信号的频率分析、频谱分析或傅里叶分析，这种分析信号的方法称为频域分析法。

3. 信号的变换域分析

信号的变换域分析则是将连续时间(或离散时间)信号表示为复指数信号 e^{st}，求解 s 的 $(s = \sigma + \mathrm{j}\omega)$ 加权积分(或加权和)、拉普拉斯变换与 Z 变换的理论和方法。

用复频率函数来描述或表征任意信号的方法，称为信号的复频率分析或拉普拉斯分析，这种分析信号的方法称为变换域分析法或复频域分析法。离散时间信号的频域分析使用 Z 变换方法。

1.2　信号的描述与分类

信号的分类很多，可以从不同的研究、分析角度进行分类，如信号可按数学关系、取值特征、能量功率、处理分析方法、信号所具有的时间函数特性、取值是否为实数等进行分类。

信号是信息的一种物理体现，它一般是随时间或位置变化的物理量。信号的描述方式有数学描述和波形描述。

(1) 数学描述：使用具体的数学表达式，把信号描述为一个或若干个自变量的函数或序列的形式。在信号分析中，物理的"信号"与数学的"函数"两个词常相互通用。

(2) 波形描述：按照函数自变量的变化关系，把信号的波形画出来。

信号按物理属性可分为电信号和非电信号，它们可以相互转换。在此只讨论电信号的分类。电信号通常是随时间变化的电压或电流，如图 1-2-2 所示。

1.2.1　连续信号和离散信号

1. 连续信号与模拟信号

1) 连续信号

连续时间信号简称为连续信号，这里的"连续"是指函数的定义域，即自变量(一般是时间 t)是连续的，而函数的值域(信号幅度值)可连续、可不连续。

根据实数的性质，"连续"信号是指定义在实数域的信号，自变量(时间 t)的取值连续。时间参数的连续性意味着信号的幅度值在时间的任意点均有定义，例如，单边指数信号、矩形波信号，时间 t 是连续的，而函数的幅度值在某点是间断的，如图 1-2-1(a)、(b)所示。

连续信号通常用 $f(t)$ 表示，其定义如下：

在观测过程的连续时间 t 的有效范围内，信号 $f(t)$ 有确定的值，且允许在其时间定义域上存在有限个间断点。

2) 模拟信号

如果连续信号在任意时刻的取值都是连续的，即信号的幅度值和时间 t 均连续，则称为"模拟信号"。

2. 离散信号与数字信号

1) 离散信号

信号仅在规定的离散时刻有定义。

离散信号是只在一系列离散时间点 k($k=0$，±1，±2，…)上才有确定值，而在其他的时间上无意义的信号，因此它在时间上是不连续的序列，通常以 $x[k]$ 表示。

2) 数字信号

时间和幅度值上都取离散值的信号称为数字信号。

数字信号通常以 $x(k)$ 或 $x[n]$ 表示，如图 1-2-1(c)、(d)所示。

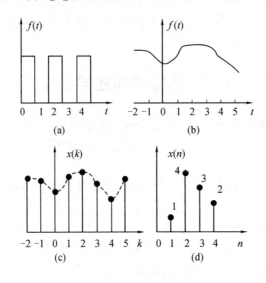

图 1-2-1　连续信号和离散信号

1.2.2　周期信号和非周期信号

连续信号和离散信号都可分为周期信号和非周期信号，如图 1-2-2 所示。

1) 周期信号

一个连续时间信号若在($-\infty\sim+\infty$)区间内，以 T 为周期，周而复始地重复再现，则称为连续周期信号，如图 1-2-2(b)所示。其表示式是

$$f(t) = f(t+T) = f(t+2T) = \cdots = f(t+nT) \quad t \in (-\infty, +\infty) \quad (1.2.1)$$

同样地，离散信号也可分为离散周期信号，如图 1-2-2(d)所示。离散周期信号 $f(n)$ 满足

$$f(n) = f(n+N) = f(n+2N) = \cdots = f(n+mN) \quad m = 0, \pm1, \pm2, \pm3\cdots$$

$$(1.2.2)$$

满足式(1.2.1)或式(1.2.2)的最小 T 或整数 N 称为该信号的"周期"。

周期信号的判断：

两个周期信号 $f_1(t)$、$f_2(t)$ 的周期分别为 T_1 和 T_2，若周期之比 $\left(K = \dfrac{T_1}{T_2}\right)$ 为有理数，则和信号 $f_1(t) + f_2(t)$ 仍然是周期信号，且其周期 T 为 T_1 和 T_2 的最小公倍数。

周期信号，可用简单的交叉乘法确定其周期：若 $\dfrac{T_1}{T_2} = \dfrac{k_1}{k_2}$，则周期 T(或 N) $= k_1 T_2 = k_2 T_1$。

2）非周期信号

一个连续时间信号若在$(-\infty \sim +\infty)$区间内，不会周而复始地重复再现，即不满足式(1.2.1)，则称为连续非周期信号，如图 $1-2-2$(a)所示。

离散非周期信号如图 $1-2-2$(c)所示。

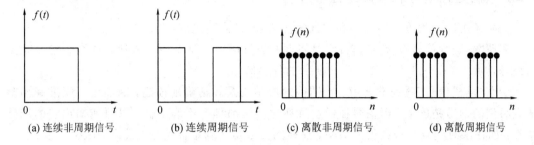

(a) 连续非周期信号　　　　(b) 连续周期信号　　　　(c) 离散非周期信号　　　　(d) 离散周期信号

图 $1-2-2$　周期信号和非周期信号

例 $1-2-1$　判断下列信号是否为周期信号。

(1) $f_1(t) = \sin(2t) + \cos(3t)$；　　(2) $f_2(t) = \sin(\pi t) + \cos(2t)$。

解　(1) $\sin(2t)$ 是周期信号，其角频率和周期分别为

$$\Omega_1 = 2 \text{ rad/s}, \ T_1 = \frac{2\pi}{\Omega_1} = \pi$$

$\cos(3t)$ 也是周期信号，其角频率和周期分别为

$$\Omega_2 = 3 \text{ rad/s}, \ T_2 = \frac{2\pi}{\Omega_2} = \frac{2}{3}\pi$$

由于 $K = \dfrac{T_1}{T_2} = \dfrac{3}{2}$，$K$ 为有理数，故 $f_1(t) = \sin(2t) + \cos(3t)$ 为周期信号，其周期为 T_1 和 T_2 的最小公倍数 2π（$2T_1$ 或 $3T_2$）。

(2) $\cos(2t)$ 和 $\sin(\pi t)$ 的周期分别为 $T_1 = \dfrac{2\pi}{\Omega_1} = \pi$，$T_2 = \dfrac{2\pi}{\Omega_2} = 2$，由于 $K = \dfrac{T_1}{T_2} = \dfrac{\pi}{2}$，$K$ 为无理数，故 $f_2(t) = \sin(\pi t) + \cos(2t)$ 为非周期信号。

例 $1-2-2$　判断下列序列是否为周期信号。

(1) $f_1(n) = \sin\left(\dfrac{3n\pi}{4}\right) + \cos\left(\dfrac{n\pi}{2}\right)$；

(2) $f_2(n) = \sin(2n)$。

解　(1) $\sin\left(\dfrac{3n\pi}{4}\right)$ 和 $\cos\left(\dfrac{n\pi}{2}\right)$ 的角频率分别为 $\omega_1 = \dfrac{3\pi}{4}$、$\omega_2 = \dfrac{\pi}{2}$，由于 $T_1 = \dfrac{2\pi}{\omega_1} = \dfrac{8}{3}$、$T_2 = \dfrac{2\pi}{\omega_2} = 4$，$T_1$、$T_2$ 均为有理数，故它们的周期分别为 $N_1 = 8$、$N_2 = 4$，所以 $f_1(n) = \sin\left(\dfrac{3n\pi}{4}\right) + \cos\left(\dfrac{n\pi}{2}\right)$ 为周期序列，其周期为 N_1 和 N_2 的最小公倍数 8，即由 $\dfrac{T_1}{T_2} = \dfrac{2}{3}$，得 $N = 3T_1 = 2T_2 = 8$。

(2) $\sin(2n)$ 的角频率为 $\omega_1 = 2$，由于 $T_1 = \dfrac{2\pi}{\omega_1} = \pi$，$T_1$ 为无理数，故 $f_2(n) = \sin(2n)$ 为非周期序列。

由上面例子可得出以下结论：

(1) 连续正弦信号一定是周期信号，而正弦序列不一定是周期序列。

(2) 两个连续周期信号之和不一定是周期信号，而两周期序列之和一定是周期序列。

1.2.3 确定性信号和非确定性信号

信号还可以分为确定性信号和非确定性信号(又称随机信号)。

所谓"确定性信号"，就是其每个时间点上的值可以用某个数学表达式或图表唯一确定的信号，如图 1-2-1 和图 1-2-2 所示的各种信号。

所谓"随机信号"就是不能用一个明确的数学关系式精确地描述，因而也不能准确预测任意时刻的信号精确值，即信号在任意时刻的取值都具有不确定性，只可能知道它的统计特性，如在某时刻取某一数值的概率，这样的信号是非确定性信号，或称为随机信号。

电子系统中的起伏热噪声、雷电干扰信号就是两种典型的随机信号。

1.2.4 能量信号和功率信号

根据信号的能量和功率是否有限，信号可分为能量信号和功率信号。

将信号 $f(t)$ 看作随时间变化的电压或电流，则信号 $f(t)$ 在 $1\ \Omega$ 的电阻上的瞬时功率为 $|f(t)|^2$。

在电量测量中，常将被测信号转换为电压或电流信号来处理。显然，电压信号 $x(t)$ 加在单位电阻($R=1\ \Omega$ 时)上的瞬时功率为

$$P(t) = x^2(t)/R = x^2(t)$$

瞬时功率对时间积分即是信号在该时间内的能量。通常不考虑量纲，而直接把信号的二次方及其对时间的积分分别称为信号的功率和能量。当 $x(t)$ 满足

$$E = \int_{-\infty}^{\infty} |x(t)|^2 dt < \infty$$

时，信号的能量有限，信号称为能量有限信号，简称能量信号，如各类瞬变信号。满足能量有限条件，实际上就满足了绝对可积条件。实际信号大多是连续时间有限的能量信号。

一般地，对于连续时间信号 $f(t)$，在时间区间所消耗的总能量和平均功率分别定义为

$$E = \lim_{T \to \infty} \int_{-T}^{T} |f(t)|^2 dt \tag{1.2.3}$$

$$P = \lim_{T \to \infty} \frac{1}{2T} \int_{-T}^{T} |f(t)|^2 dt \tag{1.2.4}$$

对于离散时间信号 $f(n)$，其功率和能量的定义分别为

$$E = \sum_{n=-\infty}^{\infty} |f(n)|^2 \tag{1.2.5}$$

$$P = \lim_{N \to \infty} \frac{1}{2N+1} \sum_{n=-N}^{N} |f(n)|^2 \tag{1.2.6}$$

若信号总能量为有限值而信号平均功率为零，即 $0<E<\infty$，$P=0$，则该信号为能量信号。若信号的平均功率为有限值而信号总能量为无限大，即 $0<P<\infty$，$E \to \infty$，则该信号为功率信号。

例 1 - 2 - 3　判断下列信号是否为能量信号或功率信号。

(1) $f_1(t) = A\sin(\omega_0 t + \theta)$；　(2) $f_2(t) = e^{-t}$。

解　(1) $f_1(t) = A\sin(\omega_0 t + \theta)$ 是周期 $T = 2\pi/\omega_0$ 的周期信号，其功率为

$$P_1 = \lim_{T \to \infty} \frac{1}{2T} \int_{-T}^{T} |f_1(t)|^2 \mathrm{d}t = \frac{A^2}{2} < \infty$$

由于周期信号有无限个周期，所以其能量为无限值，即

$$E_1 = \lim_{n \to \infty} nP_1 \to \infty$$

因此该信号为功率信号。

(2) 信号 $f_2(t)$ 的能量和功率分别为

$$E_2 = \lim_{T \to \infty} \int_{-T}^{T} |f(t)|^2 \mathrm{d}t = \lim_{T \to \infty} \int_{-T}^{T} e^{-2t} \mathrm{d}t = \lim_{T \to \infty} \left[-\frac{1}{2}(e^{-T} - e^{T}) \right] = \infty$$

$$P_2 = \lim_{T \to \infty} \frac{1}{T} \int_{-T}^{T} |f_2(t)|^2 \mathrm{d}t = \lim_{T \to \infty} \frac{1}{T} \int_{-T}^{T} e^{-2t} \mathrm{d}t = \lim_{T \to \infty} \frac{1}{T} \frac{e^{T} - e^{-T}}{2} \mathrm{d}t = \infty$$

所以该信号既不是能量信号也不是功率信号。

1.2.5　因果信号和非因果信号

对于连续时间信号 $f(t)$，如果在 $t \in [0, \infty)$ 内取非零值，而在 $t \in (-\infty, 0)$ 内均为零，则称 $f(t)$ 为因果信号。

反之，如果 $f(t)$ 在 $t \in [0, \infty)$ 内均为零，而在 $t \in (-\infty, 0)$ 内取非零值，则称 $f(t)$ 为非因果信号。

同理，对于离散信号 $f(n)$，也有因果序列、非因果序列之分。

另外，信号还可以分为时域信号和频域信号、时限信号和频限信号、实信号和复信号、一维信号与多维信号、左边信号与右边信号等。

1.3　连续周期信号

连续信号(模拟信号)，又分为周期和非周期信号，其信号存在于整个时间范围内。

1.3.1　连续周期信号的时域分析

常用的连续周期信号包括正弦信号、方波信号、三角波信号、实指数信号、单位冲激信号、单位阶跃信号、斜坡信号、指数调制正弦信号等。除了常用的数学函数，如 sin()、cos()等可以生成信号外，MATLAB 还提供了许多其他生成信号的函数，如表 1 - 1 所示。

表 1 - 1　信号函数

信号函数	用　　途
square	生成周期方波
sawtooth	生成周期锯齿波和三角波
rectpuls	生成非周期方波

续表

信号函数	用　途
tripuls	生成非周期锯齿波和三角波
pulstran	从连续波或原型抽样生成锯齿或三角脉冲串
heaviside	生成阶跃信号
diric	生成 diric 信号
sinc	生成抽样信号
ones、zeros	离散信号的 1、0 信号
rand、randn	生成随机信号
gauspuls	生成高斯调制脉冲

1. 连续周期信号的时域描述

如图 1-3-1 所示，一个连续时间信号若在$(-\infty \sim +\infty)$区间，以 T 为周期，周而复始地重复再现，则称为周期信号，其表示式是

$$x(t) = x(t+T) = x(t+2T) = \cdots = x(t+nT) \quad t \in (-\infty, +\infty) \quad (1.3.1)$$

式中，n 为正整数，频率 $f=1/T$，角频率 $\Omega=2\pi/T$。显然，$2T$，$3T$ …也是该信号的周期，通常把最小周期 T 称为基本周期，f 或 Ω 分别称为基本频率或基本角频率。但在实际中为表述方便，经常不加区别地统称 f 或 Ω 为基频，而把具有 Ω 的时间函数称为基波，相应具有 2Ω，3Ω …的时间函数称为 2 次谐波、3 次谐波等等。后文提到的角频率、周期，未加特殊说明时均指基本角频率、基本周期。

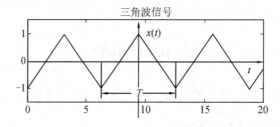

图 1-3-1　周期信号

用一类时间函数的集合来描述一个周期信号称为周期信号的时域分析。将周期信号用无穷多的傅里叶级数来表示，其主要形式有两种：周期信号的三角形式和指数形式。

2. 连续周期信号的三角表示法

任何一种周期信号，只要满足狄里赫利条件就可以用三角函数(正弦型函数)的线性组合来表示，称为三角形式的傅里叶展开，即

$$x(t) = \frac{a_0}{2} + \sum_{n=1}^{\infty} \left[a_n \cos(n\Omega t) + b_n \sin(n\Omega t) \right] \quad (1.3.2)$$

$$\Omega = \frac{2\pi}{T} \quad (1.3.3)$$

$$a_0 = \frac{2}{T} \int_{-T/2}^{T/2} x(t) \mathrm{d}t \tag{1.3.4}$$

式(1.3.4)说明 a_0 是信号在一个周期内的平均值，a_0 是常数，所以式(1.3.2)中第一项表示直流分量。式(1.3.2)和式(1.3.3)中，Ω 是角频率；T 是周期；n 为正整数，$n=1, 2, \cdots$，分别对应基波、2 次谐波等。

式(1.3.2)中的 a_n、b_n 分别为

$$a_n = \frac{2}{T} \int_{-T/2}^{T/2} x(t) \cos(n\Omega t) \mathrm{d}t \quad n=0, 1, 2, \cdots \tag{1.3.5}$$

$$b_n = \frac{2}{T} \int_{-T/2}^{T/2} x(t) \sin(n\Omega t) \mathrm{d}t \quad n=0, 1, 2, \cdots \tag{1.3.6}$$

至此，若已知周期信号 $x(t)$ 就可以利用上述各式求得傅里叶系数 a_0、a_n、b_n，并将 $x(t)$ 展开为傅里叶级数的三角形式。

由此可得出以下重要结论：

(1) 周期信号可分解为直流、基波和各次谐波(基波角频率的整数倍)的线性组合。

(2) 奇函数展开成傅里叶级数后，直流分量和余弦项为零，正弦项不为零。

(3) 偶函数展开成傅里叶级数后，正弦项为零，直流分量和余弦项不为零。

3. 连续周期信号的复指数表示法

三角函数形式的傅里叶级数含义比较明确，但运算不方便，因而经常采用指数形式的傅里叶级数。根据尤拉公式可知，三角函数与复指数函数有着密切的关系，将尤拉公式 $\cos(t) = \dfrac{\mathrm{e}^{jt} + \mathrm{e}^{-jt}}{2}$ 代入式(1.3.2)得

$$x(t) = \sum_{n=-\infty}^{\infty} c_n \mathrm{e}^{jn\Omega t} \tag{1.3.7}$$

该式称为傅里叶级数的指数形式。它表明一个周期信号可以由无限多个复指数信号组成，Ω 是基波角频率，$n\Omega$ 是 n 次谐波角频率，它们的振幅和相位由 c_n 决定，可求得如下结果：

$$c_n = \frac{1}{T} \int_{-T/2}^{T/2} x(t) \mathrm{e}^{-jn\Omega t} \mathrm{d}t \tag{1.3.8}$$

可见，系数 c_n 是个复数而且是离散变量 $n\Omega$ 的函数(n 是整数，从 $-\infty \sim +\infty$ 取值)。三角形式的傅里叶级数和复指数形式的傅里叶级数实质上不是两种不同类型的级数，而是同一级数的两种不同表现形式。

1.3.2　正弦信号

正弦信号(正弦波)的一般表达式为

$$y(t) = A\sin(\Omega t + \varphi) \tag{1.3.9}$$

其中，A 为正弦波振幅；Ω 为角频率，$\Omega = 2\pi f$；f 为正弦波频率，单位为 Hz；φ 为相位角，单位为 rad。注：$\Omega t + \varphi$ 称为相位，当 $t=0$ 时，φ 为初相位(相位角)

下面在 MATLAB 中使用正弦 sin()或余弦 cos()函数生成连续正弦波，自变量用角频率 Ω 与时间 t 的乘积代替。

例 1-3-1　在 MATLAB 软件中生成连续时间信号周期正弦波。

解　生成连续时间信号正弦波的程序如下：

```
%连续时间信号正弦波 x(t)
  clear all;
    A=3;f0=5;phi=pi/6;
    omega=2 * pi * f0;
    t=0:0.001:1;
    y=A * sin(omega * t+phi);
    plot(t,y,'r');
    ylabel('连续时间信号 x(t)');xlabel('t(s)');
    title('正弦信号');axis([0,1,-5,5]);
    line([0,1],[0,0],'Color','b','LineWidth',1);
    line([0,0],[-3,3],'Color','b','LineWidth',1);
```

程序运行后生成连续时间信号周期正弦波，如图 1-3-2 所示。

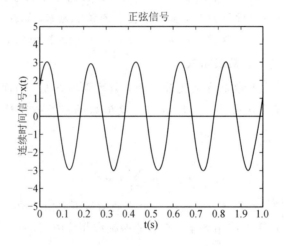

图 1-3-2　连续时间信号周期正弦波

1.3.3　周期方波

与正弦波类似，使用 square() 函数可生成连续周期方波，其用法如下：

y = square(t,duty)。该函数以时间向量"t"为自变量，产生周期为 2π 的周期方波。"duty"是 0～100 之间的数字，用于指定方波的占空比，省略时，默认占空比为 50%。生成连续周期方波的示例程序如下：

```
>>t=-10:0.001:10;
>>y=square(t);
>>plot(t,y,'r');title('周期方波');axis([-10,10,-1.5,1.5]);
>>line([-11,11],[0,0],'Color','b','LineWidth',1);
```

程序运行后生成的连续时间信号周期方波如图 1-3-3 所示。

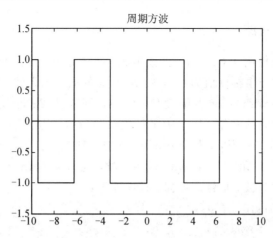

图 1 - 3 - 3　连续周期方波

例 1 - 3 - 2　将图 1 - 3 - 4 所示的方波信号展开为傅里叶级数。

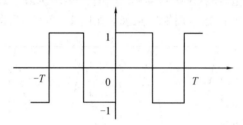

图 1 - 3 - 4　方波信号

解　由式(1.3.5)和式(1.3.6)可得

$$a_k = \frac{2}{T}\int_{-\frac{T}{2}}^{\frac{T}{2}} f(t)\cos(k\omega_1 t)\mathrm{d}t = \frac{2}{T}\int_{-\frac{T}{2}}^{0} -\cos(k\omega_1 t)\mathrm{d}t + \frac{2}{T}\int_{0}^{\frac{T}{2}}\cos(k\omega_1 t)\mathrm{d}t$$

$$= \frac{2}{T}\frac{1}{k\omega_1}\left[-\sin(k\omega_1 t)\right]\Big|_{-\frac{T}{2}}^{0} + \frac{2}{T}\frac{1}{k\omega_1}\left[\sin(k\omega_1 t)\right]\Big|_{0}^{\frac{T}{2}}$$

$$= 0$$

$$b_k = \frac{2}{T}\int_{-\frac{T}{2}}^{\frac{T}{2}} f(t)\sin(k\omega_1 t)\mathrm{d}t = \frac{2}{T}\int_{-\frac{T}{2}}^{0} -\sin(k\omega_1 t)\mathrm{d}t + \frac{2}{T}\int_{0}^{\frac{T}{2}}\sin(k\omega_1 t)\mathrm{d}t$$

$$= \frac{2}{T}\frac{1}{k\omega_1}\cos(k\omega_1 t)\Big|_{-\frac{T}{2}}^{0} + \frac{2}{T}\frac{1}{k\omega_1}\left[-\cos(k\omega_1 t)\right]\Big|_{0}^{\frac{T}{2}}$$

$$= \frac{1}{k\pi}\left[1 - \cos(k\pi)\right]$$

$$= \begin{cases} 0 & k = 2,\ 4,\ 6,\ \cdots \\ \dfrac{4}{k\pi} & k = 1,\ 3,\ 5,\ \cdots \end{cases}$$

将它们代入式(1.3.2)，得到傅里叶级数展开式：

$$f(t) = \frac{4}{\pi}\bigg[\sin(\omega_1 t) + \frac{1}{3}\sin(3\omega_1 t) + \frac{1}{5}\sin(5\omega_1 t) + \cdots +$$

$$\frac{1}{k}\sin(k\omega_1 t) + \cdots\bigg]\quad k = 1,\ 3,\ 5,\ \cdots$$

1.3.4　锯齿波和三角波

锯齿波和三角波可使用 sawtooth() 函数生成，sawtooth() 函数的具体用法如下：

(1) sawtooth(t)：产生幅度值为 ±1，周期为 2π 的周期锯齿波，"t"是时间向量。

(2) sawtooth(t，width)：产生幅度值为 ±1，周期为 2π 的周期锯齿波或三角波。"width"是一个 0~1 之间的标量，用于确定最大值的位置，当"t"从 0 增大到"width"×2π 时，函数值从 −1 上升到 1；当"t"从"width"×2π 增大到 2π 时，函数值从 1 下降到 −1。当"width"=0.5 时，产生三角波；当"width"=1 时，与 sawtooth(t) 相同产生锯齿波；当 width=0 时，也产生锯齿波，但锯齿反向。程序如下：

```
>>t=−10:0.001:10;
>>y=sawtooth(t,0.5);
>>plot(t,y,'r');title('三角波');
>>line([−10,10],[0,0],'Color','b','LineWidth',1);
```

程序运行后生成连续时间信号周期三角波，如图 1−3−5 所示。

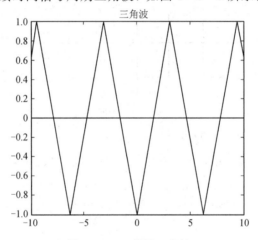

图 1−3−5　周期三角波

当语句为"y=sawtooth(t,1)"时，生成锯齿波，如图 1−3−6 所示。

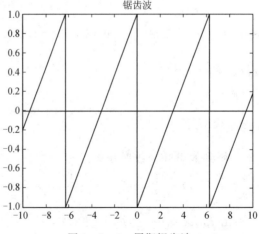

图 1−3−6　周期锯齿波

例 1 - 3 - 3　求图 1 - 3 - 7 所示的三角波信号展开为傅里叶级数的系数。

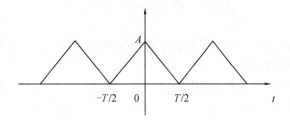

图 1 - 3 - 7　三角波

解　该三角波在时域中的表达式为

$$f(t) = \begin{cases} A + \dfrac{2A}{T}t & -\dfrac{T}{2} \leqslant t \leqslant 0 \\[2mm] A - \dfrac{2A}{T}t & 0 \leqslant t \leqslant \dfrac{T}{2} \end{cases}$$

由式(1.3.5)和式(1.3.6)可得

$$a_0 = \frac{2}{T}\int_{-T/2}^{T/2} f(t)\mathrm{d}t = 2 \cdot \frac{1}{2} \cdot T \cdot A \cdot \frac{1}{T} = A$$

$$a_k = \frac{2}{T}\int_{-\frac{T}{2}}^{\frac{T}{2}} f(t)\cos(k\omega_1 t)\mathrm{d}t$$

$$= \frac{4}{T}\int_{0}^{\frac{T}{2}}\left(A - \frac{2A}{T}t\right)\cos(k\omega_1 t)\mathrm{d}t$$

$$= \frac{4A}{k^2\pi^2}\sin^2\frac{k\pi}{2}$$

$$= \begin{cases} \dfrac{4A}{k^2\pi^2} & k = 1,3,5,\cdots \\[2mm] 0 & k = 2,4,6,\cdots \end{cases}$$

$$b_k = \frac{2}{T}\int_{-T/2}^{T/2} f(t)\sin(k\omega_1 t)\mathrm{d}t = 0$$

由以上两例可知，若 $f(t)$ 是奇函数，则 $a_k = 0$，计算 b_k 时只需在半个周期内积分再乘以 2，即

$$b_k = \frac{2}{T}\int_{-\frac{T}{2}}^{\frac{T}{2}} f(t)\sin(k\omega_1 t)\mathrm{d}t = \frac{4}{T}\int_{0}^{\frac{T}{2}} f(t)\sin(k\omega_1 t)\mathrm{d}t$$

若 $f(t)$ 是偶函数，则 $b_k = 0$，计算 a_k 时只需在半个周期内积分再乘以 2，即

$$a_k = \frac{2}{T}\int_{-\frac{T}{2}}^{\frac{T}{2}} f(t)\cos(k\omega_1 t)\mathrm{d}t = \frac{4}{T}\int_{0}^{\frac{T}{2}} f(t)\cos(k\omega_1 t)\mathrm{d}t$$

利用上述奇偶函数的积分特点，可以简化傅里叶系数的计算。

1.4　连续非周期信号

当周期信号的周期 $T \rightarrow \infty$ 时，周期信号就转化为非周期信号，所以可以把非周期信号看成周期为无限大的周期信号。

常用的非周期信号有非周期方波信号、单位冲激信号、单位阶跃信号、斜坡信号、实指数信号、指数调制正弦信号等。

1.4.1　实指数信号

实指数信号的表达式为

$$x(t) = E e^{-at} \tag{1.4.1}$$

其中 E 和 α 为实数。在实指数信号中，有以下规律：

（1）当 $\alpha < 0$ 时，信号将随时间而增长。

（2）当 $\alpha > 0$ 时，信号将随时间而衰减。

（3）当 $\alpha = 0$ 时，信号不随时间而变化，为直流信号，电压为 E。

（4）$|\alpha|$ 的大小反映信号随时间增、减的速率。通常把 $\tau \left(\tau = \dfrac{1}{\alpha} \right)$ 作为指数信号的时间常数，τ 越大，指数信号增长或衰减的速率越慢。E 为信号在 $t = 0$ 时刻的初始值，如图 $1 - 4 - 1$ 所示。

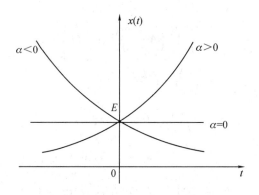

图 $1 - 4 - 1$　实指数信号

实际中用得比较多的是单边实指数信号，单边实指数信号表示为

$$x(t) = E e^{-at} \varepsilon(t) \quad t > 0 \tag{1.4.2}$$

式中，$\varepsilon(t)$ 表示阶跃信号。例如实指数信号：$x(t) = 3e^{-0.5t}$，其实现的 MATLAB 程序如下：

```
clear all
E=3;a=0.5;
t=0:0.001:3;
x=E * exp(-a * t);
plot(t,x)
title('实指数信号');
```

程序运行后生成的单边实指数信号如图 1-4-2 所示。

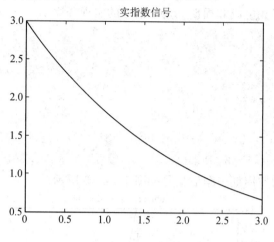

图 1-4-2 单边实指数信号

1.4.2 复指数信号

当实指数信号中的 α 为复数 s 时，$x(t)$ 为复指数信号，即

$$x(t) = E\,e^{st} \tag{1.4.3}$$

其中 $s = \sigma + j\omega$，σ 是复数的实部，ω 是复数的虚部。

根据欧拉公式 $e^{j\omega t} = \cos(\omega t) + j\sin(\omega t)$，式(1.4.3)可展开为

$$x(t) = E\,e^{\sigma t}\cos(\omega t) + jE\,e^{\sigma t}\sin(\omega t) \tag{1.4.4}$$

复指数信号实部、虚部都为正(余)弦信号，指数因子实部 σ 表征实部与虚部的正(余)弦信号的振幅随时间变化的情况，ω 表示信号随角频率变化的情况。

(1) $\sigma > 0$ 时，为增幅振荡正(余)弦信号。

(2) $\sigma < 0$ 时，为减幅振荡正(余)弦信号。

(3) $\sigma = 0$ 时，为等幅振荡正(余)弦信号。

(4) $\omega = 0$ 时，为实指数信号。

(5) $\sigma = 0$，$\omega = 0$ 时，为直流信号。

在实际中虽然没有复指数信号，但其概括了多种情况，因而复指数信号成为一种非常重要的信号，在信号分析理论中，能用它来描述各种基本信号。

1.4.3 非周期三角波

tripuls()函数可生成采样非周期三角波。其用法如下：

(1) y = tripuls(T)：按数组"T"中给出的时间向量，返回一个连续的、非周期、对称、单位高度的三角脉冲，中心关于"T"=0 对称，默认宽度为 1。

(2) y = tripuls(T,w)：生成中心关于"T"=0 对称、宽度为"w"的三角脉冲。

(3) y = tripuls(T,w,s)：生成中心关于"T"=0 对称，宽度为"w"的三角脉冲。"s"决定顶点的位置，取值为 −1 < "s" < 1，"s"为负值，如 −0.5 时，顶点的位置在中点的左边，"w"的 50% 处，反之亦然。如果"s"=0，y=tripuls(T,W,s)与 y = tripuls(T,w)相同。

例 1 - 4 - 1 在 MATLAB 软件中用 tripuls()函数生成非周期三角波信号。

解 用 tripuls()函数生成非周期三角波信号的实现程序如下:

```
fs=10000;
t=-10:1/fs:10;
w=4;
x=tripuls(t,w,-0.5);
figure,plot(t,x)
xlabel('Time(sec)');ylabel('Amplitude');
title('Triangular Aperiodic Pulse')
```

程序运行后生成的非周期三角波信号如图 1 - 4 - 3 所示。

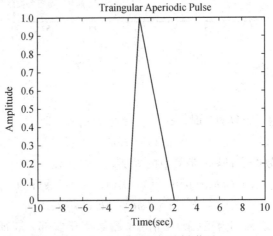

图 1 - 4 - 3　非周期三角波信号

1.4.4 抽样信号

抽样信号(Sample)(或称采样信号)的定义:

$$Sa(x) = \frac{\sin(x)}{x} \tag{1.4.5}$$

它是一个以 2π 为周期、幅度随 x 单调衰减的振荡信号,在信号分析、通信理论和自动控制等理论中有广泛的应用,例如:

```
t=-10:0.02:10;        %向量 t 时间范围 t=t1:p:t2,p 为时间间隔
f=sin(t)./t;
plot(t,f);            %显示该信号的时域波形
title('f(t)=Sa(t)');xlabel('(t)');ylabel('f(t)')
axis([-10,10,-0.4,1.1])
grid
```

与抽样信号变化规律相同的有"辛格函数(Singer)",其定义为

$$sinc(t) = \begin{cases} \dfrac{\sin(\pi t)}{\pi t} & t \neq 0 \\ 1 & t = 0 \end{cases} \tag{1.4.6}$$

该函数是宽度为 2π、高度为 1 的矩形脉冲的傅里叶反变换，即

$$\mathcal{F}^{-1}[\mathrm{rect}(\omega)] = \frac{1}{2\pi}\int_{-\pi}^{\pi} \mathrm{e}^{\mathrm{j}\omega t}\,\mathrm{d}t = \frac{\sin(\pi t)}{\pi t} = \mathrm{sinc}(t) \tag{1.4.7}$$

周期性的 sinc() 函数也称为"狄利克雷（Dirichlet）"函数，即 diric()。

在 MATLAB 中，可以使用 sinc() 函数得到抽样信号 Sa(x)，程序如下：

```
%抽样信号
t=-10:1/500:10;
x=sinc(t/pi);
plot(t,x);
axis([-12,12,-0.5,1.2]);
%line([-12,12],[0,0]);
title('抽样信号');grid
```

程序运行后生成的抽样信号如图 1-4-4 所示。

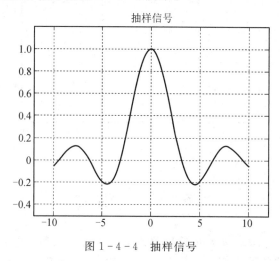

图 1-4-4　抽样信号

1.4.5　矩形脉冲信号

矩形脉冲信号，也叫非周期方波信号或门信号。幅度值为 1，脉冲宽度为 τ 的矩形脉冲信号常用 $g_\tau(t)$ 表示，其定义为

$$g_\tau(t) = \begin{cases} 1 & |t| < \dfrac{\tau}{2} \\ 0 & |t| > \dfrac{\tau}{2} \end{cases} \tag{1.4.8}$$

在 MATLAB 中，非周期方波信号可以使用 rectpuls() 函数生成，rectpuls() 函数用法如下：

（1）rectpuls(t)：产生高度为 1、宽度为 1，关于"t"=0 对称的门信号。

（2）rectpuls(t，w)：产生高度为 1、宽度为"w"，关于"t"=0 对称的门信号。

（3）rectpuls(t-t0，w)：产生高度为 1、宽度为"w"，关于"t"="t0"对称的门信号。

例如，在 MATLAB 中，用 rectpuls() 函数产生高度为 1、宽度为"w"=3，关于"t0"=2

的门信号。其程序如下：

```
%门信号
t=-2:0.0002:6;
x=rectpuls(t-2,3);
plot(t,x);
axis([-1,6,0,1.2]);title('门信号');
xlabel('t');
grid on
```

程序运行后生成的门信号如图1-4-5所示。

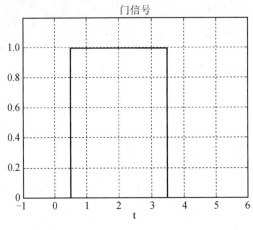

图1-4-5　门信号

1.5　奇异信号

　　单位冲激信号、单位阶跃信号的函数形式不同于普通函数，称为奇异函数，在信号与系统分析中有非常重要的特殊作用。所谓奇异函数，是指函数本身有不连续点(跳跃点)或其导数或积分有不连续点的一类函数。具有奇异函数特点的信号称为奇异信号，如冲激信号、阶跃信号等。引入奇异信号后，将使信号与系统的分析方法更加完美、灵活、简洁。

1.5.1　单位斜坡信号与单位阶跃信号

1. 单位斜坡信号

斜坡信号的定义：

$$\begin{cases} r(t-t_0)=0 & t<t_0 \\ r(t-t_0)=h(t-t_0) & t \geqslant t_0 \end{cases} \tag{1.5.1}$$

其中，h 是函数的斜率，即高度与时间距离之间的比率。其意义是，当时间到达某一时刻 t_0 时，函数达到其幅度值 $h(t-t_0)$。

　　当 $h=1$、$t_0=0$ 时，该函数斜率为1，起点在原点，称为单位斜坡函数，其定义如下：

$$\begin{cases} r(t)=0 & t<0 \\ r(t)=t & t \geqslant 0 \end{cases} \tag{1.5.2}$$

单位斜坡信号的 MATLAB 实现程序如下：

```
>>t=-2:0.02:2;
>>f=t;
>>plot(t,f)
>>axis([-2,3,0,2.2]);
>>title('单位斜坡信号');
```

程序运行后生成的单位斜坡信号如图 1-5-1 所示。

2. 单位阶跃信号

一般阶跃信号的定义是

$$\begin{cases} \varepsilon(t-t_0)=0 & t<t_0 \\ \varepsilon(t-t_0)=h & t\geqslant t_0 \end{cases} \tag{1.5.3}$$

其中 h 是函数的幅度值。该函数意义是，当时间到达和超过某一时刻 t_0 时，函数达到其幅度值 h，在其他时刻函数值为 0。显然，阶跃函数具有电路中"开关"的作用，在开关没有闭合时，电路中电压为 0，若在 t_0 时开关闭合，电路电压为电源的电压值 h。

当 $h=1$、$t_0=0$ 时，该函数称为单位阶跃函数，又称为"赫维赛德"阶跃函数；当 $t_0\neq0$ 时，称为延迟"赫维赛德"阶跃函数。该类型的信号就是单位阶跃信号，其定义如下：

$$\begin{cases} \varepsilon(t)=0 & t<0 \\ \varepsilon(t)=1 & t\geqslant0 \end{cases} \tag{1.5.4}$$

（1）单位阶跃信号的 MATLAB 实现程序如下：

```
>>t=-2:0.02:2;
>>u=(t>=0);
>>stairs(t,u);
>>axis([-2,2,0,1.2]);
>>title('单位阶跃信号');
```

在此使用了 stairs() 函数取代 plot() 函数绘制图形，程序运行后生成的单位阶跃信号如图 1-5-2 所示。

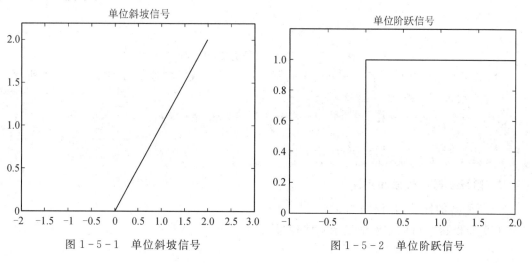

图 1-5-1　单位斜坡信号　　　　　　　图 1-5-2　单位阶跃信号

　　在 MATLAB 中也可以根据阶跃函数的定义生成自定义的单位阶跃函数 Heaviside(t)，其程序如下：

```
function f＝Heaviside(t)
f＝(t＞0)
```

然后调用该阶跃函数，程序如下：

```
t＝-1:0.01:3;
f＝Heaviside(t)
plot(t,f);
axis([-1,3,-0.2,1.2]);
```

　　(2) 在符号运算中，直接使用 MATLAB 的 heaviside() 函数生成单位阶跃信号，代码如下：

```
clear all
t＝-0.5:0.001:2;
t0＝0;
u＝heaviside(t-t0);
plot(t,u)
axis([-1,2,0,1.2])
title('单位阶跃信号');
```

　　(3) 采用求函数序列极限的方法定义阶跃函数，如图 1-5-3(a)所示的斜坡信号的极限值即为图 1-5-3(b)所示的阶跃信号，定义如下：

$$\varepsilon(t) = \lim_{r \to 0} R_n(t) = \begin{cases} 0 & t < 0 \\ 1 & t \geqslant 0 \end{cases} \tag{1.5.5}$$

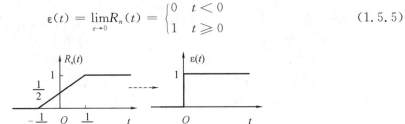

(a)　　　　　　　　　　(b)

图 1-5-3　斜坡信号定义阶跃信号

　　斜坡信号可以用阶跃信号表示。下列程序运行后生成的斜坡信号如图 1-5-4 所示。

```
t＝-2:0.001:2;
f＝(t+1). * heaviside(t+1)-(t-1). * heaviside(t-1);
plot(t,f)
axis([-2,2,0,2.2]);
```

3. 阶跃函数的性质和用途

　　阶跃函数的性质和用途如下：

　　(1) 阶跃函数可以方便地表示某些信号。

例如，图 1 - 5 - 5 所示的一个矩形波信号，可表示为

$$f(t) = 2\varepsilon(t) - 3\varepsilon(t-1) + \varepsilon(t-2)$$

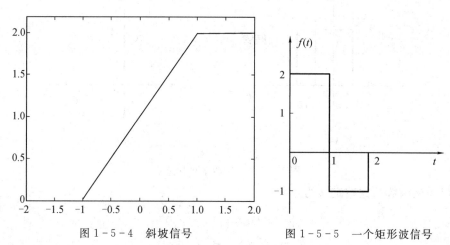

图 1 - 5 - 4　斜坡信号　　　　　图 1 - 5 - 5　一个矩形波信号

（2）利用阶跃信号的单边性可表示信号的时间范围，例如可以用阶跃函数对信号进行切割，来表示信号的作用区间，如图 1 - 5 - 6 所示。

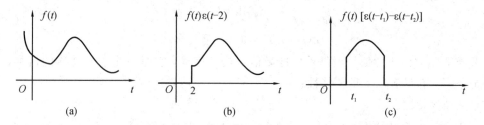

图 1 - 5 - 6　用阶跃函数表示信号的作用区间

（3）积分运算也可以用阶跃函数表示：

$$\int_{-\infty}^{t} \varepsilon(\tau)\mathrm{d}\tau = t\varepsilon(t) \tag{1.5.6}$$

1.5.2　单位冲激信号

冲激信号（也叫脉冲信号）的意义是，当时间到达某一时刻 $t=0$ 时，信号值为无穷大，在其他时刻，信号值为 0。冲激函数是个奇异函数，是对强度极大、作用时间极短的一种物理量的理想化模型。它由如下特殊的方式定义：

$$x(t) = \begin{cases} \infty & t = 0 \\ 0 & t \neq 0 \end{cases} \tag{1.5.7}$$

单位冲激函数，又称为"狄拉克（Dirac）"函数（由狄拉克最早提出）或 δ 函数。其定义如下：

$$\delta(t) = \lim_{\tau \to 0} p(t) = \begin{cases} 0 & t \neq 0 \\ \infty & t = 0 \end{cases} \tag{1.5.8}$$

单位冲激信号是宽度为 τ、高度为 $1/\tau$、面积为 1 的矩形 $p(t)$，当宽度 τ 趋于 0 时的信号，即单位冲激信号是高度无穷大、宽度无穷小、面积（积分结果）为 1 的对称窄脉冲，如图 1 - 5 - 7 所示。

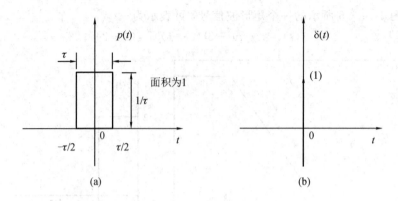

图 1 - 5 - 7　冲激信号的意义

单位冲激函数的完整定义为

$$\begin{cases} \displaystyle\int_{-\infty}^{\infty} \delta(t)\mathrm{d}t = 1 & t = 0 \\ \delta(t) = 0 & t \neq 0 \end{cases} \tag{1.5.9}$$

当单位冲激函数在 t_0 时刻出现时，则可以得到一个延时的单位冲激函数，其定义如下：

$$\begin{cases} \displaystyle\int_{-\infty}^{\infty} \delta(t - t_0)\mathrm{d}t = 1 & t = t_0 \\ \delta(t - t_0) = 0 & t \neq t_0 \end{cases} \tag{1.5.10}$$

具有 δ 函数性质的信号就是单位冲激信号或 δ 信号，它是一个非常特殊的信号，又称为奇异信号，它具有以下重要特性：

（1）加权特性：

$$x(t)\delta(t) = x(0)\delta(t), \ x(t)\delta(t - t_0) = x(t_0)\delta(t - t_0) \tag{1.5.11}$$

加权特性可以对信号进行筛选，因此也叫筛选特性。

（2）抽样特性：

$$\int_{-\infty}^{\infty} x(t)\delta(t - \tau)\mathrm{d}\tau = x(t) \tag{1.5.12}$$

则有

$$\int_{-\infty}^{\infty} x(t)\delta(t)\mathrm{d}t = x(0) \tag{1.5.13}$$

例如，$\displaystyle\int_{-\infty}^{\infty} \sin\left(t - \frac{\pi}{4}\right)\delta(t)\mathrm{d}t = -\sin\left(\frac{\pi}{4}\right) = -\frac{\sqrt{2}}{2}$。

（3）尺度变换特性：

$$\delta(at) = \frac{1}{|a|}\delta(t) \qquad a \neq 0 \tag{1.5.14}$$

得

$$\delta(at - t_0) = \frac{1}{|a|}\delta\left(t - \frac{t_0}{a}\right) \tag{1.5.15}$$

当 $a = -1$ 时，$\delta(-t) = \delta(t)$，所以单位冲激函数为偶函数。

自定义单位冲激信号 $\delta(t)$ 的 MATLAB 实现程序如下：

```
chongjifun(t1,t2,t0,a)
    clear all
        dt=0.001;
    t=t1:dt:t2;
    n=length(t);
    x=zeros(1,n);
    x(1,(-t0-t1)/dt+1)=a;
    stairs(t,x);axis([t1,t2,0,0.2+a])
    title('冲激信号 δ(t)')
```

其中,"t1"是开始时间,"t2"是结束时间,"t0"是冲激信号出现的位置,"a"是冲激信号的幅度值,如果调用的幅度值"a"=1,则生成单位冲激信号。

例如,在命令行输入

>>chongjifun(-1,1,0,1)

则生成单位冲激信号,如图 1-5-8 所示。

一般使用离散信号的 ones()和 zeros()函数生成冲激信号或冲激信号序列。在符号运算中,使用狄拉克函数 dirac()产生冲激函数。

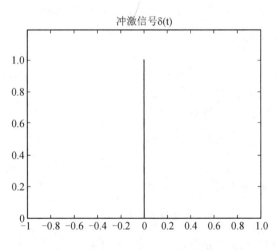

图 1-5-8 单位冲激信号

1.5.3 冲激偶

冲激函数的导数 $\left(\delta'(t) = \dfrac{\mathrm{d}\delta(t)}{\mathrm{d}t}\right)$,称为单位二次冲激函数或

冲激偶,如图 1-5-9 所示。冲激偶有着与冲激函数类似的特性:

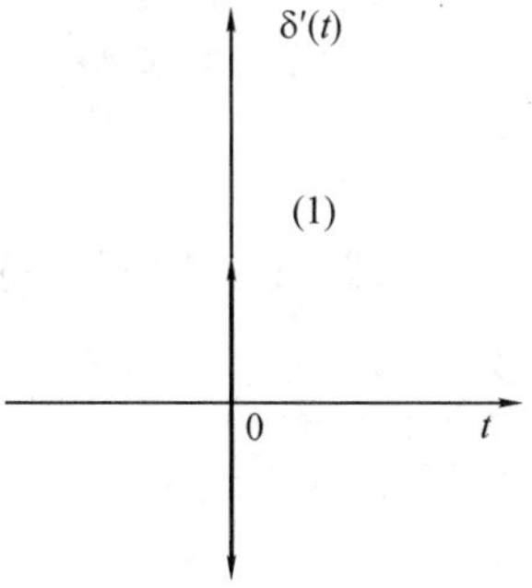

(1) 加权特性:

$$f(t)\delta'(t-t_0) = f(t_0)\delta'(t-t_0) - f'(t_0)\delta(t-t_0)$$

$$(1.5.16)$$

$$f(t)\delta'(t) = f(0)\delta'(t) - f'(0)\delta(t) \qquad (1.5.17)$$

(2) 抽样特性:

图 1-5-9 冲激偶

$$\int_{-\infty}^{\infty} \delta'(t - t_0) f(t) \mathrm{d}t = -f'(t_0) \tag{1.5.18}$$

$$\int_{-\infty}^{\infty} \delta'(t) f(t) \mathrm{d}t = -f'(0) \tag{1.5.19}$$

$$\int_{-\infty}^{\infty} \delta^{(n)}(t) f(t) \mathrm{d}t = (-1)^n f^{(n)}(0) \tag{1.5.20}$$

例如，$\int_{-\infty}^{\infty} (t - 2)^2 \delta(t) \mathrm{d}t = -\dfrac{\mathrm{d}}{\mathrm{d}t} \big[(t - 2)^2 \big] \big|_{t=0} = -2(t - 2) \big|_{t=0} = 4$。

(3) 尺度变换特性：

$$\delta^{(n)}(at) = \frac{1}{|a|} \cdot \frac{1}{a^n} \delta^{(n)}(t) \tag{1.5.21}$$

由此得

$$\delta'(at) = \frac{1}{a|a|} \delta'(t), \ \delta'(at - t_0) = \frac{1}{a|a|} \delta'\left(t - \frac{t_0}{a}\right) \tag{1.5.22}$$

当 $a = -1$ 时，$\delta^{(n)}(-t) = (-1)^n \delta^{(n)}(t)$。所以 $\delta(-t) = \delta(t)$，单位冲激函数为偶函数，而 $\delta'(-t) = -\delta'(t)$，冲激偶为奇函数。

综上所述，冲激函数、冲激偶有如下结论：

(1) 冲激函数是一个偶函数，其导数是一个冲激偶，是一个奇函数。

(2) 冲激偶有着与冲激函数类似的加权特性、抽样特性和尺度变换(展缩)特性。

1.5.4　奇异信号之间的关系

四种奇异信号之间具有一定的关系，可以互相转换，除了冲激信号与冲激偶信号之间的微积分关系外，还存在下述的微积分关系：

(1) 冲激信号与阶跃信号的关系。

冲激信号的积分是阶跃信号：

$$\varepsilon(t) = \int_{-\infty}^{t} \delta(\tau) \mathrm{d}\tau \tag{1.5.23}$$

阶跃信号的微分是冲激信号：

$$\delta(t) = \frac{\mathrm{d}\varepsilon(t)}{\mathrm{d}t} \tag{1.5.24}$$

例如，一个方波信号经过微分后，在上升沿和下降沿分别产生一个正、负冲激信号。

(2) 斜坡信号与阶跃信号的关系。

斜坡信号的微分是阶跃信号：

$$\varepsilon(t) = \frac{\mathrm{d}r(t)}{\mathrm{d}t} \tag{1.5.25}$$

阶跃信号的积分是斜坡信号：

$$r(t) = \int_{-\infty}^{t} \varepsilon(\tau) \mathrm{d}\tau \tag{1.5.26}$$

1.6　连续信号的时域基本运算

在系统分析中，常遇到信号的一些基本运算：加(减)、乘、平移、反转及尺度变换等。

1.6.1　连续信号的相加(减)

连续信号的相加(减)是将各信号对应的纵坐标值相加(减)，即 $f(t)$ 某时刻的瞬时值，等于 f_1 和 f_2 相应时刻的瞬时值之和(差)。MATLAB 中相加(减)用算术运算符"＋""－"实现：

$$f(t) = f_1(t) \pm f_2(t) \tag{1.6.1}$$

例 1-6-1　在 MATLAB 中实现连续信号的加(减)法运算。

解　程序如下：

```
clear all;
A=1;f0=5;phi=0;
omega=2 * pi * f0;
t=0:0.001:1;
x1=1;x2=A * sin(8 * omega * t+phi);
subplot(4,1,1);
plot(t,x1);
axis([0,0.6,-2,2]);
title('(a)x1');
subplot(4,1,2);
plot(t,x2);
title('(b)x2');
axis([0,0.5,-2,2]);
x3=x1+x2
subplot(4,1,3);
plot(t,x3);
axis([0,0.5,-3,3]);
title('(c)x1+x2');
x4=-x1+x2
subplot(4,1,4);
plot(t,x4);
axis([0,0.5,-3,3]);
title('(d)-x1+x2');
```

程序运行结果如图 1-6-1 所示，可见交流信号与直流信号进行加(减)法运算后，结果是交流信号的 0 轴按直流信号的值移动。

1.6.2　连续信号的相乘

连续信号的相乘，是将信号各对应的纵坐标值相乘，即 $f(t)$ 某时刻的瞬时值等于 f_1 和 f_2 相应时刻的瞬时值之积，如图 1-6-2 所示。信号的相乘用数组运算符点乘"·"实现：

$$f(t) = f_1(t) \cdot f_2(t) \tag{1.6.2}$$

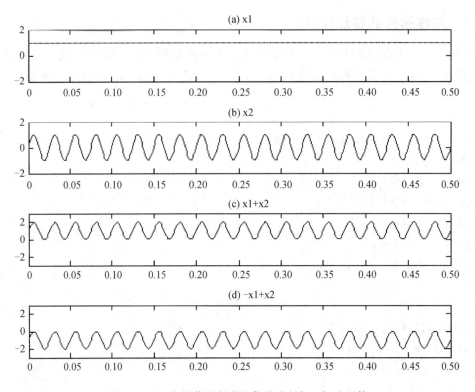

图 1 - 6 - 1　交流信号与直流信号进行加(减)法运算

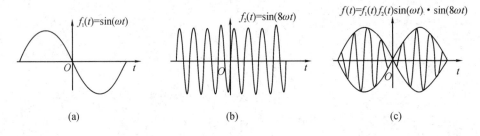

图 1 - 6 - 2　连续信号的相乘

信号处理系统中常常通过信号相乘的运算来实现信号的抽样与调制,因而乘法器也称为调制器。在 MATLAB 中,用“. ＊”表示点乘运算。

例 1 - 6 - 2　在 MATLAB 中实现连续信号的乘法运算。

解　连续信号的乘法运算程序如下:

```
%信号的乘
clear all;
A=1;f0=5;phi=0;
omega=2 * pi * f0;
t=0:0.001:1;
x1=A * sin(omega * t+phi);x2=A * sin(8 * omega * t+phi);
```

```
subplot(3,1,1);
plot(t,x1);
axis([0,0.5,-1.2,1.2]);
title('(a)x1');
subplot(3,1,2);
plot(t,x2);title('(b)X2');
axis([0,0.5,-1.2,1.2]);
x3=x1.*x2;
subplot(3,1,3);
axis([0,0.5,-1.2,1.2]);
plot(t,x1,'g.','LineWidth',1);
hold on
plot(t,-x1,'g.','LineWidth',1);
hold on
plot(t,x3,'LineWidth',2);
title('(c)x1.*x2');
```

程序运行结果如图 1-6-3 所示。

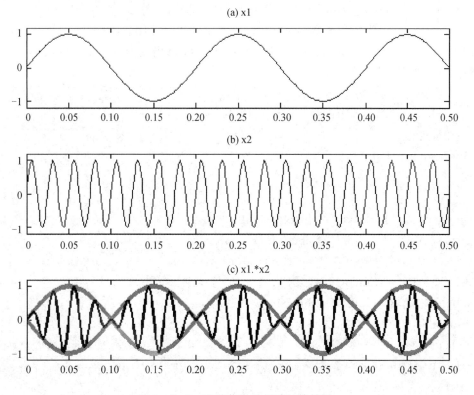

图 1-6-3　连续信号的相乘运算结果

1.6.3　连续信号的微分与积分

1. 信号的微分

信号的微分就是信号 $x(t)$ 的函数值随时间 t 的变化率，记作 $\dfrac{\mathrm{d}x}{\mathrm{d}t}$ 或 $x'(t)$。$x(t)$ 可导的必要(非充分)条件是函数连续。但引入 δ 函数后在 $\dfrac{\mathrm{d}x}{\mathrm{d}t}$ 的不连续点处也可求导。

连续信号的微分是用差分来近似的，当步长(时间间隔)越小时，用差分表示微分就越精确，故求导数就是近似求差分与步长之比。

MATLAB 中用 diff() 函数来计算差分，其调用格式为 y＝diff(f)。计算连续信号微分的调用格式为 y＝diff(f)/dt，"dt"为时间间隔。

2. 信号的积分

信号的积分就是信号 $x(t)$ 的函数在 $(-\infty, t]$ 时间区间内的任意时间 t 处，$x(t)$ 与时间 t 轴所包围的面积。

信号的定积分可由 MATLAB 中的数值积分 quad() 函数和 quadl() 来实现，其调用格式如下：

(1) quad('function_name',a,b)：采用自适应 Simpson 算法。

(2) quadl('function_name',a,b)：采用自适应 Lobatto 算法。

其中，function_name 为被积函数名，"a""b"为指定的积分区间。

例 1 - 6 - 3　已知三角波 $f_1(t)$ 和矩形脉冲 $f_2(t)$，画出其微分与积分的波形。

解　程序如下：

```
%信号的微分与积分
t0＝-3;t1＝3;dt＝0.01;
t＝t0:dt:t1;
f1＝tripuls(t,4,0.5);
f2＝rectpuls(t,4);
%信号
subplot(3,2,1),plot(t,f1,'linewidth',2);
grid;line([t0 t1],[0 0]);ylabel('f(t)')
axis([t0,t1,min(f1)-0.2,max(f1)+0.2])
title('(a)　f1=tripuls(t,4,0.5)');
subplot(3,2,2),plot(t,f2,'linewidth',2);
grid;line([t0 t1],[0 0]);
ylabel('f(t)')
axis([t0,t1,min(f2)-0.2,max(f2)+0.2])
title('(b)　f2=rectpuls(t-2,4)');
%信号的微分
```

```
df1 = diff(f1)/dt;
subplot(3,2,3),plot(t(1:length(t)-1),df1,'linewidth',2);
grid;line([t0 t1],[0 0]);
axis([t0,t1,min(df1)-0.2,max(df1)+0.2])
title('(c)   diff(f1)');
df2 = diff(f2)/dt;
subplot(3,2,4),plot(t(1:length(t)-1),df2,'linewidth',2);
grid;line([t0 t1],[0 0]);
axis([t0,t1,min(df2)-20,max(df2)+20])
title('(d)    diff(f2)');
%信号的积分
f1 = inline('tripuls(t,4,0.5)');
f2 = inline('rectpuls(t,4)');
for x=1:length(t)
    intf1(x)=quad(f1,-3,t(x));
    intf2(x)=quad(f2,-3,t(x));
end
subplot(3,2,5),plot(t,intf1,'linewidth',2);
grid;line([t0 t1],[0 0]);
axis([t0,t1,min(intf1)-0.2,max(intf1)+0.2])
title('(e)   quad(f1)');
subplot(3,2,6),plot(t,intf2,'linewidth',2);
grid;line([t0 t1],[0 0]);
axis([t0,t1,min(intf2)-0.4,max(intf2)+0.4])
title('(f)    quad(f2)');
```

程序运行后绘制出的三角波 $f_1(t)$ 和矩形脉冲 $f_2(t)$ 的微分与积分波形，如图 1-6-4 所示。由图可见，三角波 $f_1(t)$ 由两个斜坡函数组成，矩形脉冲 $f_2(t)$ 由两个阶跃函数组成，斜坡函数的微分是矩形脉冲(阶跃函数)，斜坡函数的积分是 $t^2/2$ 的曲线，阶跃函数的积分是斜坡函数，阶跃函数的微分是冲激函数。

在此程序中使用了内联函数 inline()："f1＝inline('tripuls(t,4,0.5)')；f2＝inline('rectpuls(t,4)')；"，也可以使用匿名函数："f1＝@(t)tripuls(t,4,0.5)；f2＝@(t)rectpuls(t,4)；"，其运算速度更快。

＊3. 信号微分与积分的解析解法

除了用数值方法计算连续信号微分与积分以外，还可以利用 MATLAB 强大的符号运算功能求连续信号微分与积分的解析解。在数值计算过程中，参与运算的变量都是被赋了值的数值。而在符号运算的整个过程中，参与运算的变量是符号变量。在符号运算中所出现的数字都是当作符号来处理的，求微分的函数是 diff()，求积分运算的函数是 int()。例如：

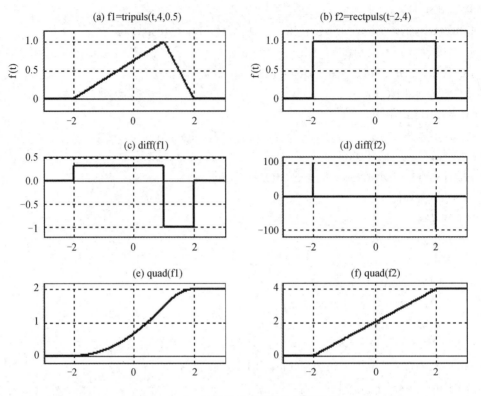

图 1 - 6 - 4　连续信号的微分与积分波形

```
>>syms x a
>>diff(heaviside(x),x)
ans＝dirac(x)
>>int(dirac(x),−inf,inf)
ans＝1
>>int(dirac(x−a)＊sin(x),−inf,inf)
ans＝sin(a)
```

例 1 - 6 - 4　求例 1 - 6 - 3 中信号的微分与积分解析解：

解　上例可用下列程序求其解析解：

```
syms t
f1＝sym('1/3＊(t＋2)＊heaviside(t＋2)−4/3＊(t−1)＊heaviside(t−1)＋(t−2)＊
heaviside(t−2)');
f2＝sym('heaviside(t＋2)−heaviside(t−2)');
    df1＝diff(f1);
    df1＝simple(df1);
df2＝diff(f2);
    df2＝simple(df2);
```

```
    intf1＝int(f1)；
        intf1＝simple(intf1)；
    intf2＝int(f2)；
        intf2＝simple(intf2)；
```

运行结果：

```
df1＝heaviside(t－2)－(4 * heaviside(t－1))/3＋heaviside(t＋2)/3
df2＝dirac(t＋2)－dirac(t－2)
intf1＝(heaviside(t－2) * (t－2)^2)/2－(2 * heaviside(t－1) * (t－1)^2)/3
        ＋(heaviside(t＋2) * (t＋2)^2)/6
intf2＝2 * heaviside(t－2)＋2 * heaviside(t＋2)－t * heaviside(t－2)＋t * heaviside(t
        ＋2)
```

通过该例可得出下列结论：

(1) 信号经过微分运算后，突出显示了它的变化部分，微分运算起到了"锐化"的作用；

(2) 信号经过积分运算后，其突出变化部分变得平滑了，积分运算起到了"模糊"的作用，利用积分可以削弱信号中噪声的影响。

1.7 连续信号的时域变换、尺度变换

连续信号的时域变换包括平移、反转和倒相。

连续信号的尺度变换包括连续信号在幅度、时间上的展缩。

1.7.1 连续信号的平移

连续信号的平移(也称时移)就是将原信号 $x(t)$ 表达式和定义域中的所有自变量 t 替换为 $t \pm t_0$，即

$$y(t) = x(t \pm t_0) \qquad (1.7.1)$$

其中 t_0 为正的实常数。根据 t_0 的值，将原信号沿横轴左移或右移。$x(t+t_0)$ 比 $x(t)$ 在时间上超前 t_0，即 $x(t+t_0)$ 是 $x(t)$ 沿时间轴左移 t_0；反之 $x(t-t_0)$ 是 $x(t)$ 沿时间轴右移，如图 1-7-1(b)和(c)所示。

需要注意的是，$x(2t-2)$ 是将信号 $x(2t)$ 右移了 1，而不是 2。

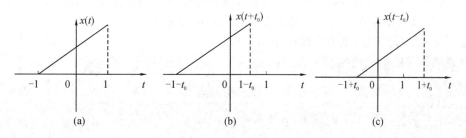

图 1-7-1 连续信号的平移

1.7.2　连续信号的反转

连续信号的反转(也称反褶)就是将原信号 $x(t)$ 表达式和定义域中的所有自变量 t 替换为 $-t$，即

$$y(t) = x(-t) \tag{1.7.2}$$

其几何意义是将 $x(t)$ 的波形以纵轴为轴反转 $180°$。从波形上看，$x(t)$ 与 $x(-t)$ 关于纵轴 $t = 0$ 呈镜像对称，如图 $1-7-2(a)$、(b) 所示。

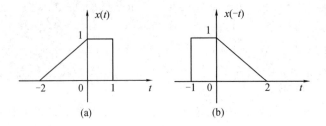

图 $1-7-2$　连续信号的反转

需要注意的是，$x(at-b)$ 的反转信号是 $x(-at-b)$，而不是 $x[-(at-b)]$。

1.7.3　连续信号的倒相

信号倒相的几何意义是，将信号 $x(t)$ 的波形以横轴为轴翻转 $180°$，即

$$y(t) = -x(t) \tag{1.7.3}$$

连续信号倒相如图 $1-7-3$ 所示。

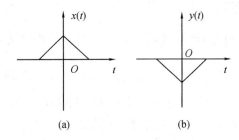

图 $1-7-3$　连续信号的倒相

由于信号是一个行向量，在 MATLAB 中使用 flipud () 函数不能实现信号的倒相。

例 1 - 7 - 1　在 MATLAB 中实现连续信号的时域变换。

解　连续信号的时域变换实现程序如下：

```
%连续信号的时域变换
clear all;
fs=10000;
t=-4:1/fs:4;
x=tripuls(t,1,-1);
subplot(3,2,1);plot(t,x);
```

```
title('(a)原信号 x=tripuls(t)');axis([-4,4,0,1.2]);
%右移
y1=tripuls(t-2,1,-1);
subplot(3,2,2);plot(t,y1);
title('(b)右移 x=tripuls(t-2)');axis([-4,4,0,1.2]);
%时间压缩右移
y2=tripuls(2*t,1,-1);
subplot(3,2,3);plot(t,y2);
title('(c)时间压缩 x=tripuls(2t)');axis([-4,4,0,1.2]);
y3=tripuls(2*t-2,1,-1);
subplot(3,2,4);plot(t,y3);
title('(d)时间压缩右移 x=tripuls(2t-2)');axis([-4,4,0,1.2]);
%反褶
y4=tripuls(-t,1,-1);
subplot(3,2,5);plot(t,y4);
title('(e)反褶 x=tripuls(-t)');axis([-4,4,0,1.2]);
%倒相
y5=-x;
subplot(3,2,6);plot(t,y5);
title('(d)倒相 x=-tripuls(t)');axis([-4,4,-1.2,0]);
```

程序运行后,结果如图 1-7-4 所示。

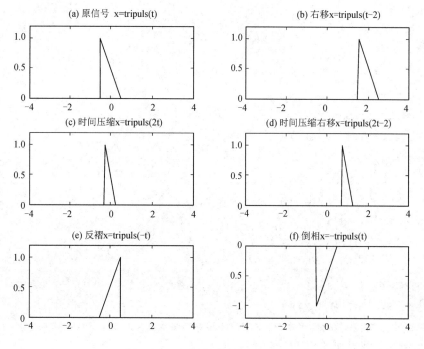

图 1-7-4　连续信号的时域变换

1.7.4　连续信号的幅度变换

连续信号的幅度变换，就是连续信号函数乘以一个标量值 a，即将其对应的纵坐标瞬时值扩大(或缩小)a：

$$y(t) = ax(t) \tag{1.7.4}$$

其中 a 为正的实常数。

- 当 $0 < a < 1$ 时，将 $x(t)$ 的波形以坐标原点为中心，沿纵轴压缩为原来的 $1/a$；
- 当 $a > 1$ 时，将 $x(t)$ 的波形以坐标原点为中心，沿纵轴展宽为原来的 a 倍，如图 $1-7-5$(a)和(b)所示。

1.7.5　连续信号的时间尺度变换

时间尺度变换也称为展缩，此变换下信号纵轴的值不变，信号函数的自变量乘以一个标量值将其时间值扩大或缩小 a，实现信号的展缩，即

$$y(t) = x(at) \tag{1.7.5}$$

其中 a 为正的实常数。

- 当 $a > 1$ 时，将 $x(t)$ 的波形以坐标原点为中心，沿 t 轴压缩为原来的 $1/a$，如图 $1-7-5$(a)和(c)所示。
- 当 $0 < a < 1$ 时，将 $x(t)$ 的波形以坐标原点为中心，沿 t 轴展宽为原来的 a 倍，如图 $1-7-5$(a)和(d)所示。

例 $1-7-2$　在 MATLAB 中实现连续信号的时间尺度变换。

解　程序如下：

```
%尺度变换
clear all;
a=4;
t=0:0.001:40;
x=sawtooth(t);
subplot(2,2,1);plot(t,x,'r');
axis([0,40,-5,5]);title('(a)    x(t)');
y1=a*x;
subplot(2,2,2);plot(t,y1,'r');
axis([0,40,-5,5]);title('(b)    4*x(t)');
y2=sawtooth(a*t);
subplot(2,2,3);plot(t,y2,'r');
axis([0,40,-5,5]);title('(c)    x(4*t)');
y3=sawtooth(t/a);;
subplot(2,2,4);plot(t,y3,'r');
axis([0,40,-5,5]);title('(d)    x(t/4)');
```

程序运行后，结果如图 $1-7-5$ 所示。

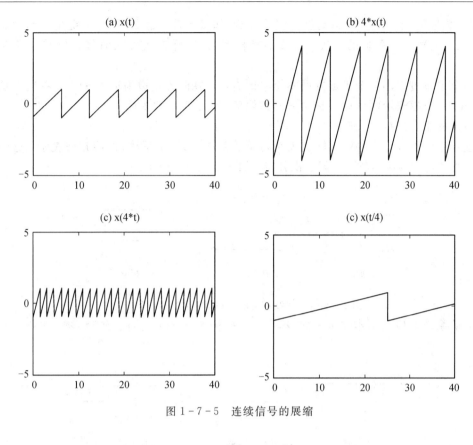

图 1 - 7 - 5　连续信号的展缩

1.8　系　　统

1.8.1　系统的基本概念

什么是系统(System)？广义地说，系统是由若干相互作用和相互依赖的事物组合而成且具有特定功能的整体。例如，通信系统、自控系统、计算机网络系统、电力系统等。

信号和系统是密不可分的，各种变化着的信号从来就不是孤立存在的。信号需要在一定的系统中产生、传输、变换和处理，才能达到特定的效果。

通常将施加于系统的作用称为系统的输入或激励；而将要求系统完成的功能称为系统的输出或响应。因此，也可以说系统是由相互联系、相互作用的单元组成的，具有一定功能的一个有机整体。

本书主要研究的信号是电信号，系统是电路系统。电路系统是由电子元件组成以实现不同功能的整体，电路侧重于局部，系统侧重于全部。电信号的产生、处理及传输等是通过电路系统(电路网络)完成的，本书中电路、系统、网络三个词互相通用。

系统分析方法也已经成为一种科学的基本方法，就是把研究对象置于系统中进行考察，发现其合理的结构，找出其运动的规律，把握其与外部环境间的联系，确定最优化控制方案的方法。

在由电子线路组成的系统中，系统分析即为在已知系统结构和参数，以及已知的外部输入（系统激励）下，对系统运动进行定性分析（如可控性、稳定性等）和定量运动规律分析（如系统运动轨迹，系统的性能、品质、指标等）。分析方法可在时域、频域或变换域中进行。

　　一个系统可以用一个矩形方框图简单地表示，方框图左边为输入 $x(t)$，右边为系统的输出 $y(t)$，方框表示联系输入和输出的其他部分，是系统的主体。

　　系统的组合连接方式有串联、并联及混合连接。

　　连续系统可以用一些输入输出关系简单的基本单元（子系统）连接起来表示。这些基本单元有加法器、乘法器（放大器）、积分器，如图 1-8-1 所示。

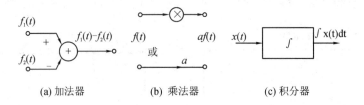

(a) 加法器　　　　　　　(b) 乘法器　　　　　　　(c) 积分器

图 1-8-1　连续系统的加法器、乘法器和积分器

　　离散系统对应的基本单元有加法器、乘法器（放大器）、移位（延迟）器，如图 1-8-2 所示。

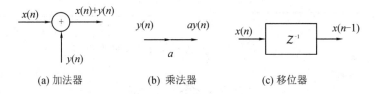

(a) 加法器　　　　　　　(b) 乘法器　　　　　　　(c) 移位器

图 1-8-2　离散系统的加法器、乘法器和移位（延迟）器

1.8.2　系统的分类

　　人们从多种角度来观察、分析、研究系统的特征，提出了对系统进行分类的方法。不同类型的系统其系统分析的过程是一样的，但系统的数学模型不同，其分析方法也就不同。下面讨论几种常用的系统分类。

1. 连续系统与离散系统

　　若系统的输入信号是连续信号，系统的输出信号也是连续信号，则称该系统为连续时间系统，简称连续系统。若系统的输入信号和输出信号均是离散信号，则称该系统为离散时间系统，简称离散系统。普通的收音机是典型的连续时间系统，而计算机则是典型的离散时间系统。

2. 动态系统与静态系统

　　含有动态元件的系统是动态系统，如 RC、RL 电路。动态系统在任一时刻的响应不仅与该时刻的激励有关，而且与它过去的历史状况有关，动态系统也称记忆系统。描述动态系统的数学模型为微分方程或差分方程。没有动态元件的系统是静态系统也称即时系统或无记忆系统，如纯电阻电路。描述静态系统的数学模型为代数方程。

3. 单输入单输出系统与多输入多输出系统

若系统的输入信号和输出信号都只有一个，则该系统称为单输入单输出（SISO）系统。若系统的输入信号有多个，输出信号也有多个，则该系统称为多输入多输出（MIMO）系统。尽管实际中多输入多输出系统用得很多，但就方法和概念而言，单输入单输出系统是基础，因此本书重点研究单输入单输出系统。

4. 线性系统与非线性系统

一般来说，线性系统是由线性元件组成的系统，非线性系统则是含有非线性元件的系统。线性系统具有叠加性与齐次性，而不满足叠加性与齐次性的系统是非线性系统。

5. 时变系统与时不变系统

如果系统的参数不随时间而变化，则此系统称为时不变系统；如果系统的参数随时间改变，则该系统称为时变系统。

除上述几种分类之外，系统还可以按照它的参数是集总的或分布的而分为集总参数系统和分布参数系统；可以按照系统是否满足因果性而分为因果系统和非因果系统；可以按照系统内是否含源而分为无源系统和有源系统等。本书着重讨论在确定性输入信号作用下的集总参数线性时不变系统，包括连续系统和离散系统。

1.8.3　系统分析

信号的传输和处理，要由许多不同功能的单元组织起来的一个复合系统来完成。图 1-8-3 所示为系统的示意图，系统可以看作一个黑匣子，系统分析可从系统的端部出发，研究在不同信号的激励下，经过处理、运算，分析其输出特性，而不考虑黑匣子内部的变量关系。$T[\,\cdot\,]$ 表示这种处理或运算关系，即

$$y(t) = T[x(t)] \text{ 或 } y(n) = T[x(n)] \tag{1.8.1}$$

对系统加以各种约束，可定义出各类连续、离散时间系统，例如线性系统、非时变（时不变）系统、因果和稳定系统。系统中最重要、最常用的是"线性时不变（LTI）系统（或在离散域中称为线性移不变系统，即 LSI 系统）"，描述该系统的输入、输出特性使用常系数线性微分方程或差分方程。

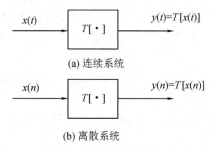

(a) 连续系统

(b) 离散系统

图 1-8-3　系统的示意图

系统分析对于研究系统的性质，系统对信号的传输和处理能力，以及系统设计有重要意义。LTI(LSI)系统各种分析方法的理论基础是信号的分解特性与系统的线性、时不变特性，其出发点是，激励信号可以分解为若干基本信号单元的线性组合；系统对激励所产生

的零状态响应是系统在各基本信号单元分别激励下的响应的叠加。

本书介绍的系统分析内容如下:

(1) 建立描述系统的数学模型,即在时域建立微分方程或差分方程;在频域建立傅里叶、拉普拉斯或 Z 变换方程。

从系统模型所关心的变量出发,可将 LTI(LSI) 系统的分析方法分为"输入-输出法"与"状态变量法"两大类。本书主要介绍"输入-输出法"。

而从信号分解的角度出发,又可将 LTI 系统的分析方法分为时域分析(卷积积分、卷积和、算子法),频域分析(傅里叶分析)与变换域分析(拉普拉斯变换法、Z 变换法)等。

(2) 求系统的冲激响应,以系统的冲激响应代表系统的特性。

系统分析的主要任务是分析系统对指定激励所产生的响应。其分析过程主要包括建立系统模型,即建立系统的方程,求解出系统的响应,必要时对解得的结果给出物理解释。系统分析是系统综合与系统诊断的基础。本书仅限于对 LTI(LSI) 系统分析的研究。

(3) 研究系统函数,包括系统函数的建立,零、极点分布等。

描述系统特点的是系统函数,也称为转移函数、传递函数或网络函数。由于系统函数只取决于系统本身的特性,而与系统的输入无关,所以连续信号的系统函数 $H(s)$ 和离散信号的系统函数 $H(z)$,在系统分析中具有重要意义。

(4) 研究系统的稳定性。

不论是一般的 LTI 系统,或者是 LTI 自动控制系统,任何有意义的系统都必须是稳定的。利用系统函数的零、极点分布,Bode 图,Nyquist() 函数、系统的根轨迹分析等方法判断系统的稳定性,也是系统分析的主要内容之一。

(5) 研究系统的校正。

通过对系统的分析,提出系统的校正方案。

1.8.4　系统的性质

1. 线性

具有线性特性的系统是线性系统,线性特性包括叠加性与齐次性。线性系统的数学模型是线性微分方程或线性差分方程。系统的叠加性是指当若干个激励同时作用于系统时,系统的响应是每个激励单独作用时(此时其余激励为零)相应响应的叠加。系统的齐次性是指当系统的激励增大 a 倍时,其响应也增大 a 倍。

1) 齐次性

若激励 $x(t)$ 产生的响应为 $y(t)$,则激励 $ax(t)$ 产生的响应即为 $ay(t)$,其中 a 为任意常数。换言之,若 $y(t) = T[x(t)]$,则

$$ay(t) = T[ax(t)] = aT[x(t)] \tag{1.8.2}$$

此性质即为齐次性。

2) 叠加性

若激励 $x_1(t)$ 与 $x_2(t)$ 产生的响应分别为 $y_1(t)$、$y_2(t)$,则激励 $x_1(t)+x_2(t)$ 产生的响应为 $y_1(t)+y_2(t)$。换言之,若 $y_1(t) = T[x_1(t)]$,$y_2(t) = T[x_2(t)]$,则

$$y_1(t) + y_2(t) = T[x_1(t) + x_2(t)] \tag{1.8.3}$$

此性质称为叠加性。同时满足叠加性和齐次性的系统称为线性系统,否则系统称为非线性

系统。线性系统在零状态下有两个重要特性：微分特性、积分特性。

3) 微分性

若激励 $x(t)$ 产生的响应为 $y(t)$，则激励 $x(t)$ 的微分 $x'(t)$ 产生的响应即为 $y(t)$ 的微分 $y'(t)$，此性质称为微分性，即若 $x(t) \to y(t)$，则

$$\frac{\mathrm{d}x(t)}{\mathrm{d}t} \to \frac{\mathrm{d}y(t)}{\mathrm{d}t} \tag{1.8.4}$$

4) 积分性

若激励 $x(t)$ 产生的响应为 $y(t)$，则激励 $x(t)$ 的积分 $\int x(t)\mathrm{d}t$ 产生的响应即为 $y(t)$ 的积分 $\int y(t)\mathrm{d}t$，此性质称为积分性，即若 $x(t) \to y(t)$，则

$$\int_{-\infty}^{t} x(\tau)\mathrm{d}\tau \to \int_{-\infty}^{t} y(\tau)\mathrm{d}\tau \tag{1.8.5}$$

2. 时不变性

系统的参数都是常数，不随时间变化，则该系统称为时不变系统，也称非时变系统、常参系统或定常系统等。系统参数随时间变化的系统是时变系统，也称变参系统。从系统响应来看，时不变系统在初始状态相同的情况下，系统响应与激励加入的时刻无关。也就是说，当激励 $x(t)$ 延迟时间 t_0 时，其响应 $y(t)$ 也延迟时间 t_0，且波形不变。

3. 因果性

系统的输出 $y(t)$ 只取决于此时与此时以前的输入，即 $x(t)$、$x(t-t_1)$、$x(t-t_2)$ 等，而与该时刻以后的输入没关系，则该系统称为因果系统。通俗地说，系统无输入信号就无响应输出，输出不能超前于输入，这样的系统称为因果系统。

因果系统是物理可实现系统，如电路系统、机械系统等，实际应用的系统都是因果系统。相反，不满足上述关系的是非因果系统，也就是不现实的系统。

4. 稳定性

当系统的输入信号为有界信号时，输出信号也是有界的，则该系统是稳定的，称为稳定系统；否则，称为不稳定系统。简单来说，当一个系统受到某种干扰时，在干扰消失后其所引起的系统响应最终也随之消失，即系统能够回到干扰作用前的状态，则该系统就是稳定的。

同时满足因果性、稳定性的系统称为因果稳定系统。因果稳定系统的系统函数，其全部极点必须在单位圆内。

对于离散系统，因果稳定系统的系统函数 $H(z)$ 的收敛域为：$r < |z| \leqslant \infty (r<1)$。

稳定因果系统通常称为"物理可实现系统"，非因果系统通常称为"物理不可实现系统"。与模拟系统不同的是，离散系统可以实现非实时的非因果系统。

1.9　线性时不变系统

1.9.1　线性系统

如前所述线性系统满足齐次性(比例性)和叠加性，因此线性系统对信号的处理可应用

叠加定理,在连续线性系统中,若 $y_1(t) = T[x_1(t)]$ 和 $y_2(t) = T[x_2(t)]$,且有

$$T[ax_1(t) + bx_2(t)] = aT[x_1(t)] + bT[x_2(t)]$$
$$= ay_1(t) + by_2(t) \tag{1.9.1}$$

式中,a、b 为任意常数,则该系统具有叠加性和齐次性。不满足该式的系统为非线性系统。

线性系统具有"零输入产生零输出"的特性,可以由此判断系统是否为线性系统。也可以从描述系统的方程来判断系统是否为线性系统,可用线性代数方程或线性微积分方程描述的系统,是线性系统。例如,

$$\frac{\mathrm{d}x(t)}{\mathrm{d}t} + 5x(t) = y(t)$$

例 1 - 9 - 1　已知 $y(n) = 4x(n) + 6$,验证该系统是否为线性系统。

解　验证系统是否满足叠加原理。

若 $x_1(n) = 3$,则 $y_1(n) = 4 \times 3 + 6 = 18$;

若 $x_2(n) = 4$,则 $y_2(n) = 4 \times 4 + 6 = 22$。

由此得

$$y_1(n) + y_2(n) = 18 + 22 = 40$$

而

$$x_3(n) = x_1(n) + x_2(n) = 3 + 4 = 7$$
$$y_3(n) = 4x_3(n) + 6 = 4 \times 7 + 6 = 34 \neq 40$$

由于该系统不满足叠加性,所以不是线性系统。

也可以利用线性系统的"零输入产生零输出"的特性进行验证。因为当 $x(n) = 0$ 时,$y(n) = 6 \neq 0$,这不满足线性系统的"零输入产生零输出"的特性,因此该系统不是线性系统。

1.9.2　时不变系统

若系统的响应变化规律与激励作用于系统的时刻无关,则该系统为时不变系统。

时不变系统的特点是响应的变化规律与激励的时刻无关,即不管作用于系统的输入信号 $x(t)$ 时间先后,对应输出响应信号 $y(t)$ 的形状均相同,仅是出现的时间不同。用数学表示为

$$T[x(t)] = y(t) \quad , \qquad T[x(t - t_0)] = y(t - t_0) \tag{1.9.2}$$

这说明输入信号 $x(t)$ 先延时后进行变换,与它先进行变换后再延时,结果是等效的。

1.9.3　线性时不变系统

在连续系统中,既满足线性叠加原理又具有时不变特性的系统,称为线性时不变系统,简称 LTI(Linear Time Invariant)系统。在离散系统中,既满足叠加原理又具有时不变(移不变)特性的系统,即同时具有线性和时不变性的离散时间系统称为线性移不变系统,简称 LSI(Linear Shift Invariant)系统。

线性时不变连续系统的输入输出关系可以用微分方程描述,离散系统用差分方程表示,也可以用系统函数、方框图、信号流图来表示,这种表示避开了系统的内部结构,而集

中于系统的输入输出关系，使对系统输入输出关系的考察更加直观明了。

1.9.4　线性时不变系统的分析方法

1. 线性时不变系统分析的意义

在系统分析中，线性时不变系统分析具有重要意义，一方面，实际工作中的大多数系统在指定条件下可被近似为线性时不变系统；另一方面，线性时不变系统的分析方法已经比较成熟，形成了较为完善的体系。因此，线性时不变系统的分析也是研究时变系统或非线性系统的基础。

系统分析的主要内容：对给定的具体系统，求出它对给定激励的响应。具体地说：系统分析就是建立表征系统的数学方程并求出解答。因此，分析线性系统一般先建立描述系统的数学模型，然后再进一步求得数学模型的解。在建立系统数学模型方面，系统的数学描述方法可分两类：一类称为输入-输出法（外部法）；另一类称为状态变量法（内部法）。

本书主要介绍"输入-输出法"。

2. 系统分析的外部法

输入-输出法着眼于系统激励与响应的关系，并不涉及系统内部变量的情况。因而，这种方法对于单输入、单输出系统较为方便。一般而言，描述线性时不变系统的输入、输出关系，对连续系统常用系数线性微分方程来描述，对离散系统常用系数线性差分方程来描述。

从系统数学模型的求解方法来讲，系统分析方法基本上可分为时域分析法和变换域分析法两类。

（1）时域法分析法（时域法）。

时域法是直接分析时间变量的函数，研究系统的时域特性。对于输入-输出描述的数学模型，可求解常系数线性微分方程或差分方程；对于状态变量描述的数学模型，则需求解矩阵微分方程。在线性系统时域分析法中，卷积非常重要，不管是在连续系统中的卷积还是在离散系统中的卷积和，都为分析线性系统提供了简单而有效的方法。

时域法求解的基本思路：

① 把零输入响应和零状态响应分开求解。

② 根据线性系统的叠加性把复杂信号分解为众多基本信号之和，即多个基本信号作用于线性系统所引起的响应等于各个基本信号所引起的响应之和。

（2）变换域分析法（变换域法）。

变换域法是将信号与系统的时间变量函数变换成相应变换域的某个变量函数。例如，傅里叶变换是以角频率 ω 作为变量的函数，利用傅里叶变换来研究系统的频率特性；拉普拉斯变换与 Z 变换则注重研究零点与极点分布，对系统进行 s（复频率）域和 z 域分析。变换域法可以将分析中的微分方程或差分方程转换为代数方程，或将卷积积分与卷积和转换为乘法运算，使信号与系统分析的求解过程变得简单而方便。

在分析线性时不变系统中，时域法和变换域法都以叠加性、线性和时不变性为分析问题的基准。首先把激励信号分解为某种基本单元信号，然后求出在这些基本单元信号分别作用系统时的零状态响应，最后叠加。

变换域分析采用的数学工具：

① 卷积积分(连续系统)与卷积和(离散系统)。

② 傅里叶变换(连续系统)。

③ 拉普拉斯变换(连续系统)。

④ Z 变换(离散系统)。

应该指出，卷积求得的只是零状态响应，而变换域方法不限于求零状态响应，也可用来求零输入响应或直接求全响应，它是求解数学模型的有力工具。

3. 系统分析的内部法

状态变量法不仅可以给出系统的响应，还可提供系统内部各变量的情况，特别适用于多输入、多输出系统(MIMO)。用这种方法建立的数学式为一阶标准形式，便于计算机求解。状态变量法还适用于时变系统和非线性系统，已成为系统理论与近代控制工程的基础。状态变量法既适用于时域分析又适用于变换域分析。

练习与思考

1-1　下列信号的分类方法不正确的是(　　　)。

　　A. 数字信号和离散信号　　　　　　　　B. 确定性信号和随机信号

　　C. 周期信号和非周期信号　　　　　　　D. 因果信号与反因果信号

1-2　下列说法正确的是(　　　)。

　　A. 两个周期信号 $x(t)$、$y(t)$ 的和信号 $x(t)+y(t)$ 一定是周期信号

　　B. 两个周期信号 $x(t)$、$y(t)$ 的周期分别为 2 和 $\sqrt{2}$，其和信号 $x(t)+y(t)$ 是周期信号

　　C. 两个周期信号 $x(t)$、$y(t)$ 的周期分别为 2 和 π，其和信号 $x(t)+y(t)$ 是周期信号

　　D. 两个周期信号 $x(t)$、$y(t)$ 的周期分别为 2 和 3，其和信号 $x(t)+y(t)$ 是周期信号

1-3　信号 $f(4-2t)$ 是(　　　)。

　　A. $f(2t)$ 右移 4　　　　　　　　　　　B. $f(2t)$ 左移 4

　　C. $f(-2t)$ 左移 2　　　　　　　　　　D. $f(-2t)$ 右移 2

1-4　已知 $f(t)$、t_0，a 为正数，为求 $f(t_0-at)$，则下列运算正确的是(　　　)。

　　A. $f(-at)$ 左移 t_0　　　　　　　　　B. $f(-at)$ 右移 t_0/a

　　C. $f(at)$ 左移 t_0　　　　　　　　　D. $f(at)$ 右移 t_0/a

1-5　下列说法不正确的是(　　　)。

　　A. 一般周期信号为功率信号

　　B. 时限信号(仅在有限时间区间不为零的非周期信号)为能量信号

　　C. $\varepsilon(t)$ 是功率信号

　　D. 阶跃信号 $\varepsilon(t)$ 为能量信号

1-6　给定题 1-6 图所示信号 $f(t)$。

　　(1) 试画出下列信号的波形：

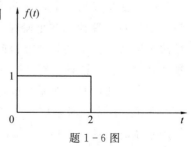

题 1-6 图

(a) $2f(t-2)$；(b) $f(2t)$；(c) $f\left(\dfrac{t}{2}\right)$；(d) $f(-t+1)$。

(2) 将信号 $f(t)$ 变换为(　　)，称为对信号 $f(t)$ 的平移，变换为(　　)称为对信号 $f(t)$ 的尺度变换。

(a) $f(t-t_0)$ 　　　　　　　　　　　　(b) $f(k-k_0)$

(c) $f(at)$ 　　　　　　　　　　　　　(d) $f(-t)$

1-7　有如下函数 $f(t)$，试用 MATLAB 分别画出它们的波形。

(1) $f(t) = 2\varepsilon(t-1) - 2\varepsilon(t-2)$；

(2) $f(t) = \sin(\pi t) \cdot [\varepsilon(t) - \varepsilon(t-6)]$。

1-8　试画出下列离散信号的图形，并给出 MATLAB 程序。

(1) $f_1(n) = \left(\dfrac{1}{2}\right)^n \varepsilon(n)$； 　　　　　　(2) $f_2(n) = \varepsilon(2-n)$；

(3) $f_3(n) = \varepsilon(-2-n)$； 　　　　　　(4) $f_4(n) = 2(1-0.5^n)\varepsilon(n)$。

1-9　试画出下列序列的图形，并给出 MATLAB 程序。

(1) $f_1(n) = \varepsilon(n-2) - \varepsilon(n-6)$；

(2) $f_2(n) = \varepsilon(n+2) + \varepsilon(-n)$；

(3) $f_3(n) = n\varepsilon(n) \cdot [\varepsilon(n) - \varepsilon(n-5)]$；

(4) $f_4(n) = \delta(n) + \delta(n-1) + 2\delta(n-2) + 2\delta(n-3) + \delta(n-4)$。

1-10　试用阶跃函数的组合表示题 1-10 图所示信号。

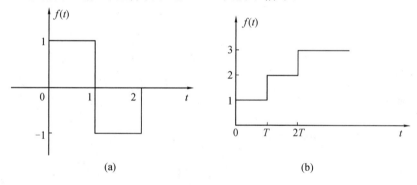

(a)　　　　　　　　　　　　　　　(b)

题 1-10 图

1-11　设有题 1-11 图所示信号 $f(t)$，对图(a)写出 $f'(t)$ 的表达式，对图(b)写出 $f''(t)$ 的表达式，并分别画出它们的波形。

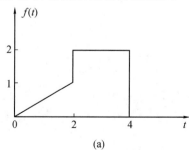
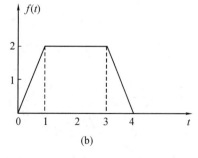

(a)　　　　　　　　　　　　　(b)

题 1-11 图

1-12　在题 1-12 图所示信号中，哪些是连续信号？哪些是离散信号？哪些是周期信号？哪些是非周期信号？

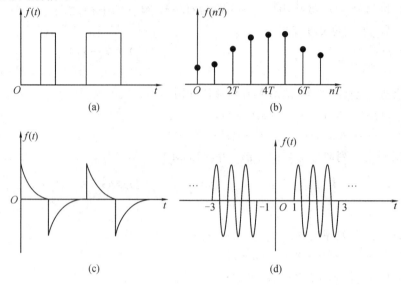

题 1-12 图

1-13　已知某系统的输入 $f(t)$ 与输出 $y(t)$ 的关系为 $y(t) = |f(t)|$，试判定该系统是否为线性时不变系统？

第 2 章 连续信号的频域分析

傅里叶分析为时域信号提供了一个频域描述，频域分析将时间变量变换成频率变量，揭示了信号内在的频率特性以及信号时间特性与其频率特性之间的密切关系。

对连续周期信号进行傅里叶级数展开，就是连续周期信号的频域分析。连续周期信号的频谱是指连续周期信号中各次谐波振幅、相位随频率的变化关系。周期信号的频谱是离散的复频谱，表示的是每个谐波分量（单一频率）的复振幅。

对连续非周期信号进行傅里叶变换（或拉普拉斯变换），就是连续非周期信号的复频域分析。而非周期信号的频谱是连续的频谱，表示的是每单位带宽内所有谐波分量合成的复振幅，不再具有离散性和谐波性。

2.1 傅里叶级数与频谱函数

2.1.1 频谱的概念

线性系统分析方法，是将复杂信号分解为简单信号之和（或积分），通过系统对简单信号的响应求解系统对复杂信号的响应。

时域分析法是在时域中将信号分解为冲激信号的积分，根据系统的冲激响应通过卷积计算出系统对信号的响应。

频域分析在工程应用中也有很重要的意义，很多信号的特性都与频域有很重要的关系，研究频域可以得到很多具有实用价值的结论。在频域中，将信号分解为一系列正弦函数的和（或积分），通过系统对正弦信号的响应求解系统对信号的响应。

对周期信号的时域分析表明，一个周期信号只要满足狄里赫利条件，就可以利用正弦信号或复指数信号进行描述。换言之，任意波形的周期信号都可以分解为两种基本连续时间信号（三角形式的正弦信号或指数形式的复指数信号）。不同形状的周期信号其区别仅仅在于基本频率 Ω 或基本周期 T 不同，组成成分中的各谐波分量的振幅和相位不同。所以，正弦信号或复指数信号都属于用时间函数表示的时域分析范畴。

周期信号 $x(t)$ 可以分解为不同频率虚指数信号之和，根据前面时域分析内容可知：

$$\begin{cases} x(t) = \sum_{n=-\infty}^{\infty} c_n \mathrm{e}^{jn\Omega t} = \sum_{n=-\infty}^{\infty} X(n\Omega) \mathrm{e}^{jn\Omega t} \\ c_n = \frac{1}{T} \int_{-T/2}^{T/2} x(t) \mathrm{e}^{-jn\Omega t} \, \mathrm{d}t = X(n\Omega) \end{cases} \tag{2.1.1}$$

c_n 是频率的函数，它反映了信号各次谐波的幅度和相位随频率变化的规律，称为"频谱函数"，用 $X(n\Omega)$ 表示。周期信号 $x(t)$ 可以分解为不同频率虚指数信号之和，不同的时域信号，只是傅里叶级数的系数 c_n 不同,因此可通过研究傅里叶级数的系数来研究信号的特性。

根据上式有

$$X(n\Omega) = \frac{1}{T}\int_{-T/2}^{T/2} x(t)\mathrm{e}^{-jn\Omega t}\,\mathrm{d}t \tag{2.1.2}$$

用指数形式可表达为

$$X(n\Omega) = |X(n\Omega)|\,\mathrm{e}^{\mathrm{j}\varphi(n\Omega)} \tag{2.1.3}$$

其模 $|X(n\Omega)|$ 称为振幅谱(幅频特性),辐角 $\varphi(n\Omega)$ 称为相位谱(相频特性)。在 MATLAB 中分别用 abs()和 angle()表示幅频特性和相频特性。根据表达式,可直接画出信号各次谐波对应的 $X(n\Omega)$ 线状分布图形,即振幅频谱和相位频谱图形。

从广义上说,信号的某种特征量随信号频率变化的关系,称为信号的频谱,所画出的图形称为信号的频谱图。

由此可见,任意波形的周期信号完全可以用反映信号频率特性的复系数 $X(n\Omega)$ 来描述。它与傅里叶级数(CTFS)表示式之间存在着一一对应的关系,即

$$x(t) \overset{\mathrm{CTFS}}{\longleftrightarrow} X(n\Omega) \tag{2.1.4}$$

上式双向箭头表示对应关系,即已知 $x(t)$,可以求得相应的 $X(n\Omega)$,反之亦然。

这种用频率函数来描述或表征任意周期信号的方法,称为周期信号的频域分析。由于信号的频谱完全代表了信号,研究它的频谱就等于研究信号本身。因此,这种表示信号的方法称为频域表示法。

2.1.2　周期信号波形的对称性与谐波特性

在时域分析中我们知道,设周期信号 $x(t)$,其周期为 T,角频率 $\Omega = 2\pi/T$,当满足狄里赫利条件时,它可分解为如下三角级数,该三角级数称为 $x(t)$ 的傅里叶级数,即

$$x(t) = \frac{a_0}{2} + \sum_{n=1}^{\infty} a_n\cos(n\Omega t) + \sum_{n=1}^{\infty} b_n\sin(n\Omega t) \tag{2.1.5}$$

系数 a_n,b_n 称为傅里叶系数,且有

$$a_n = \frac{2}{T}\int_{-\frac{T}{2}}^{\frac{T}{2}} f(t)\cos(n\Omega t)\,\mathrm{d}t, \quad b_n = \frac{2}{T}\int_{-\frac{T}{2}}^{\frac{T}{2}} f(t)\sin(n\Omega t)\,\mathrm{d}t \tag{2.1.6}$$

可见,a_n 是 n 的偶函数,b_n 是 n 的奇函数。

将式(2.1.6)同频率项合并,式(2.1.5)可写为

$$x(t) = \frac{A_n}{2} + \sum_{n=1}^{\infty} A_n\cos(n\Omega t + \varphi_n) \tag{2.1.7}$$

式中

$$A_n = \sqrt{a_n^2 + b_n^2}, \quad \varphi_n = -\arctan\frac{b_n}{a_n}$$

其中,$A_0 = a_0$。由此可见:

(1) A_n 是 n 的偶函数,φ_n 是 n 的奇函数,且有

$$a_n = A_n\cos\varphi_n, \quad b_n = -A_n\sin\varphi_n, \quad n = 1, 2, 3, \cdots$$

上式表明,周期信号可分解为直流和许多余弦分量(谐波),这是周期信号的谐波特性。其中 $A_0/2$ 为直流分量;$n=1$,$A_1\cos(\Omega t + \varphi_1)$ 称为基波或 1 次谐波,它的角频率与原周期

信号相同；$n=2$，$A_2\cos(2\Omega t+\varphi_2)$ 称为 2 次谐波，它的频率是基波的 2 倍；一般而言，$A_n\cos(n\Omega t+\varphi_n)$ 称为 n 次谐波。

（2）$x(t)$ 的对称性质决定了展开的结果。

① 若 $x(t)$ 为偶函数，则 $x(t)$ 关于纵坐标对称。$b_n=0$，$x(t)$ 展开为余弦级数。计算 a_n 时只需在半个周期内积分再乘以 2，即

$$a_n=\frac{4}{T}\int_0^{\frac{T}{2}}f(t)\cos(n\Omega t)\mathrm{d}t \tag{2.1.8}$$

② 若 $x(t)$ 为奇函数，则 $x(t)$ 关于原点对称。$a_n=0$，$x(t)$ 展开为正弦级数。计算 b_n 时只需在半个周期内积分再乘以 2，即

$$b_n=\frac{4}{T}\int_0^{\frac{T}{2}}f(t)\sin(n\Omega t)\mathrm{d}t \tag{2.1.9}$$

实际上，任意函数 $f(t)$ 都可分解为奇函数和偶函数两部分，即 $f(t)=f_{\mathrm{od}}(t)+f_{\mathrm{ev}}(t)$ 由于 $f(-t)=f_{\mathrm{od}}(-t)+f_{\mathrm{ev}}(-t)=-f_{\mathrm{od}}(t)+f_{\mathrm{ev}}(t)$，所以

$$f_{\mathrm{ev}}(t)=\frac{f(t)+f(-t)}{2}，\quad f_{\mathrm{od}}(t)=\frac{f(t)-f(-t)}{2} \tag{2.1.10}$$

利用上述奇偶函数的积分特点，可以简化傅里叶系数的计算。

2.1.3　傅里叶级数的指数形式

式（2.1.5）表示的是三角形式的傅里叶级数，含义比较明确，但运算起来常感不便，因而经常采用式（2.1.1）表示的指数形式的傅里叶级数。

根据尤拉公式可知，三角函数与复指数函数有着密切的关系，可利用三角形式推导出傅里叶级数的指数形式。

将尤拉公式 $\cos x=\dfrac{\mathrm{e}^{-\mathrm{j}x}+\mathrm{e}^{-\mathrm{j}x}}{2}$，$\sin x=\dfrac{\mathrm{e}^{-\mathrm{j}x}-\mathrm{e}^{\mathrm{j}x}}{2\mathrm{j}}$ 代入式（2.1.5）得

$$\begin{cases} x(t)=\displaystyle\sum_{n=-\infty}^{\infty}c_n\mathrm{e}^{\mathrm{j}n\Omega t}=\sum_{n=-\infty}^{\infty}X(n\Omega)\mathrm{e}^{\mathrm{j}n\Omega t} \\[2mm] c_n=\dfrac{1}{T}\displaystyle\int_{-T/2}^{T/2}x(t)\mathrm{e}^{-\mathrm{j}n\Omega t}\mathrm{d}t=X(n\Omega) \end{cases} \tag{2.1.11}$$

可见，三角形式与复指数形式描述的是同一个信号，只是数学表示形式不同而已。其中两种形式的傅里叶系数关系如下：

$$\begin{cases} c_0=a_0 \\[2mm] c_n=\dfrac{1}{2}(a_n-\mathrm{j}b_n) & n\text{ 为正整数} \\[2mm] c_{-n}=\dfrac{1}{2}(a_n+\mathrm{j}b_n) & n\text{ 为正整数} \end{cases} \tag{2.1.12}$$

由式（2.1.12）可以看出，傅里叶级数的指数形式中的傅里叶系数不再是实数，而是复数。

综上可知，周期函数 $x(t)$ 包含的直流分量为

$$c_0=a_0$$

基波分量的振幅为

$$X_1 = \sqrt{a_1^2 + b_1^2} = \sqrt{c_1 \cdot c_{-1}} = 2 \mid X(\Omega) \mid$$

基波分量的初相位为

$$\varphi_1 = -\arctan\frac{b_1}{a_1} = -\arctan\frac{\mathrm{j}c_1 - \mathrm{j}c_{-1}}{c_1 + c_{-1}}$$

其他谐波分量的振幅为

$$X_n = \sqrt{a_n^2 + b_n^2} = \sqrt{c_n \cdot c_{-n}} = 2 \mid X(n\Omega) \mid \quad n = 2, 3, 4, \cdots$$

其他谐波分量的初相位为

$$\varphi_n = -\arctan\frac{b_n}{a_n} = -\arctan\frac{\mathrm{j}c_n - \mathrm{j}c_{-n}}{c_n + c_{-n}} \quad n = 2, 3, 4, \cdots$$

这样，周期信号 $x(t)$ 的振幅谱函数可表示为

$$X(\omega) = \begin{cases} X_0 = a_0 & n = 0 \\ X_n = 2 \mid X(\omega) \mid & \omega = n\Omega, \quad n = 1, 2, 3, \cdots \\ 0 & \omega = 其他值 \end{cases} \tag{2.1.13}$$

实际上，如果考虑信号的双边频谱，用傅里叶级数的指数形式更方便。在双边频域 $(\infty, -\infty)$ 内，周期信号的频谱函数就是傅里叶系数，即

$$X(\omega) = c_n = X(n\Omega) = \frac{1}{T}\int_{-T/2}^{T/2} x(t)\mathrm{e}^{-\mathrm{j}n\Omega t}\,\mathrm{d}t \quad n = 0, \pm 1, \pm 2, \pm 3, \cdots \tag{2.1.14}$$

其数学含义是，一般周期信号可以分解为无穷多个离散频率分量，各分量的频率是基频的整数倍，振幅是傅里叶系数 c_n 的模，初相位是傅里叶系数 c_n 的辐角。

注意：

（1）当 $n=0$ 时，傅里叶系数 c_0 为大于或等于 0 的实数，其代表的成分就是周期信号的直流分量；

（2）当 $n=\pm 1$ 时，c_1，c_{-1} 所代表的双边频率成分就是周期信号的基波分量；

（3）其余各对双边频率成分就是周期信号的各个高次谐波分量。

可见采用指数形式的傅里叶级数，分析周期信号的频谱更为直截了当。

例 2-1-1 已知图 2-1-1 所示幅度值为 2 的连续周期矩形脉冲信号，求其指数形式的傅里叶级数展开式和三角形式的傅里叶级数展开式。

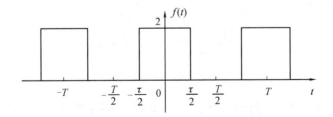

图 2-1-1 连续周期矩形脉冲信号

解　(1) 求指数形式的傅里叶级数展开式。

由式(2.1.11)得

$$F(n\Omega) = \frac{1}{T} \int_{-T/2}^{T/2} f(t) e^{-jn\Omega t} \, dt = \frac{1}{T} \int_{-T/2}^{T/2} 2 e^{-jn\Omega t} \, dt$$

$$= \frac{2}{T} \frac{e^{-jn\Omega t}}{-jn\Omega} \Big|_{\frac{-\tau}{2}}^{\frac{\tau}{2}}$$

$$= \frac{2}{T} \frac{1}{-jn\Omega} (e^{-jn\Omega\tau/2} - e^{jn\Omega\tau/2})$$

$$= \frac{2\tau}{T} \frac{\sin\left(\dfrac{n\Omega\tau}{2}\right)}{\left(\dfrac{n\Omega\tau}{2}\right)}$$

由此可得指数形式的傅里叶级数展开式为

$$f(t) = \sum_{n=-\infty}^{\infty} F(n\Omega) e^{jn\Omega t} = \sum_{n=-\infty}^{\infty} \frac{2\tau}{T} \frac{\sin\left(\dfrac{n\Omega\tau}{2}\right)}{\left(\dfrac{n\Omega\tau}{2}\right)} e^{jn\Omega t}$$

$$= \sum_{n=-\infty}^{\infty} \frac{2\tau}{T} \mathrm{Sa}\left(\frac{n\Omega\tau}{2}\right) e^{jn\Omega t} \qquad (2.1.15)$$

(2) 求三角形式的傅里叶级数展开式。

$f(t)$ 为偶函数，所以 $b_n = 0$，即三角形式的傅里叶级数展开式为

$$a_n = \frac{4\tau}{T} \mathrm{Sa}\left(\frac{n\Omega\tau}{2}\right)$$

$$f(t) = \sum_{n=1}^{\infty} a_n \cos(n\Omega t)$$

$$= \sum_{n=1}^{\infty} \frac{4\tau}{T} \mathrm{Sa}\left(\frac{n\Omega\tau}{2}\right) \cos(n\Omega t) \qquad (2.1.16)$$

2.2　典型连续周期信号的傅里叶级数

对连续周期信号进行傅里叶级数展开，就是连续周期信号的频域分析。

2.2.1　连续周期矩形方波信号的傅里叶级数

对图 2-2-1 所示的周期矩形方波信号 $x(t)$，设脉冲宽度（脉宽）为 τ，脉冲振幅为 A，重复周期为 T。

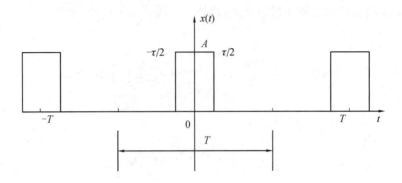

图 2 - 2 - 1　连续周期矩形方波信号

将 $x(t)$ 展成指数形式的傅里叶级数:

$$\begin{cases} x(t) = \sum_{n=-\infty}^{\infty} X(n\Omega)\mathrm{e}^{jn\Omega t} \\[2mm] X(n\Omega) = \dfrac{1}{T}\displaystyle\int_{-T/2}^{T/2} x(t)\mathrm{e}^{-jn\Omega t}\,\mathrm{d}t \\[2mm] \qquad\quad = \dfrac{A}{T}\dfrac{1}{-jn\Omega}(\mathrm{e}^{-jn\Omega\tau/2} - \mathrm{e}^{jn\Omega\tau/2}) \\[2mm] \qquad\quad = \dfrac{A\tau}{T}\dfrac{\sin\left(\dfrac{n\Omega\tau}{2}\right)}{\left(\dfrac{n\Omega\tau}{2}\right)} = \dfrac{A\tau}{T}\mathrm{Sa}\left(\dfrac{n\pi\tau}{T}\right) \end{cases} \tag{2.2.1}$$

其中, $\Omega = 2\pi f = \dfrac{2\pi}{T}$, $f = \dfrac{1}{T}$。可见周期矩形脉冲信号 $x(t)$ 的频谱图 $X(n\Omega)$ 是采样信号 Sa( )。

例 2 - 2 - 1　连续周期矩形脉冲信号如图 2 - 2 - 2 所示,用 MATLAB 求出该信号的频谱图。

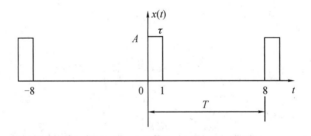

图 2 - 2 - 2　连续周期矩形脉冲信号

解　由图可知,该信号脉宽为 $\tau=1$,周期为 8,振幅设 $A=4$。在主周期内的解析式可表示如下:

$$x(t) = \begin{cases} A & 0 \leqslant t \leqslant \tau \\ 0 & \tau \leqslant t \leqslant T \end{cases}$$

解法 1　使用符号运算。根据傅里叶级数式(2.2.1)的定义,其程序代码如下:

```
syms t k;
T=8;A=4;tao=1;x=A;w=2 * pi/T;
fe=x * exp(-j * k * w * t);
X=int(fe,t,0,tao). /T;
X=simple(X);
k=[-20:-1,eps,1:20];
X=subs(X,k,'k');
subplot(3,1,1);stem(k,X,'.');title('频谱图');
line([-20,20],[0,0]);xlabel('(k)');ylabel('X(k)');
subplot(3,1,2);stem(k,abs(X),'.');title('振幅谱');
xlabel('(k)');
ylabel('|X(k)|');
subplot(3,1,3);
stem(k,angle(X),'.');
title('相位谱');
xlabel('(k)');ylabel('angle(X(k))');
```

程序运行后生成的周期矩形脉冲信号的频谱图如图 2-2-3 所示。

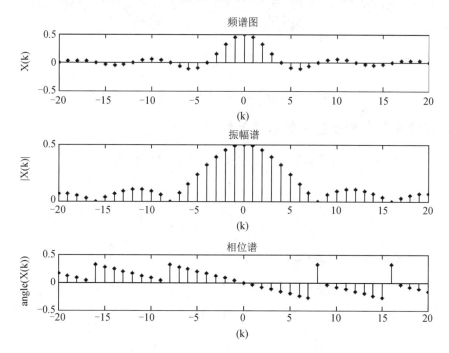

图 2-2-3　周期矩形脉冲信号的频谱图

解法 2　根据式(2.2.1)的定义，在 MATLAB 中也可以使用 sinc()函数得到采样信号 Sa()，绘制信号脉宽为"tao=1"，周期为"T=8"的频谱图，如图 2-2-4 所示。程序如下：

```
T=8;A=4;tao=1;
k=[-80:80]/T;
X=A*tao/T*sinc(k*pi*tao/T);
stem(k,X,'.');title('tao=1  T=8');axis([-11,11,-0.2,0.6]);
line([-12,2.4],[0,0],'Color','b','Marker','>','MarkerSize',10,'Marker-
FaceColor','b');
line([0,0],[-0.3,0.55],'Color','b','Marker','^','MarkerSize',10,'Marker-
FaceColor','b');
```

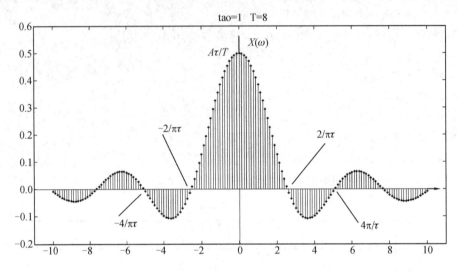

图 2-2-4 脉宽为"tao=1",周期为"T=8"的频谱图

2.2.2 连续周期三角波信号的傅里叶级数

图 2-2-5 所示为三角波信号,该三角波信号在时域中表达式为

$$f(t) = \begin{cases} A + \dfrac{2A}{T}t & -\dfrac{T}{2} \leqslant t \leqslant 0 \\[2mm] A - \dfrac{2A}{T}t & 0 \leqslant t \leqslant \dfrac{T}{2} \end{cases}$$

由于 $f(t)$ 是偶函数,由式(2.1.6)可得

$$a_0 = \frac{2}{T}\int_{-T/2}^{T/2} f(t)\mathrm{d}t = 2 \cdot \frac{1}{2} \cdot T \cdot A \cdot \frac{1}{T} = A$$

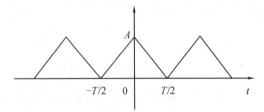

图 2-2-5 三角波信号

$$a_k = \frac{2}{T} \int_{-\frac{T}{2}}^{\frac{T}{2}} f(t) \cos(k\omega_1 t)\,\mathrm{d}t$$

$$= \frac{4}{T} \int_{0}^{\frac{T}{2}} \left(A - \frac{2A}{T}t \right) \cos(k\omega_1 t)\,\mathrm{d}t$$

$$= \frac{4A}{k^2 \pi^2} \sin^2 \frac{k\pi}{2} \qquad\qquad (2.2.2)$$

$$= \begin{cases} \dfrac{4A}{k^2 \pi^2} & k = 1,\,3,\,5,\,\cdots \\[2mm] 0 & k = 2,\,4,\,6,\,\cdots \end{cases}$$

例 2 - 2 - 2　周期三角波信号如图 2 - 2 - 6 所示，绘制出周期三角波信号的频谱图。

解　傅里叶级数展开得

$$c_n = \begin{cases} \dfrac{-4\mathrm{j}}{(n\pi)^2} \sin\left(\dfrac{n\pi}{2}\right) & n \neq 0 \\[2mm] 0 & n = 0 \end{cases}$$

绘制三角波信号频谱的 MATLAB 程序如下：

```
N=8;
n1=-N:-1;%计算 n=-N 到-1 的 Fourier 系数
c1=-4*j*sin(n1*pi/2)/pi^2./n1.^2;
c0=0;%计算 n=0 时的 Fourier 系数
n2=1:N;%计算 n=1 到 N 的 Fourier 系数
c2=-4*j*sin(n2*pi/2)/pi^2./n2.^2;
cn=[c1 c0 c2];
n=-N:N;
subplot(2,1,1);
stem(n,abs(cn));
title('cn 的振幅');
axis([-N,N,-0.2,0.5]);
subplot(2,1,2);
stem(n,angle(cn));
title('cn 的相位');
xlabel('\omega/\omega0 ');
```

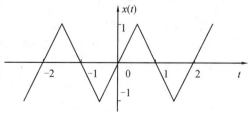

图 2 - 2 - 6　周期三角波信号

程序运行结果如图 2-2-7 所示。

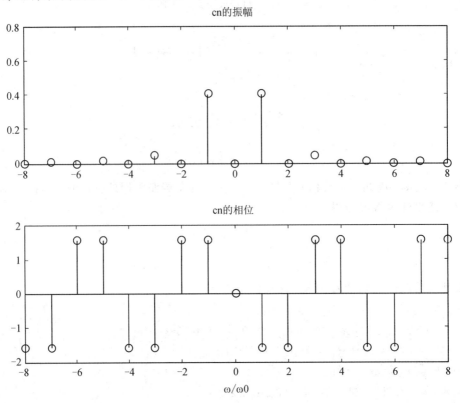

图 2-2-7 周期三角波信号的频谱图

2.2.3 从傅里叶级数求信号

连续周期信号的傅里叶级数展开系数代表了信号的振幅，根据该系数可以反过来求出原信号。

例 2-2-3 已知连续周期信号的频谱如图 2-2-8 所示，试写出信号的傅里叶级数表示式。

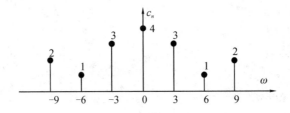

图 2-2-8 连续周期信号的频谱

解 由图可知 $c_0 = 4$，$c_{\pm 1} = 3$，$c_{\pm 2} = 1$，$c_{\pm 3} = 2$，则该信号的傅里叶级数表达式为

$$x(t) = \sum_{n=-\infty}^{\infty} c_n e^{jn\omega_0 t}$$
$$= 4 + 3(e^{j\omega_0 t} + e^{-j\omega_0 t}) + (e^{j2\omega_0 t} + e^{-j2\omega_0 t}) + 2(e^{j3\omega_0 t} + e^{-j3\omega_0 t})$$
$$= 4 + 6\cos(\omega_0 t) + 2\cos(2\omega_0 t) + 4\cos(3\omega_0 t)$$

2.3　连续周期信号的频谱

2.3.1　连续周期信号频谱

1. 连续周期信号频谱的性质

前文所述周期矩形信号频谱的性质，实际上也是所有周期信号频谱的普遍性质，即

（1）离散性：指频谱由频率离散而不连续的谱线组成，这种频谱称为离散频谱或线谱。谱线的间隔为

$$\Omega = \frac{2\pi}{T}$$

（2）谐波性：指各次谐波分量的频率都是基波频率 Ω 的整数倍，即为 $n\Omega$，（$n = \pm 1$，± 2，± 3，…）。相邻谐波的频率间隔是均匀的，谱线只在频率轴上 Ω 的整数倍位置出现。

（3）收敛性：指谱线振幅随 $n \to \infty$ 而衰减到零，因此这种频谱具有收敛性或衰减性。若信号时域波形变化越平缓，高次谐波成分就越少，振幅频谱衰减越快；若信号时域波形变化跳变越多，高次谐波成分就越多，振幅频谱衰减越慢。

2. 周期的影响

信号周期 T 越大，$\Omega = 2\pi/T$ 就越小，则谱线越密集。反之，T 越小，Ω 越大，谱线则越稀疏。当周期 T 趋近于无穷大时，谱线间隔 Ω 趋近于无穷小，信号的频谱变为连续频谱。

例 2 - 3 - 1　MATLAB 中计算脉宽和周期对图 2 - 2 - 2 所示的连续周期矩形脉冲信号频谱的影响。

解　程序如下：

```
T=8;A=4;tao=1;k=[-80:80]/T;
X=A * tao/T * sinc(k * pi * tao/T);
X1=A * tao/(T/2) * sinc(k * pi * tao/(T/2));
X2=A * (tao/2)/T * sinc(k * pi * (tao/2)/T);
subplot(3,1,1);
stem(k,X,'.');title('(a)  tao=1  T=8');axis([-11,11,-0.3,1.2]);
line([-12,12],[0,0],'Color','b','Marker','>','MarkerSize',10,'MarkerFaceColor','b');
line([0,0],[-0.4,1.1],'Color','b','Marker','^','MarkerSize',10,'MarkerFaceColor','b');
subplot(3,1,2);
stem(k,X1,'.');title('(b)  tao=1  T=8/2');axis([-11,11,-0.3,1.2]);
line([-12,12],[0,0],'Color','b','Marker','>','MarkerSize',10,'MarkerFaceColor','b');
line([0,0],[-0.4,1.1],'Color','b','Marker','^','MarkerSize',10,'MarkerFaceColor','b');
subplot(3,1,3);
stem(k,X2,'.');title('(c)  tao=1/2  T=8');axis([-11,11,-0.3,1.2]);
line([-12,12],[0,0],'Color','b','Marker','>','MarkerSize',10,'MarkerFaceColor','b');
line([0,0],[-0.4,1.1],'Color','b','Marker','^','MarkerSize',10,'MarkerFaceColor','b');
```

　　脉宽和周期都会对周期矩形脉冲信号频谱有影响，脉宽"tao"和周期"T"改变后的频谱图，如图2-3-1所示，可见脉宽"tao"和周期"T"的改变对频谱线密度和振幅都有影响。

　　如图2-3-1(b)所示，"tao"一定，"T"减小，谱线间隔增大，频谱变稀疏，振幅增大。反之，"T"增大，谱线间隔减小，频谱变密，振幅减小。

　　如图2-3-1(c)所示，"T"一定，"tao"变小，此时谱线间隔不变，但两零点之间的谱线数目增多。

　　如果周期无限增长（趋向于无穷大时，这时就成为非周期信号），那么谱线间隔将趋近于零，周期信号的离散频谱就过渡到非周期信号的连续频谱，各频率分量的振幅也趋近于无穷小。

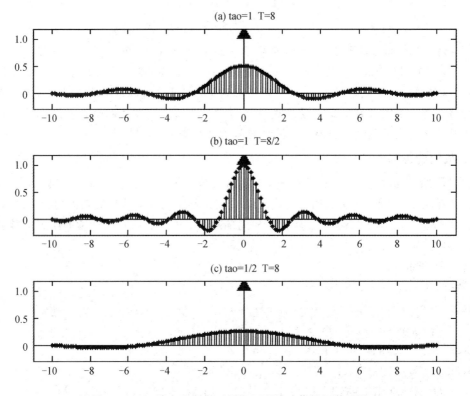

图2-3-1　脉宽和周期对周期矩形脉冲信号频谱的影响

2.3.2　单边谱、双边谱和复频谱

　　周期信号的频谱图，有单边频谱图（单边谱）和双边频谱图（双边谱）。用三角形式傅里叶级数展开的周期信号，为单边频谱图，即频谱线只出现在频率的正半轴，如图2-3-2所示。

　　周期信号采用指数形式傅里叶级数展开后的频谱，因X_n一般为复数，称为复数频谱。周期信号复数频谱图的特点如下：

　　（1）用指数形式傅里叶级数展开的周期信号，为双边频谱图，即频谱线左右对称于0频率点（即直流分量），出现在频率的正负半轴。其双边频谱图，如图2-2-1所示。

　　（2）引入了负频率变量X_{-n}，它没有物理意义，只是数学推导，负半轴上的谱线是复数

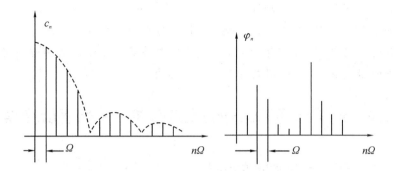

图 2-3-2　周期矩形脉冲信号的单边频谱图

共轭部分，与正半轴对应的谱线共同合成实际的频谱。只有把正、负频率项成对地合并起来，才是实际的频谱函数。

（3）每个分量的幅度一分为二，在正、负频率相对应的位置上各为一半，即每个分量的幅度是正、负频率相应位置的振幅之和。

c_n 是实函数，X_n 一般是复函数，当 X_n 是实函数时，可用 X_n 的正、负表示 0 和 π 相位，振幅谱和相位谱合二为一。

例 2-3-2　试画出周期信号

$$x(t) = 1 + \cos\left(\Omega t - \frac{\pi}{2}\right) + 0.6\cos\left(2\Omega t + \frac{\pi}{3}\right) + 0.4\cos\left(3\Omega t + \frac{\pi}{2}\right)$$

的频谱。

解　根据表达式画出 $A_k(\omega)$ 和 $\varphi_k(\omega)$ 的频谱，称为单边谱，如图 2-3-3 所示。

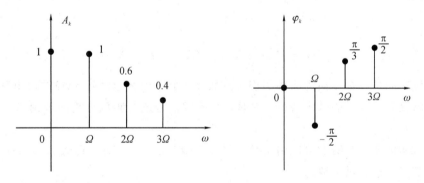

图 2-3-3　单边振幅、相位谱

2.3.3　脉宽与有效带宽

脉宽：信号时域的持续时间，用 τ 表示。

有效频带宽度简称有效带宽或带宽、频宽，用 ω_B 表示，在 $0 \sim \dfrac{2\pi}{\tau}$ 这段频率范围称为周期矩形脉冲信号的有效频带宽度，即 $\omega_B = \dfrac{2\pi}{\tau}$。

信号的有效带宽与脉宽 τ 成反比，即 τ 越大，其 ω_B 越小；反之，τ 越小，其 ω_B 越大，而且振幅也越小，如图 2 - 3 - 1(c)所示。

信号周期不变而脉冲宽度减小时，频谱的振幅也相应减小。

有效带宽的物理意义：在信号的有效带宽内，信号集中了绝大部分谐波分量。若丢失有效带宽以外的谐波成分，不会对信号产生明显影响。

2.4　连续非周期信号的频域分析——傅里叶变换

2.4.1　从傅里叶级数到傅里叶变换

1. 傅里叶变换的定义

从连续周期信号的频域分析可知

$$\begin{cases} x(t) = \sum_{n=-\infty}^{\infty} X(n\Omega) \mathrm{e}^{\mathrm{j}n\Omega t} \\ X(n\Omega) = \dfrac{1}{T} \displaystyle\int_{-T/2}^{T/2} x(t) \mathrm{e}^{-\mathrm{j}n\Omega t} \mathrm{d}t \end{cases}$$

非周期信号 $x(t)$ 可看成周期 $T \to \infty$ 时的周期信号。前面已指出当周期 T 趋近于无穷大时，谱线间隔 Ω 趋近于无穷小，$n\Omega \to \omega$（由离散量变为连续量），信号的频谱变为连续频谱，各频率分量的振幅也趋近于无穷小。

考虑到 $T \to \infty$，$\Omega \to$ 无穷小，记为 $\mathrm{d}\omega$；$n\Omega \to \omega$，而 $\dfrac{1}{T} = \dfrac{\Omega}{2\pi} \to \dfrac{\mathrm{d}\omega}{2\pi}$，同时 $\sum \to \int$，于是有

$$\begin{cases} X(\omega) = \displaystyle\int_{-\infty}^{\infty} x(t) \mathrm{e}^{-\mathrm{j}\omega t} \mathrm{d}t = \mathcal{F}\big[x(t)\big] \\ x(t) = \dfrac{1}{2\pi} \displaystyle\int_{-\infty}^{\infty} X(\omega) \mathrm{e}^{\mathrm{j}\omega t} \mathrm{d}\omega = \mathcal{F}^{-1}\big[X(\omega)\big] \end{cases} \tag{2.4.1}$$

把连续时间的函数变换为频率的连续函数，这个过程称为信号 $x(t)$ 的傅里叶变换。由于它在频域反映了信号的基本特征，因而是非周期信号进行频域分析的理论依据和最基本的公式。

周期信号的傅里叶级数可以用正弦信号或复指数信号来表示。由式(2.2.1)可知，周期矩形脉冲信号离散频谱函数为

$$X(n\Omega) = \frac{2A\tau}{T} \mathrm{Sa}\left(\frac{n\pi\tau}{T}\right) = \frac{A\tau}{T} \frac{\sin\left(\dfrac{n\Omega\tau}{2}\right)}{\dfrac{n\Omega\tau}{2}} \tag{2.4.2}$$

各谱线之间的间隔为

$$\Omega = \frac{2\pi}{T}$$

对持续时间有限的非周期信号，我们可以把它看作周期为无穷大的周期信号。当周期趋于无穷的极限情况，各谱线之间的间隔趋于零，即：$T \to \infty$，$\Omega \to 0$。可见，这时的频谱函数具有以下特点：

（1）原为离散的频谱变成连续频谱；

（2）频谱的变化规律仍按包络线 Sa()函数在变化；

（3）函数的展开式中求和变为求积分。

2. 傅里叶变换的存在性

由傅里叶变换的推导过程可知，信号傅里叶变换存在的条件与傅里叶级数存在条件基本相同，不同之处是时间范围由一个周期变为无限区间。傅里叶变换存在的充分条件是无限区间内函数绝对可积，即

$$\int_{-\infty}^{\infty} |f(t)| \, dt < \infty$$

信号的时间函数 $f(t)$ 和它的傅里叶变换，即频谱函数 $F(\omega)$ 是同一信号的两种不同的表现形式。不过，$f(t)$ 显示了时间信息而隐藏了频率信息，$F(\omega)$ 显示了频率信息而隐藏了时间信息。

2.4.2　傅里叶变换对与频谱密度函数

式（2.4.1）构成一对傅里叶变换，称为傅里叶变换对，式中符号"$\mathcal{F}$"代表傅里叶变换（Continuous-Time Fourier Transform，CTFT），"$\mathcal{F}^{-1}$"代表傅里叶反变换（ICTFT）。为了简便，也可以采用下列符号表示傅里叶变换对，通常可记为

$$X(\omega) = \mathcal{F}[x(t)], \quad x(t) = \mathcal{F}^{-1}[X(\omega)] \quad 或 \quad x(t) \longleftrightarrow X(\omega) \qquad (2.4.3)$$

与周期信号类似，傅里叶变换把信号分解成由无穷多的复指数或正弦信号的线性组合，以在时间域对信号进行分析。但在频域它们却有明显的不同：

（1）周期信号的频谱是离散的复频谱，表示的是每个谐波分量（单一频率）的复振幅；

（2）非周期信号的频谱是连续的频谱，表示的是每单位带宽内所有谐波分量合成的复振幅，不再具有离散性和谐波性。

通常，用 $f(t)$ 代表一般信号，$F(\omega)$ 是 $f(t)$ 的傅里叶变换，$f(t)$ 称为 $F(\omega)$ 的傅里叶反变换或原函数。$F(\omega)$ 一般是复函数，写为

$$F(\omega) = |F(\omega)| \, e^{j\varphi(\omega)} = R(\omega) + jI(\omega) \qquad (2.4.4)$$

其模 $|F(\omega)|$ 称为振幅谱，或"频谱密度函数"，简称频谱，但应注意它与周期信号的离散频谱 $X(n\Omega)$ 在内涵上有所差异；辐角 $\varphi(\omega)$ 称为相位谱。

因此对非周期信号进行频域分析的理论依据和最基本的公式是式（2.4.1）所表示的傅里叶变换（CTFT）与傅里叶反变换（ICTFT）构成的傅里叶变换对。

2.4.3　非周期信号频谱的计算

在 MATLAB 中使用下列方法计算连续非周期信号的频谱：

（1）使用数值积分近似计算非周期信号频谱。

（2）在符号运算中，使用 MATLAB 函数傅里叶变换对 fourier()、ifourier()，计算非周期信号频谱的解析式。

（3）在使用计算机处理信号时，实际使用快速傅里叶变换 FFT 计算连续周期或非周期信号。

1. 使用数值积分方法计算非周期信号频谱

数值函数积分 quadl（以前版本为 quad8）可用来进行傅里叶变换，计算非周期信号的频谱，语法如下：

```
y=quadl('F',a,b)
```

其中："F"是一个字符串，它表示被积函数的文件名；"a""b"分别表示定积分的下限和上限。quadl 返回的是用自适应 Simpson 算法得出的积分值。

例 2-4-1　三角波信号如图 2-4-1 所示，在 MATLAB 中用数值方法和符号运算近似计算出该三角波信号的频谱。

解　（1）用数值积分近似计算三角波信号频谱，该信号可以表示为

$$f(t) = \begin{cases} 1+t & -1 \leqslant t \leqslant 0 \\ 1-t & 0 \leqslant t \leqslant 1 \end{cases} \tag{2.4.5}$$

根据式（2.4.5），定义一个三角波信号的积分函数，程序如下：

```
function sf=xs(t,w)
xt=(t>=-1 & t<=1). * (1-abs(t)); %三角波信号
sf=xt. * exp(-j * w * t);
end   %三角波信号的积分函数
```

调用上述函数"xs()"，用数值积分近似计算三角波信号频谱，程序如下：

```
w=linspace(-6 * pi,6 * pi,512);
      N=length(w);F=zeros(1,N);
      for k=1:N
        F(k)=quadl('xs',-1,1,[],[],w(k));
      end
      plot(w,real(F));title('三角波信号频谱')
    xlabel('\omega');ylabel('F(\omega)');
```

程序绘制的三角波信号频谱如图 2-4-2 所示。

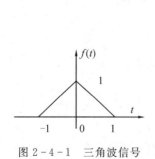

图 2-4-1　三角波信号

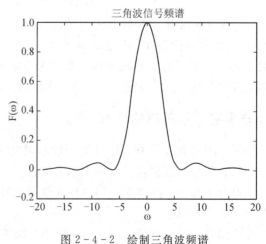

图 2-4-2　绘制三角波频谱

严格说来，在 MATLAB 中如果不使用 symbolic 工具箱，是不能分析连续时间信号的。在式(2.4.5)中，$x(t)$ 是时限信号，或者当 $|t|$ 大于某个给定值时，$x(t)$ 的值已经衰减得很厉害，可以近似地看成时限信号。采用数值计算方法实现连续时间信号的傅里叶变换，实质上只是借助于 MATLAB 的强大数值计算功能，特别是其强大的矩阵运算能力而进行的一种近似计算。

2. 使用 fourier( )函数计算傅里叶变换

MATLAB 中实现傅里叶变换的方法有两种，一种是傅里叶变换的数值积分法，另一种是利用 MATLAB 中的符号算法工具箱提供的专用函数 fourier()、ifourier()直接求解傅里叶变换和傅里叶反变换，其用法如下：

(1) F＝fourier(f)：对 $f(t)$ 进行傅里叶变换，其结果为 $F(\omega)$。

(2) f＝ifourier(F)：对 $F(\omega)$ 进行傅里叶反变换，其结果为 $f(t)$。

注意：

(1) 在调用函数 fourier()及 ifourier()函数之前，要用 syms 命令对所有需要用到的变量(如"t,u,v,w")等进行说明，即要将这些变量说明成符号变量。对 fourier( )中的"f"及 ifourier( )中的"F"也要用符号定义符 syms 将其说明为符号表达式。

(2) 采用 fourier()及 ifourier( )得到的返回函数，仍然为符号表达式。在对其作图时要用 ezplot()函数，而不能用 plot()函数。

(3)fourier( )及 ifourier( )函数的应用有很多局限性，如果在返回函数中含有 $\delta(\omega)$ 等函数，则 ezplot()函数也无法作图。另外，在用 fourier()函数对某些信号进行变换时，其返回函数中如果包含一些不能直接表达的式子，也无法作图。另一个局限是在很多场合，尽管原时间信号 $f(t)$ 是连续的，但不能表示成符号表达式，此时只能应用上面介绍的数值计算法来进行傅里叶变换了，当然用数值计算法所求的频谱函数只是一种近似值。

例 2-4-2　用符号运算计算三角波信号的频谱。

在 MATLAB 符号运算中，使用傅里叶变换 fourier()函数计算非周期信号频谱，该三角波可表示为

$$f(t) = [(t+1)\varepsilon(t+1) - t\varepsilon(t)] + [(t-1)\varepsilon(t-1) - t\varepsilon(t)]$$
$$= (t+1)\varepsilon(t+1) + (t-1)\varepsilon(t-1) - 2t\varepsilon(t)$$

其中 $\varepsilon()$ 是阶跃函数。

解　计算频谱的程序如下：

```
>>syms t w;
>>f=sym('(t+1)*heaviside(t+1)-2*t*heaviside(t)+(t-1)*heaviside(t-1)');
>>y=fourier(f);
>>Y=simplify(y);
Y=(4*sin(w/2)^2)/w^2;
```

即三角波信号频谱的理论值为 $F(\omega) = \dfrac{4\sin^2\left(\dfrac{\omega}{2}\right)}{\omega^2} = \mathrm{Sa}^2\left(\dfrac{\omega}{2}\right)$。

下列程序用于绘制三角波信号及频谱图，如图 2-4-3 所示。

```
>>subplot(211);ezplot(f);
>>subplot(212);ezplot((sinc(w/2))^2);
```

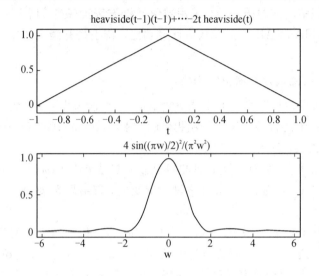

图 2 - 4 - 3　三角波信号及频谱图

2.5　傅里叶变换的性质

傅里叶变换揭示了信号时间特性与频率特性之间的联系。信号可以在时域中用时间函数 $x(t)$ 表示，亦可以在频域中用频谱密度函数 $X(\omega)$ 表示；只要其中一个确定，另一个随之确定，两者是一一对应的。在实际的信号分析中，往往还需要对信号的时、频特性之间的对应关系、变换规律有更深入、具体的了解。例如我们希望清楚，当一个信号在时域中发生了某些变化，会引起频域中的什么样变化；反之亦然。除了明白信号时频之间的内在联系，我们也希望能简化变换的运算，为此对傅里叶变换基本性质及定理进行讨论就非常重要。

设两个信号为 $x(t)$、$y(t)$，其傅里叶变换均存在，且为

$$X(\omega) = \mathcal{F}[x(t)], Y(\omega) = \mathcal{F}[y(t)]$$

傅里叶变换（CTFT）的概念来源于傅里叶级数（CTFS），因此它们都具有以下性质。

2.5.1　线性

设 a、b 为常数，则

$$\mathcal{F}[ax(t) + by(t)] = a\mathcal{F}[x(t)] + b\mathcal{F}[y(t)] = aX(\omega) + bY(\omega) \qquad (2.5.1)$$

利用傅里叶变换的线性特性，可以将待求信号分解为若干基本信号之和。

2.5.2　时移（时延）

时延（时移）性说明波形在时间轴上的时延。设 t_0 为实常数，则

$$\mathcal{F}[x(t - t_0)] = e^{-j\omega t_0} X(\omega) \qquad (2.5.2)$$

时移性质表明：当一个信号沿时间轴移动后，各频率成分的振幅大小不发生改变，即

频谱函数的形状不改变，但相位发生了变化，使信号增加了 t_0 的线性相位，即频谱函数的位置出现了 t_0 的变化。

2.5.3　频移特性(调制特性)

设 ω_0 为实常数，则

$$\mathcal{F}^{-1}\left[X(\omega-\omega_0)\right]=\mathrm{e}^{\mathrm{j}\omega_0 t}x(t) \qquad (2.5.3)$$

频移(调制)特性用来进行频谱搬移，该特性表明信号在时域中与复因子 $\mathrm{e}^{\mathrm{j}\omega_0 t}$ 相乘，则在频域中将使整个频谱搬移 ω_0，这一技术在通信系统得到了广泛应用。

调制：通信技术中的调制是将频谱在 $\omega=0$ 附近的低频信号乘以 $\mathrm{e}^{\mathrm{j}\omega_0 t}$，使其频谱搬移到 $\omega=\omega_0$ 附近。

解调：频谱在 $\omega=\omega_0$ 附近的高频信号乘以 $\mathrm{e}^{\mathrm{j}\omega_0 t}$，其频谱被搬移到 $\omega=0$ 附近，这就是解调。

变频是将频谱在 $\omega=\omega_c$ 附近的信号乘以 $\mathrm{e}^{\mathrm{j}\omega_0 t}$，使其频谱搬移到 $\omega=\omega_c-\omega_0$ 附近。实际的调制、解调和变频的载波信号是正(余)弦信号，这些都是频移特性的应用。

2.5.4　尺度变换

设 a 为非 0 实常数，傅里叶变换的尺度变换性质(也称为相似性质)表示为

$$x(at)\longleftrightarrow\frac{1}{|a|}X\left(\frac{\omega}{a}\right) \qquad (2.5.4)$$

尺度变换性质说明，信号在时域中压缩($a>1$)，在频域中就扩展；反之，信号在时域中扩展($a<1$)，在频域中就一定压缩。信号的脉宽与频宽(频带宽度)成反比。一般来说脉宽有限的信号，其频宽无限，反之亦然。

特别地，当 $a=-1$ 时，得到 $x(t)$ 的折叠函数 $x(-t)$，其频谱亦为原频谱的折叠，即

$$x(-t)\longleftrightarrow-X(-\omega) \qquad (2.5.5)$$

在信号通信中，为了迅速地传递信号，希望信号的脉冲宽度要小(频带宽度增加)；而为了有效地利用信道，希望信号的频带宽度要小，这两者是矛盾的。

综上所述，信号在时域中压缩等效于在频域中扩展，在时域中扩展等效于在频域中压缩，而且相对应的倍数是一致的。信号的持续时间与其占有的频带宽度成反比。

在通信应用技术中，为了提高信号的传输速率，即提高每秒内传送的脉冲数，为此就要压缩信号的脉冲宽度，加宽信号的频带，这就需要加宽通信设备的通频带，以满足信号传输的质量要求。为了有效地利用信道，希望信号的频带宽度要小。尺度变换性质表明这两者是矛盾的，因为同时压缩脉冲宽度和频带宽度是不可能的。

例 2-5-1　已知 $g_\tau(t)\longleftrightarrow\tau\mathrm{Sa}\left(\frac{\omega\tau}{2}\right)$，求 $g_\tau(2t)$ 的频谱函数。

解　根据傅里叶变换的尺度变换性质，$g_\tau(2t)$ 的频谱函数为

$$\mathcal{F}\left[g_\tau(2t)\right]=\frac{1}{2}\tau\mathrm{Sa}\left(\frac{\omega\tau}{4}\right)$$

例 2-5-2　已知 $y(\mathrm{t})=f(2t-1)$，求 $y(t)$ 的频谱函数 $Y(\omega)$。

解　已知 $y(\mathrm{t})=f(2t-1)$，根据傅里叶尺度变换性质有

$$f(2t) \longleftrightarrow \frac{1}{2}F\left(\frac{\omega}{2}\right)$$

而 $y(t) = f(2t - 1) = f\left[2\left(t - \frac{1}{2}\right)\right]$，根据傅里叶时移性质可得 $Y(\omega) = \frac{1}{2}F\left(\frac{\omega}{2}\right)e^{-\frac{1}{2}j\omega}$。

2.5.5　微分特性

傅里叶变换的时域微分特性表示为

$$\frac{\mathrm{d}x(t)}{\mathrm{d}t} \longleftrightarrow j\omega X(\omega), \frac{\mathrm{d}x^n(t)}{\mathrm{d}t^n} \longleftrightarrow (j\omega)^n X(\omega) \qquad (2.5.6)$$

式中 $j\omega$ 是微分因子。

同理，可得到"象函数"的导数公式（频域微分特性）：

$$\mathcal{F}^{-1}[X'(\omega)] = -jt \cdot x(t), \mathcal{F}^{-1}[X^n(\omega)] = (-jt)^n \cdot x(t) \qquad (2.5.7)$$

一般频域微分特性的实用形式为

$$j\frac{\mathrm{d}X(\omega)}{\mathrm{d}\omega} \longleftrightarrow tf(t), \frac{\mathrm{d}X^n(\omega)}{\mathrm{d}\omega^n} \longleftrightarrow (-jt)^n x(t),\ \text{或}\ t^n x(t) \longleftrightarrow j^n\frac{\mathrm{d}^n X(\omega)}{\mathrm{d}\omega^n}$$

$$(2.5.8)$$

上式可很方便地用来求 $t^n x(t)$ 的傅里叶变换。

2.5.6　时域积分特性

傅里叶变换的时域积分特性表示为

$$y(t) = \int_{-\infty}^{t} x(\tau)\mathrm{d}\tau \longleftrightarrow Y(\omega) = \pi X(0)\delta(\omega) + \frac{1}{j\omega}X(\omega) \qquad (2.5.9)$$

特别地，从时域上看，一般当 $y(t)$ 是无限区间可积时，$\int_{-\infty}^{\infty}y(t)\mathrm{d}t < \infty$，其频谱无直流分量，即当 $X(0) = 0$ 时，$Y(\omega) = \frac{1}{j\omega}X(\omega)$。

2.5.7　对偶性

傅里叶变换的对称性（对偶性）表示为

若 $x(t) \longleftrightarrow X(\omega)$，则

$$X(t) \longleftrightarrow 2\pi x(-\omega),\ \text{或}\ \frac{1}{2\pi}X(t) \longleftrightarrow x(-\omega) \qquad (2.5.10)$$

若 $x(t)$ 是 t 的偶函数，则 $\frac{1}{2\pi}X(t) \longleftrightarrow x(-\omega) = x(\omega)$。就是说，当 $x(t)$ 是 t 的偶函数时，时域与频域是完全对称性关系，如果 $x(t)$ 的频谱函数为 $X(\omega)$，则频谱为 $x(\omega)$ 的信号，其时域函数必为 $\frac{1}{2\pi}X(t)$。

利用对称性可以由已知的一对傅里叶变换对，推出与之相关的另一对傅里叶变换对，从而减少了大量的运算。利用对称性，我们还可以得到任意周期信号的傅里叶变换。

2.5.8　卷积定理

傅里叶变换的时域、频域卷积定理表示如下。

（1）时域卷积定理：若 $x(t) \longleftrightarrow X(\omega)$，$y(t) \longleftrightarrow Y(\omega)$，则

$$x(t) * y(t) = \mathcal{F}^{-1}[X(\omega) \cdot Y(\omega)] \qquad (2.5.11)$$

符号"*"表示线性卷积。

两个时间信号在时域中进行线性卷积运算，相当于在频域中对两个对应频谱函数进行乘积运算的傅里叶反变换。

（2）频域卷积定理：若 $x(t) \longleftrightarrow X(\omega)$，$y(t) \longleftrightarrow Y(\omega)$，则

$$x(t) \cdot y(t) = \frac{1}{2\pi} \mathcal{F}^{-1}[X(\omega) * Y(\omega)] \qquad (2.5.12)$$

两个信号的频谱函数在频域中进行线性卷积运算，相当于在时域中对两个信号进行乘积运算的傅里叶变换的 2π 倍。

2.5.9　帕斯瓦尔定理

帕斯瓦尔（Parseval）定理反映了信号在一个域及其对应的变换域中的能量守恒：在时域中计算的信号总能量，等于在频域中计算的信号总能量，即

$$\int_{-\infty}^{\infty} x^2(t) \mathrm{d}t = \frac{1}{2\pi} \int_{-\infty}^{\infty} |X(\omega)|^2 \mathrm{d}\omega \qquad (2.5.13)$$

常用的连续傅里叶变换对及其对偶关系，参阅附表 1 连续傅里叶变换性质及其对偶关系。

2.6　几种典型非周期信号的频域分析

常见信号是组成复杂信号的基本信号，它们在信号理论和系统分析中占有重要地位。由于这些信号往往不完全满足狄里赫利条件，因此在信号分析理论中一般利用广义傅里叶变换，通过求极限的方法，最后得到常见信号的频谱密度函数。

在 MATLAB 中，符号运算傅里叶变换对 fourier()、ifourier() 函数可实现这些非周期信号的频域分析。

2.6.1　单位冲激信号

1. 时域冲激函数 $\delta(t)$ 的变换

时域冲激函数 $\delta(t)$ 的变换可由定义直接得到

$$\delta(t) \longleftrightarrow \delta(\omega) = \mathcal{F}[\delta(t)] = \int_{-\infty}^{\infty} \delta(t) \mathrm{e}^{-\mathrm{j}\omega t} \mathrm{d}\omega = 1 \qquad (2.6.1)$$

在 MATLAB 中，对单位冲激信号进行傅里叶变换的程序如下：

```
>>syms t;
>>x=dirac(t);
>>fourier(x)
ans=1
```

由式（2.6.1）可知，时域冲激函数 $\delta(t)$ 的频谱所有频率分量均匀分布（为常数 1），这样的频谱也称白色谱。冲激函数 $\delta(t)$ 和其频谱函数如图 2-6-1 所示。

2. 频域冲激函数 $\delta(\omega)$ 的变换

频域冲激函数 $\delta(\omega)$ 的原函数亦可由定义得到

$$\delta(t) = \frac{1}{2\pi} \int_{-\infty}^{\infty} \delta(\omega) e^{-j\omega t} d\omega = \frac{1}{2\pi}$$

即
$$\frac{1}{2\pi} \longleftrightarrow \delta(\omega) \tag{2.6.2}$$

频域冲激函数 $\delta(\omega)$ 的原函数如图 $2-6-2$ 所示。

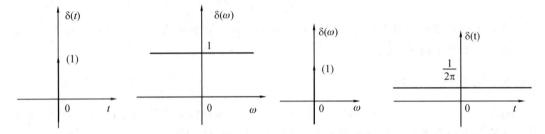

图 $2-6-1$ 时域冲激函数及其频谱 　　图 $2-6-2$ 频域冲激函数 $\delta(\omega)$ 及原函数

2.6.2　单位直流信号

有一些函数不满足绝对可积这一充分条件，如常数 1 等，但傅里叶变换也存在。直接用定义式不好求解，一般用广义傅里叶变换定义来求解，但比较烦琐。当然，也可以用下列简单方法直接得到。

由式(2.6.2)可知频域冲激函数 $\delta(\omega)$ 的反变换是常数(直流分量)，由此得

$$1 \longleftrightarrow 2\pi\delta(\omega) \tag{2.6.3}$$

在 MATLAB 中，对单位直流信号 1 进行傅里叶变换：

```
>>fourier(sym(1),' w ')
ans＝2 * pi * dirac(w)
```

直流信号的频谱函数如图 $2-6-3$ 所示。

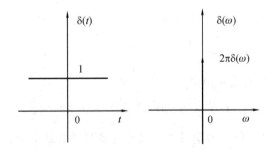

图 $2-6-3$ 直流信号及其频谱函数

2.6.3　单边指数信号

1. 单边因果指数信号

单边指数衰减函数的表达式为

$$f(t) = \begin{cases} 0 & t < 0 \\ \mathrm{e}^{-at} & t > 0 \end{cases}$$

若 $f_1(t) = Ef(t) = E\mathrm{e}^{-at}\,\varepsilon(t)$，$\alpha > 0$，则

$$F_1(\omega) = E\int_{-\infty}^{\infty} \mathrm{e}^{-at}\varepsilon(t)\mathrm{e}^{-\mathrm{j}\omega t}\,\mathrm{d}t = E\int_0^{\infty} \mathrm{e}^{-(\alpha+\mathrm{j}\omega)t}\,\mathrm{d}t = E\frac{1}{\alpha + \mathrm{j}\omega} \qquad (2.6.4)$$

当 $E=1$ 时，单位单边因果指数函数的 $f(t)$、振幅谱、相位谱，如图 2-6-4 所示。

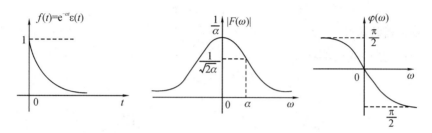

图 2-6-4　单位单边因果指数函数的 $f(t)$、振幅谱、相位谱

2. 单边非因果指数信号

若 $f_2(t) = E\mathrm{e}^{at}\,\varepsilon(-t)$，$\alpha > 0$，则

$$F_2(\omega) = E\int_{-\infty}^{\infty} \mathrm{e}^{at}\varepsilon(-t)\mathrm{e}^{-\mathrm{j}\omega t}\,\mathrm{d}t = E\int_{-\infty}^0 \mathrm{e}^{(\alpha-\mathrm{j}\omega)t}\,\mathrm{d}t = E\frac{1}{\alpha - \mathrm{j}\omega} \qquad (2.6.5)$$

当 $E=1$ 时，单位单边非因果指数函数的 $f(t)$、振幅谱、相位谱，如图 2-6-5 所示。

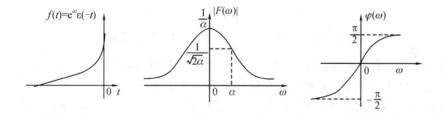

图 2-6-5　单位单边非因果指数函数的 $f(t)$、振幅谱、相位谱

双边指数函数可以看成上述两个单边指数信号的叠加。

3. 奇双边指数信号

已知

$$f_3(t) = \begin{cases} E\mathrm{e}^{-at} & t > 0 \\ -E\mathrm{e}^{at} & t < 0 \end{cases} \quad \alpha > 0$$

根据线性性质的叠加性有

$$F_3(\omega) = \frac{E}{\alpha + \mathrm{j}\omega} - \frac{E}{\alpha - \mathrm{j}\omega} = -\mathrm{j}\frac{2\omega E}{\alpha^2 + \omega^2} \qquad (2.6.6)$$

当 $E=1$ 时，单位奇双边指数函数的 $f(t)$、振幅谱，如图 2-6-6 所示。

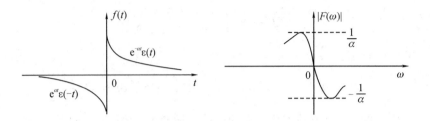

图 2 - 6 - 6　单位奇双边指数函数的 $f(t)$、振幅谱

4. 偶双边指数信号

根据线性性质的叠加性有

$$f_4(t) = \begin{cases} Ee^{-at} & t > 0 \\ Ee^{at} & t < 0 \end{cases} \qquad \alpha > 0$$

$$F_4(\omega) = \frac{E}{\alpha + j\omega} + \frac{E}{\alpha - j\omega} = \frac{2\alpha E}{\alpha^2 + \omega^2} \qquad (2.6.7)$$

当 $E = 1$ 时，单位偶双边指数函数的 $f(t)$、振幅谱，如图 2 - 6 - 7 所示。

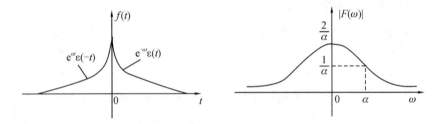

图 2 - 6 - 7　单位偶双边指数函数的 $f(t)$、振幅谱

例 2 - 6 - 1　单边指数信号 $x(t) = 3e^{-2t}\varepsilon(t)$，求其频谱函数。

解　在 MATLAB 中，求单边指数信号频谱的程序如下：

```
>>syms t w x;
>>x=3*exp(-2*t)*sym(heaviside(t));
>>X=fourier(x);
subplot(211);ezplot(x);
subplot(212);ezplot(abs(X));
>>ezplot(abs(X));
>>X
```

结果为

```
X=3/(2+w*i)
```

即单边指数信号 $x(t)$ 的频谱函数 $X(\omega) = \dfrac{3}{2 + j\omega}$，绘制出的单边指数信号的频谱函数如图 2 - 6 - 8 所示。

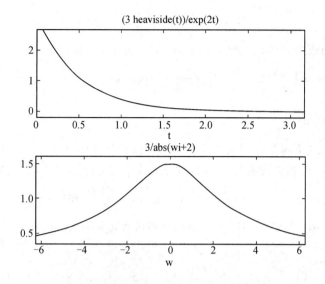

图 2-6-8　单边指数信号

2.6.4　符号函数

符号函数也称正负函数，记为 $\mathrm{sgn}(t)$，表示式为

$$\mathrm{sgn}(t) = \begin{cases} 1 & t > 0 \\ -1 & t < 0 \end{cases} \tag{2.6.8}$$

显然，这个函数不满足绝对可积条件，不能直接求积分。我们可用以下极限形式表示 $\mathrm{sgn}(t)$ 函数。

在单位奇双边指数信号中，α 趋向于 0 时有

$$F(\omega) = \lim_{\alpha \to 0} \frac{-\mathrm{j}2\omega}{\alpha^2 + \omega^2} = \frac{2}{\mathrm{j}\omega} \tag{2.6.9}$$

符号函数的波形 $\mathrm{sgn}(t)$、振幅谱 $|F(\omega)|$、相位谱 $\varphi(\omega)$，如图 2-6-9 所示。

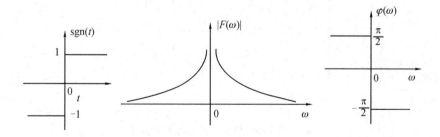

图 2-6-9　符号函数

例 2-6-2　求函数 $1/t$ 的频谱函数。

解　从式 (2.6.9) 可知，符号函数的傅里叶变换为

$$\mathrm{sgn}(t) \longleftrightarrow \frac{2}{\mathrm{j}\omega}$$

由式 (2.5.10) 的对称性质，得

$$\frac{2}{jt} \longleftrightarrow 2\pi\mathrm{sgn}(-\omega) \quad \text{即} \quad \frac{1}{t} \longleftrightarrow j\pi\mathrm{sgn}(-\omega)$$

又因为符号函数为奇函数,即 $\mathrm{sgn}(-\omega) = -\mathrm{sgn}(\omega)$,则

$$\frac{1}{t} \longleftrightarrow -j\pi\mathrm{sgn}(\omega)$$

2.6.5　单位阶跃信号

单位阶跃函数虽不满足绝对可积条件,但可以看作是图 2-6-9 中的符号函数上移一个单位(即符号函数与单位直流信号叠加),振幅除以 2,即

$$\varepsilon(t) = \frac{1}{2}\big[1 + \mathrm{sgn}(t)\big], \quad E(\omega) = \frac{1}{2}\Big[2\pi\delta(\omega) + \frac{2}{j\omega}\Big] \tag{2.6.10}$$

在 MATLAB 中,对单位阶跃信号进行傅里叶变换的程序如下:

```
>>syms t;
>>x=heaviside(t);
>>X=fourier(x);
X=pi * dirac(-w)-i/w;
```

上述结果可整理为常见的形式: $E(\omega) = \pi\delta(\omega) + \dfrac{1}{j\omega}$,即

$$\varepsilon(t) \longleftrightarrow \pi\delta(\omega) + \frac{1}{j\omega} \tag{2.6.11}$$

可见,单位阶跃信号的频谱在 $\omega=0$ 处有个冲激,说明主要频谱成分为直流。由于 $t=0$ 时,单位阶跃函数有突跳,所以其频谱在 $\omega\neq0$ 处还存在其他频率成分,且随着频率的增加而较快衰减,如图 2-6-10 所示。

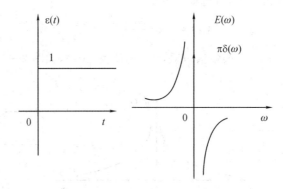

图 2-6-10　单位阶跃信号及其频谱

2.6.6　单位矩形脉冲信号

单位矩形脉冲信号 $g(t)$ 是宽度为 τ,振幅为 1 的偶函数,常常也被称为门函数、门信号。它可以用两个单位阶跃信号表示:

$$g(t) = \varepsilon\Big(t + \frac{\tau}{2}\Big) - \varepsilon\Big(t - \frac{\tau}{2}\Big)$$

$$G(\omega) = \int_{-\infty}^{\infty} g(t) e^{-j\omega t} dt = \int_{-\frac{\tau}{2}}^{\frac{\tau}{2}} e^{-j\omega t} dt$$

$$= \frac{2}{\omega} \sin \frac{\omega \tau}{2} = \tau \frac{\sin\left(\frac{\omega \tau}{2}\right)}{\frac{\omega \tau}{2}} = \tau \text{Sa}\left(\frac{\omega \tau}{2}\right) \qquad (2.6.12)$$

例 2 - 6 - 3 在 MATLAB 中，求单位矩形脉冲信号的频谱函数。

解 实现程序如下：

```
syms t w x;
x=heaviside(t+1/2)−heaviside(t−1/2);
X=fourier(x);
X=simple(X);
X
subplot(211);ezplot(x,[−2,2]);
subplot(212);ezplot(abs(X),[−20,20]);
```

结果为

```
X=(2 * sin(w/2))/w
```

即单位矩形脉冲信号的频谱函数为 $X(\omega) = \dfrac{\sin(\omega/2)}{\omega/2} = \text{Sa}(\omega/2)$，如图 2 - 6 - 11 所示。

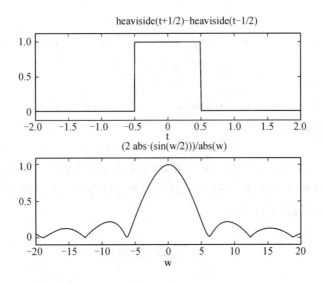

图 2 - 6 - 11 单位矩形脉冲信号频谱函数

例 2 - 6 - 4 求图 2 - 6 - 12 所示矩形信号的傅里叶变换。

解 将 $f(t)$ 看作宽度为 2 的门函数 $g_2(t)$ 右移 1 所得，即 $f(t) = g_2(t-1)$。

由式(2.6.12)可得

$$g_2(t) \longleftrightarrow 2\text{Sa}(\omega)$$

根据时移性质可得

$$F(\omega) = 2\text{Sa}(\omega) e^{-j\omega}$$

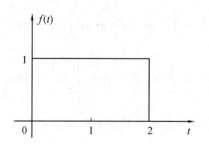

图 2-6-12　矩形信号

时移性质表明：信号在时域中平移 t_0，对应于频域中频谱乘以因子 $e^{\pm j\omega t_0}$，即信号时移后，振幅谱不变，相位谱中相位角改变量与频率成正比。

例 2-6-5　求图 2-6-13 所示凸形信号的傅里叶变换。

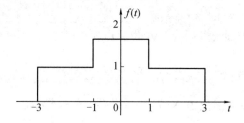

图 2-6-13　凸形信号

解　将 $f(t)$ 看作宽度为 2 的门函数 $g_2(t)$ 与宽度为 6 的门函数 $g_6(t)$ 的叠加，即

$$f(t) = g_2(t) + g_6(t)$$

由式(2.6.12)可得

$$g_2(t) \longleftrightarrow 2\mathrm{Sa}(\omega), \; g_6(t) \longleftrightarrow 6\mathrm{Sa}(3\omega)$$

利用傅里叶变换的线性性质可得

$$F(\omega) = 2\mathrm{Sa}(\omega) + 6\mathrm{Sa}(3\omega)$$

一般来说，对于复杂时域信号，可在时域内将其分解为若干个常用函数的线性组合，利用常用函数的"傅里叶变换对"直接写出它们的傅里叶变换，再利用傅里叶变换的线性性质得到复杂时域信号的傅里叶变换。

练习与思考

2-1　求周期冲激信号 $\delta_T(t) = \sum\limits_{n=-\infty}^{\infty} \delta(t - nT)$ 的指数形式的傅里叶级数，它是否具有收敛性？

2-2　有一振幅为 1，脉冲宽度 $\tau = 2$ ms 的周期方波信号 $f(t)$，其周期 $T = 8$ ms，如题 2-2 图所示，求其频谱并画出频谱图。该信号的频带宽度(带宽)为多少？若 τ 压缩为 0.2 ms，其带宽又为多少？

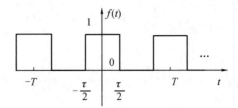

题 2-2 图

2-3　求题 2-3 图所示信号的傅里叶变换。

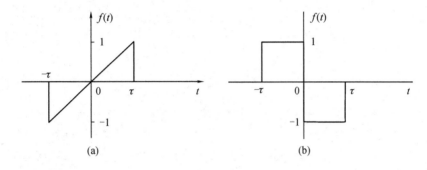

题 2-3 图

2-4　试用 MATLAB 求下列信号的频谱函数。

　　(1) $f(t) = e^{-2|t|}$；　　　　　　(2) $f(t) = e^{-\alpha t} \sin(\omega_0 t) \cdot \varepsilon(t)$。

2-5　对于题 2-5 图所示的三角波信号，试证明其频谱函数为

$$F(\omega) = A\tau \, \mathrm{Sa}^2\left(\frac{\omega\tau}{2}\right)$$

2-6　试求信号 $f(t) = 1 + 2\cos(t) + 3\cos(3t)$ 的傅里叶变换。

2-7　试利用傅里叶变换的性质，求题 2-7 图所示调制信号 $f_2(t)$ 的频谱函数。

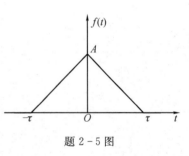

题 2-5 图

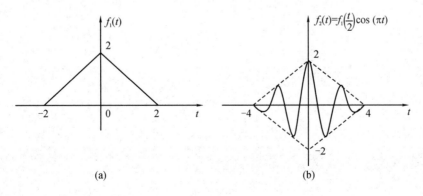

题 2-7 图

2-8 设信号 $f_1(t) = \begin{cases} 2 & 0 \leqslant t \leqslant 4 \\ 0 & \text{其他} \end{cases}$，试求 $f_2(t) = f_1(t)\cos(50t)$ 的频谱函数，并画出其振幅谱。

2-9 设有信号 $f_1(t) = \cos(4\pi t)$，$f_2(t) = \begin{cases} 1 & |t| < \tau \\ 0 & |t| > \tau \end{cases}$，求 $f_1(t) \cdot f_2(t)$ 的频谱函数。

2-10 设有如下信号 $f(t)$，分别求其频谱函数。

(1) $f(t) = \mathrm{e}^{-(3+j4)t} \cdot \varepsilon(t)$；   (2) $f(t) = \varepsilon(t) - \varepsilon(t-2)$。

第 3 章　连续系统的时域分析

前面章节讨论了连续时间信号的时域和频域分析，本章将研究连续系统的时域分析（激励与响应）。时域分析法是一种直接在时间域中对系统进行分析的方法，具有直观、准确的优点，可以提供系统时间响应的全部信息。

3.1　连续系统的数学模型

LTI 系统是最常见、最有用的一种系统，使用常系数线性微分方程描述系统的输入、输出特性。因此 LTI 系统的时域分析归结为建立并求解线性微分方程。由于系统分析过程是从系统的模型，即微分方程出发，在时间域研究输入信号通过系统后，输出信号的变化规律，又由于在其分析过程涉及的函数变量均为时间 t，故称为"时域分析法"。它是研究连续系统时域特性的一种重要方法，这种方法比较直观，物理概念清楚，是学习各种变换域分析法的基础。

系统分析过程一般分为三个阶段：

（1）建立系统的数学模型，即 LTI 系统的微分方程。

分析一个实际的电路系统，首先要根据电路系统的结构、元件特性，利用相关基本定律寻找能表征系统特性的数学关系式，此过程称为系统建模，所建立的数学关系式称为系统的数学模型。线性时不变连续系统的时域数学模型是常系数线性微分方程。

在电路分析中，系统微分方程的建立依据是构成系统的各部件的特性以及各部件之间的连接方式。具体到电路中，微分方程的列写依据是欧姆定律（VAR）、基尔霍夫定律（KCL 和 KVL）以及电子元器件的 U - I 关系。

（2）运用数学方法求解微分方程，得出输出响应的变化规律。

（3）回到实际系统对其数学结果进行物理解释。

对于一般的 LTI 系统，常系数线性微分方程表示为

$$\sum_{i=0}^{n} b_i \frac{\mathrm{d}^i y(t)}{\mathrm{d}t^i} = \sum_{j=0}^{m} a_j \frac{\mathrm{d}^j x(t)}{\mathrm{d}t^j} \tag{3.1.1}$$

式中，$x(t)$ 为激励信号（有时也用 $f(t)$ 表示），也称为输入信号；$y(t)$ 为响应信号，也称为输出信号；由于系统是线性时不变的，a_j、b_i 均为实常数，一般有 $m \leqslant n$；n 为微分方程的阶次，或系统的阶次。

当 $n = 1$ 时，式（3.1.1）即为一阶常系数线性微分方程：

$$b_1 \frac{\mathrm{d}y(t)}{\mathrm{d}t} + b_0 y(t) = \sum_{j=0}^{1} a_j \frac{\mathrm{d}^j x(t)}{\mathrm{d}t^j} \tag{3.1.2}$$

或

$$b_1 y'(t) + b_0 y(t) = a_1 x'(t) + a_0 x(t) \tag{3.1.3}$$

一般常见的一阶常系数线性微分方程为

$$b_1 \frac{\mathrm{d}y(t)}{\mathrm{d}t} + b_0 y(t) = a_0 x(t)$$

令 $b = \dfrac{b_0}{b_1}$、$a = \dfrac{a_0}{b_1}$，得

$$\frac{\mathrm{d}y(t)}{\mathrm{d}t} + by(t) = ax(t) \tag{3.1.4}$$

同样，二阶常系数线性微分方程为

$$b_2 \frac{\mathrm{d}^2 y(t)}{\mathrm{d}t^2} + b_1 \frac{\mathrm{d}y(t)}{\mathrm{d}t} + b_0 y(t) = \sum_{j=0}^{2} a_j \frac{\mathrm{d}^j x(t)}{\mathrm{d}t^j}$$

或
$$b_2 y''(t) + b_1 y'(t) + b_0 y(t) = a_2 x''(t) + a_1 x'(t) + a_0 x(t) \tag{3.1.5}$$

例 3 - 1 - 1　试根据图 3 - 1 - 1 所示 RC 滤波电路，写出该电路系统的微分方程，并分析该电路的物理特性。

解　当 $t > 0$ 时，根据 KVL 有

$$u_s(t) = u_R(t) + u_C(t) \tag{3.1.6}$$

式中，$u_R(t)$ 为电阻 R 两端的电压，$u_C(t)$ 是电容 C 两端的电压，设回路电流为 $i(t)$，由欧姆定律，得

$$u_R(t) = R \cdot i(t) \tag{3.1.7}$$

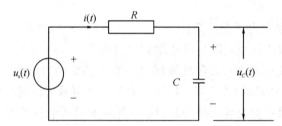

图 3 - 1 - 1　RC 滤波电路

麦克斯韦位移电流公式为

$$i(t) = C \frac{\mathrm{d}u_C(t)}{\mathrm{d}t} \tag{3.1.8}$$

将式(3.1.8)和式(3.1.7)代入到式(3.1.6)，有

$$RC \frac{\mathrm{d}u_C(t)}{\mathrm{d}t} + u_C(t) = u_s(t) \tag{3.1.9}$$

式(3.1.9)是一元一阶常系数线性微分方程，描述了该系统激励信号 $u_s(t)$ 与响应 $u_C(t)$ 的关系。假设系统的激励信号为一恒定的电压，即 $u_s(t) = U_0$，另外在加入激励前电容两端的电压 $u_C(t)$ 为 0，微分方程式(3.1.9)写为

$$\frac{\mathrm{d}u_C(t)}{\mathrm{d}t} + \frac{1}{RC} u_C(t) = \frac{1}{RC} U_0$$

上式两端积分，得

$$\ln(u_C(t) - U_0) = -\frac{1}{RC}t + A$$

式中 A 为任意常数,由初始条件确定。对上式两端取指数有

$$u_C(t) = U_0 + Be^{-\frac{1}{RC}t}$$

式中 B 为待定常数。因为 $t=0$ 时, $u_C(0) = 0$,所以有 $B = -U_0$,将之代入上式有

$$u_C(t) = U_0(1 - e^{-\frac{1}{RC}t}) \tag{3.1.10}$$

式(3.1.10)即为系统的响应,它描述了系统的充电过程。

例 3-1-2　图 3-1-2 所示为 RLC 电路,激励是电流源 $i_s(t)$,试列出以电流 $i_L(t)$ 为响应的微分方程。

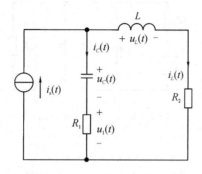

图 3-1-2　RLC 电路

解　由 KVL 列出电压方程:

$$u_C(t) + u_1(t) = u_L(t) + R_2 i_L(t) = L\frac{\mathrm{d}i_L(t)}{\mathrm{d}t} + R_2 i_L(t) \tag{3.1.11}$$

对式(3.1.11)求导,并考虑到 $i_C(t) = C\frac{\mathrm{d}u_C(t)}{\mathrm{d}t}$, $R_1 i_C(t) = u_1(t)$,则

$$\frac{1}{R_1 C}u_1(t) + R_1\frac{\mathrm{d}i_C(t)}{\mathrm{d}t} = L\frac{\mathrm{d}^2 i_L(t)}{\mathrm{d}t^2} + R_2\frac{\mathrm{d}i_L(t)}{\mathrm{d}t} \tag{3.1.12}$$

根据 KCL,有

$$i_C(t) = i_s(t) - i_L(t) \tag{3.1.13}$$

因而

$$u_1(t) = R_1 \cdot i_C(t) = R_1[i_s(t) - i_L(t)] \tag{3.1.14}$$

将式(3.1.13)、式(3.1.14)代入式(3.1.12),得

$$\frac{1}{C}[i_s(t) - i_L(t)] + R_1\left(\frac{\mathrm{d}i_s(t)}{\mathrm{d}t} - \frac{\mathrm{d}i_L(t)}{\mathrm{d}t}\right) = L\frac{\mathrm{d}^2 i_L(t)}{\mathrm{d}t^2} + R_2\frac{\mathrm{d}i_L(t)}{\mathrm{d}t}$$

整理上式后,可得

$$\frac{\mathrm{d}^2 i_L(t)}{\mathrm{d}t^2} + \frac{R_1 + R_2}{L}\frac{\mathrm{d}i_L(t)}{\mathrm{d}t} + \frac{1}{LC}i_L(t) = \frac{R_1}{L}\frac{\mathrm{d}i_s(t)}{\mathrm{d}t} + \frac{1}{LC}i_s(t) \tag{3.1.15}$$

式(3.1.15)即为激励是 $i_s(t)$ 时,响应电流 $i_L(t)$ 的微分方程。

同样,可以求得激励是 $i_s(t)$,响应电流 $i_C(t)$ 的微分方程为

$$\frac{\mathrm{d}^2 i_C(t)}{\mathrm{d}t^2} + \frac{R_1 + R_2}{L}\frac{\mathrm{d}i_C(t)}{\mathrm{d}t} + \frac{1}{LC}i_C(t) = R_1\frac{\mathrm{d}^2 i_s(t)}{\mathrm{d}t^2} + \frac{R_1 R_2}{L}\frac{\mathrm{d}i_s(t)}{\mathrm{d}t} \tag{3.1.16}$$

可见式(3.1.15)和式(3.1.16)都是二阶常系数线性非齐次微分方程。

　　一般求得的微分方程的阶数与动态电路的阶数(即独立动态元件的个数)是一致的。一般有 n 个独立动态元件组成的系统是 n 阶系统,可以由 n 阶微分方程描述(或 n 个一阶微分方程组描述)。

　　响应无论是 $i_L(t)$、$i_C(t)$ 或是 $u_L(t)$、$u_C(t)$,还是其他别的变量,它们的齐次方程系数都相同。这表明在同一系统中,当它的元件参数确定不变时,它的自由频率是唯一的。

　　例 3 - 1 - 3　图 3 - 1 - 3 所示为 RC 网络电路,判断该系统阶数。

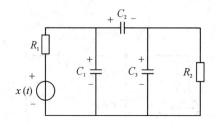

图 3 - 1 - 3　RC 网络电路

　　解　电路的 KVL 方程为

$$u_{C1}(t) = u_{C2}(t) + u_{C3}(t)$$

电路中包含三个动态元件,即电容 C_1、C_2 和 C_3,但是 $u_{C1}(t)$ 是通过 $u_{C2}(t)$、$u_{C3}(t)$ 表示的,是非独立的,故系统是二阶系统。

3.2　连续系统的完全响应

　　由式(3.1.1)可知,n 阶常系数线性微分方程为

$$b_n y^{(n)}(t) + b_{n-1} y^{(n-1)}(t) + \cdots + b_2 y^{(2)}(t) + b_1 y^{(1)}(t) + b_0 y(t)$$
$$= a_m x^{(m)}(t) + a_{m-1} x^{(m-1)}(t) + \cdots + a_2 x^{(2)}(t) + a_1 x^{(1)}(t) + a_0 x(t)$$

　　求解微分方程的一般步骤:

　　(1) 先求出齐次解(也叫"通解") $y_h(t)$;

　　(2) 再求特解 $y_p(t)$;

　　(3) 最后写出微分方程的经典解,即全解。该解代表系统的完全响应(或称全响应):$y(t) = y_h(t) + y_p(t)$。

3.2.1　齐次解

　　当 $x(t)$ 及其各阶导数都等于零时,该微分方程为齐次微分方程,即

$$b_n y^{(n)}(t) + b_{n-1} y^{(n-1)}(t) + \cdots + b_2 y^{(2)}(t) + b_1 y^{(1)}(t) + b_0 y(t) = 0 \qquad (3.2.1)$$

式(3.2.1)的解为齐次解,其特征方程为

$$b_n \lambda^n + b_{n-1} \lambda^{(n-1)} + \cdots + b_2 \lambda^2 + b_1 \lambda + b_0 = 0 \qquad (3.2.2)$$

其中,n 个根 λ_i 称为微分方程的特征根。

　　由特征方程→求出特征根→写出齐次解形式,则无重根的一般形式为

$$y_h(t) = \sum_{i=1}^{n} C_i e^{\lambda_i t} \qquad (3.2.3)$$

式中积分常数 C_i 由初始条件确定。

齐次解 $y_h(t)$ 的函数形式由特征根确定，即齐次解的函数形式仅取决于系统本身的参数(特征值)，齐次解代表零输入响应、自然响应或固有响应。

齐次解的重根、复根处理方法如下：

(1) 特征方程的根为 n 个单根。

当特征方程的根(特征根)为 n 个单根(不论实根、虚根、复根)λ_1，λ_2，$\cdots$，λ_n 时，齐次解表达式为

$$y_h(t) = C_1 e^{\lambda_1 t} + C_2 e^{\lambda_2 t} + \cdots + C_n e^{\lambda_n t} \tag{3.2.4}$$

(2) 特征方程的根为 n 重根。

当特征根为 n 个重根(不论实根、虚根、复根)$\lambda_1 = \lambda_2 = \cdots = \lambda_n = \lambda$ 时，齐次解表达式为

$$y_h(t) = C_0 e^{\lambda t} + C_1 t e^{\lambda t} + \cdots + C_{n-1} t^{n-1} e^{\lambda t} \tag{3.2.5}$$

求 $y_h(t)$ 的基本步骤如下：

(1) 求系统的特征根，写出 $y_h(t)$ 的齐次解表达式。

(2) 由于激励为零，所以零输入的初始值：$y^{(i)}(0_+) = y^{(i)}(0_-)$，由此确定出积分常数 C_1，C_2，$\cdots$，C_n。

(3) 将确定出的积分常数 C_1，C_2，$\cdots$，C_n 代入齐次解表达式，即得 $y_h(t)$。

不同特征根所对应的齐次解如表 3 - 1 所示。

表 3 - 1　不同特征根所对应的齐次解

特征根	响应 $y(t)$ 的齐次解 $y_h(t)$
单实根	$y_h(t) = C e^{\lambda t}$
n 重实根	$y_h(t) = C_0 e^{\lambda t} + C_1 t e^{\lambda t} + \cdots + C_{n-1} t^{n-1} e^{\lambda t}$
一对共轭复根 $\lambda_{1,2} = \alpha \pm j\beta$	$y_h(t) = C_1 e^{\alpha t} \cos(\beta t) + C_2 e^{\alpha t} \sin(\beta t)$
r 重共轭复根	$y_h(t) = C_{r-1} t^{r-1} e^{\alpha t} \cos(\beta t + \theta_{r-1}) + C_{r-2} t^{r-2} e^{\alpha t} \cos(\beta t + \theta_{r-2}) + \cdots + C_0 e^{\alpha t} \cos(\beta t + \theta_0)$

3.2.2　特解

特解代表零状态响应、受迫响应或强迫响应。特解的函数形式完全由激励信号决定。

求特解的基本步骤如下：

(1) 根据微分方程右端输入信号的函数形式，用待定系数法由初始条件求出齐次解中的积分常数 C_i。

(2) 设含待定常数的特解函数式。在输入信号为直流和正弦信号时，特解就是稳态解。

(3) 将特解函数式代入原方程，比较系数定出特解的常数，一般情况下，n 阶方程有 n 个常数，可用 n 个初始值确定。

几种典型自由项激励函数和相应的特解如表 3 - 2 所示。

表 3-2　几种典型自由项激励函数和相应的特解

激励 $x(t)$	响应 $y(t)$ 的特解 $y_p(t)$
F(常数)	P(常数)
t^m	$P_m t^m + P_{m-1} t^{m-1} + \cdots + P_1 t + P_0$(特征根均不为 0) $t^r (P_m t^m + P_{m-1} t^{m-1} + \cdots + P_1 t + P_0)$(有 r 重为 0 的特征根)
$e^{\alpha t}$	$P e^{\alpha t}$(α 不等于特征根) $(P_1 t + P_0) e^{\alpha t}$($\alpha$ 等于特征单根) $(P_r t^r + P_{r-1} t^{r-1} + \cdots + P_0) e^{\alpha t}$($\alpha$ 等于 r 重特征根)
$\cos(\beta t)$、$\sin(\beta t)$	$P_1 \cos(\beta t) + P_2 \sin(\beta t)$(特征根不等于 $\pm j\beta$)

3.2.3　系统的完全响应

系统的完全响应有以下类型:

(1) 系统的完全响应由自由(Natural)响应和强迫(Forced)响应组成,即

完全响应 = 自由响应 + 强迫响应

自由响应也叫固有响应,由系统本身特性决定,与外加激励形式无关,对应于微分方程的齐次解。

强迫响应取决于外加激励,对应于微分方程的特解。

(2) 系统的完全响应由暂态(Transient)响应和稳态(Steady-State)响应组成,即

完全响应 = 暂态响应 + 稳态响应

暂态响应是指激励信号接入一段时间内,完全响应中暂时出现的有关成分,随着时间 t 增加,它将消失。完全响应减去暂态响应即得稳态响应。

(3) 系统的完全响应由零输入(Zero-Input)响应和零状态(Zero-State)响应组成,即

完全响应 = 零输入响应 + 零状态响应

例 3-2-1　描述某 LTI 系统的微分方程为

$$y''(t) + 5y'(t) + 6y(t) = f(t) \tag{3.2.6}$$

设激励信号 $f(t) = e^{-2t}$,且 $y(0_+) = 1$,$y'(0_+) = 0$,求该系统的全解。

解　该微分方程可以有多种方法求解。按照高等数学中经典法来求解,式(3.2.6)可分解为齐次解和特解两部分,而方程的全解即为齐次解和特解的线性叠加,即

$$y(t) = \underbrace{y_h(t)}_{齐次解} + \underbrace{y_p(t)}_{特解}$$

(1) 首先求齐次解,特征方程为

$$\lambda^2 + 5\lambda + 6 = 0$$

其特征根为 $\lambda_1 = -2$,$\lambda_2 = -3$。

齐次解为

$$y_h(t) = C_1 e^{-2t} + C_2 e^{-3t} \quad t > 0 \tag{3.2.7}$$

(2) 求特解。

由于方程中的非齐次项激励信号 $f(t) = e^{-2t}$ 中指数部分的 $\alpha = -2$,与特征根 $\lambda_1 = -2$ 的值一致,根据高等数学中的求解方法,从表 3-2 可知,当 α 等于特征单根时,其特解为

$$y_p(t) = (P_1 t + P_0)e^{-t} \qquad (3.2.8)$$

将式(3.2.8)特解和 $f(t) = e^{-2t}$ 代入微分方程式(3.2.6)得

$$P_1 e^{-2t} = e^{-2t}$$

由此求得 $P_1 = 1$，但 P_0 仍是待定常数。故特解为

$$y_p(t) = (t + P_0)e^{-t} \qquad (3.2.9)$$

（3）求全解。

特解和通解的线性叠加即为系统的全解，即

$$
\begin{aligned}
y(t) &= y_h(t) + y_p(t) \\
&= C_1 e^{-2t} + C_2 e^{-3t} + te^{-2t} + P_0 e^{-2t} \\
&= (C_1 + P_0)e^{-2t} + C_2 e^{-3t} + te^{-2t} \qquad (3.2.10)
\end{aligned}
$$

其一阶导数为

$$y'(t) = -2(C_1 + P_0)e^{-2t} - 3C_2 e^{-3t} + e^{-2t} - 2te^{-2t}$$

令待定常数 $C'_1 = C_1 + P_0$，将初始条件 $y(0_+) = 1$，$y'(0_+) = 0$ 代入上式和式(3.2.10)有

$$y(0_+) = C'_1 + C_2 = 1$$
$$y'(0_+) = -2C'_1 - 3C_2 + 1 = 0$$

联合求解上述方程得到

$$
\begin{cases}
C'_1 = 2 \\
C_2 = -1
\end{cases}
$$

将之代入式(3.2.10)，有

$$y(t) = 2e^{-2t} - e^{-3t} + te^{-2t} \qquad t > 0 \qquad (3.2.11)$$

此式即为系统的全解。

例 3 - 2 - 2　设描述某 LTI 系统的微分方程为

$$y''(t) + 5y'(t) + 6y(t) = f(t)$$

设激励信号 $f(t) = 2e^{-t}$ 且 $y(0_+) = 0$，$y'(0_+) = -1$，求该系统的全解。

解　由例 3 - 2 - 1 可知此方程的齐次解为

$$y_h(t) = C_1 e^{-2t} + C_2 e^{-3t}$$

式中 C_1，C_2 积分常数，由初始条件确定。

激励信号 $f(t) = 2e^{-t}$，从表 3 - 2 中可知，当 α 不等于特征单根时，其特解可假设为

$$y_p(t) = Pe^{-t}$$

将激励信号 $f(t) = 2e^{-t}$ 和特解代入微分方程，得

$$Pe^{-t} - 5Pe^{-t} + 6Pe^{-t} = 2e^{-t}$$

由此得

$$P = 1$$

所以该方程的特解为

$$y_p(t) = e^{-t}$$

微分方程的全解为

$$y_p(t) = C_1 e^{-2t} + C_2 e^{-3t} + e^{-t}$$

将初始条件 $y(0_+) = 0$，$y'(0_+) = -1$ 代入全解，有

$$C_1 + C_2 + 1 = 0$$
$$-2C_1 - 3C_2 - 1 = 0$$

由此解得 $C_1 = 3$，$C_2 = -2$。故系统的全解为

$$y(t) = 3e^{-2t} - 2e^{-3t} + e^{-t} \qquad t > 0$$

此式反映了系统响应的物理特征。

3.2.4　初始条件

由 3.2.3 节的例题可知，求解系统的微分方程必须计入初始条件，这里的初始条件是指在开始计时(开关 S 合上后的一刹那)系统的初始状态值，这个值又称初始值，记为 $y(0_+)$，$y'(0_+)$ ⋯

需要指出的是，在物理实验中往往容易测量的值是在开关未合上但即将合上的那一刻系统的状态的值，我们常称之为初始状态，记为 $y(0_-)$，$y'(0_-)$ ⋯

初始状态反映的是系统的历史信息，与激励无关。

而初始条件则是加入激励后的一瞬间系统的初始值，与激励有关，解微分方程需要代入的是初始值。所以通常需要使用比较容易测量的初始状态来计算出系统的初始条件或初始值。

1. 0_- 和 0_+ 状态的初始值

(1) 0_- 状态称为零输入时的初始状态，此时初始值是由系统的储能产生的。

(2) 0_+ 状态称为加入输入后的初始状态，此时初始值不仅有系统的储能，还受激励的影响。

2. 从 0_- 状态到 0_+ 状态的跃变

通常，需要从已知的初始状态 $y^{(n)}(0_-)$ 设法求得 $y^{(n)}(0_+)$。当系统已经用微分方程表示时，系统的初始值从 0_- 状态到 0_+ 状态是否跃变取决于微分方程右端自由项是否包含时间(t)或其各阶导数：当微分方程右端含有冲激函数 $\delta(t)$ 及其各阶导数时，响应 $y(t)$ 在 $t=0$ 处将发生 0_- 状态到 0_+ 状态的跃变；否则不会跃变。

3. 各种响应用初始值确定积分常数

• 在经典法求全响应的积分常数时，用的是 0_+ 状态的初始值。

• 在求系统零输入响应时，用的是 0_- 状态的初始值。

• 在求系统零状态响应时，用的是 0_+ 状态的初始值，这时的零状态是指 0_- 状态为零。

例 3 - 2 - 3　试根据图 3 - 2 - 1 所示 RLC 电路，写出激励和响应的微分方程。

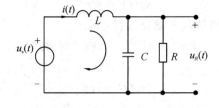

图 3 - 2 - 1　RLC 电路

解　根据 KVL、KCL 可列方程：

$$L \frac{\mathrm{d}i(t)}{\mathrm{d}t} + u_R(t) = u_s(t) \qquad\qquad (3.2.12)$$

$$C\frac{\mathrm{d}u_R(t)}{\mathrm{d}t} + \frac{u_R(t)}{R} = i(t) \tag{3.2.13}$$

对式(3.2.12)两边求导，得

$$C\frac{\mathrm{d}^2u_R(t)}{\mathrm{d}t^2} + \frac{1}{R}\frac{\mathrm{d}u_R(t)}{\mathrm{d}t} = \frac{\mathrm{d}i(t)}{\mathrm{d}t} \tag{3.2.14}$$

将式(3.2.14)结果代入式(3.2.12)，得

$$LC\frac{\mathrm{d}^2u_R(t)}{\mathrm{d}t^2} + \frac{L}{R}\frac{\mathrm{d}u_R(t)}{\mathrm{d}t} + u_R(t) = u_s(t) \tag{3.2.15}$$

该式表示激励信号为 $u_s(t)$ 和系统响应为 $u_R(t)$ 的微分方程。为方便讨论，我们假设 $L=1$ H，$C=1$ F，$R=0.5$ Ω，且用 $y(t)$ 表示 $u_R(t)$，$f(t)$ 表示 $u_s(t)$，$y''(t)$ 表示 $\dfrac{\mathrm{d}^2u_R(t)}{\mathrm{d}t^2}$，$y'(t)$ 表示 $\dfrac{\mathrm{d}u_R(t)}{\mathrm{d}t}$，则式(3.2.15)可表示为

$$y''(t) + 2y'(t) + y(t) = f(t) \tag{3.2.16}$$

式(3.2.16)是一个一般的一元二阶常系数线性微分方程，这类方程的求解在高等数学中有系统的阐述。该微分方程描述了信号与系统作用的规律，当不同的激励信号作用于系统时，系统就会有不同的响应信号。

另外，响应不仅取决于激励信号，还与初始条件有关系，也就是说与在初始时刻加入的激励信号的值有关。一般情况下，激励信号 $f(t)$ 是在 $t=0_+$ 时刻接入，那么微分方程的全解适合的时间区间为 $(0_+, \infty)$。

要确定该方程的解，系统就必须有两个初始条件或初始值，即 $y(0_+)$ 和 $y'(0_+)$ 的值。从物理的角度来分析，即为开关 S 刚刚接通时的电压 $u_R(t)$ 初始值和流过电容的电流初始值 $\dfrac{\mathrm{d}u_R(t)}{\mathrm{d}t}$。

4. 0_+ 状态的确定方法

若输入 $x(t)$ 是在 $t=0$ 时接入系统，则确定积分常数 C_i 时，用 $t=0_+$ 时刻的初始值，即 $y_j(0_+)$ $(j=0, 1, 2, \cdots, n-1)$ 的值。而 $y_j(0_+)$ 虽然包含了多个输入信号的作用，但是不能够描述系统的历史信息。

在 $t=0_-$ 时，激励尚未接入，该时刻的值 $y_j(0_-)$ 反映了系统的历史情况，而与激励无关，称这些值为初始状态或起始值。通常，对于具体的系统，初始状态一般容易求得。

这样为求解微分方程，就需要从已知的初始状态 $y_j(0_-)$ 求得 $y_j(0_+)$。

0_+ 状态的确定方法如下：

(1) 已知 0_- 状态求 0_+ 状态的值，可用冲激函数匹配法。

(2) 求 0_+ 状态的初始值还可以用拉普拉斯变换中的初值定理。

例 3-2-4　已知描述某 LTI 系统的微分方程为

$$y''(t) + 5y'(t) + 6y(t) = 2f'(t) + f(t)$$

其中，$y(0_-) = 3$，$y'(0_-) = 1$，$f(t) = \varepsilon(t)$，试求 $y(0_+)$，$y'(0_+)$ 的值。

解　将 $f(t) = \varepsilon(t)$ 代入到微分方程中得

$$y''(t) + 5y'(t) + 6y(t) = 2\delta(t) + \varepsilon(t) \tag{3.2.17}$$

分析：

根据系数匹配原理，等式在 $t=0_-$ 也成立，在 $0_- < t < 0_+$ 区间，等式两端的 $\delta(t)$ 项的系数应该相等。

微分方程右端的最高项包含有 $\delta(t)$，而 $y'(t)$ 不应包含 $\delta(t)$ 函数，否则 $y''(t)$ 就应包含 $\delta'(t)$，与微分方程右端不匹配，只能是左端的最高项 $y''(t)$ 包含 $\delta(t)$ 函数。

由于 $\delta(t)=\epsilon'(t)$，$y''(t)=[y'(t)]'$，因而 $y'(t)$ 应包含阶跃函数 $\epsilon(t)$，这说明 $y'(t)$ 有阶跃变化，即 $y'(0_+) \neq y'(0_-)$。这说明 $y(t)$ 不包含阶跃函数，没有跃变，即 $y(0_+)=y(0_-)$。

由此分析得到

$$y(0_+)=y(0_-)=3 \tag{3.2.18}$$

对式(3.2.17)的两端从 0_- 到 0_+ 积分有

$$\int_{0_-}^{0_+} y''(t)\mathrm{d}t + 5\int_{0_-}^{0_+} y'(t)\mathrm{d}t + 6\int_{0_-}^{0_+} y(t)\mathrm{d}t = \int_{0_-}^{0_+} 2\delta(t)\mathrm{d}t + \int_{0_-}^{0_+} \epsilon(t)\mathrm{d}t \tag{3.2.19}$$

根据系数匹配原理，式(3.2.19)第 3 项积分结果为：

$$\int_{0_-}^{0_+} y(t)\mathrm{d}t = 0$$

根据式(3.2.18)，式(3.2.19)第 2 项积分结果为：

$$5[y(0_+)-y(0_-)]=0, \int_{0_-}^{0_+} \epsilon(t)\mathrm{d}t=0$$

由于 $\int_{0_-}^{0_+}\delta(t)=1$，式(3.2.19)第 1 项积分结果为

$$y'(0_+)-y'(0_-)=2$$

已知 $y'(0_-)=1$，则 $y'(0_+)=3$。到此，我们就可以由系统的初始状态得到系统的初始条件，即

$$y'(0_+)=3, y(0_+)=3$$

3.3　零输入响应和零状态响应

线性非时变系统的完全响应也可分解为零输入响应和零状态响应。用连续系统的时域分析法，求解 LTI 系统的微分方程时，需要求出零输入响应和零状态响应，才能得出完全响应。

3.3.1　零输入响应

当系统的激励为零时，仅由系统的初始状态(初始时刻系统储能)所产生的响应，是零输入响应(ZIR)，记为 $y_{zi}(t)$。

在零输入条件下，式(3.1.1)右端均为零，化为式(3.2.1)表示的齐次微分方程，即

$$b_n y^{(n)}(t) + b_{n-1}y^{(n-1)}(t) + \cdots + b_2 y^{(2)}(t) + b_1 y^{(1)}(t) + b_0 y(t)=0$$

零输入响应就是对应齐次微分方程的解。对于一阶系统，求零输入响应即为求常系数线性微分方程：

$$y'(t) + by(t) = 0 \qquad\qquad (3.3.1)$$

其中：$b = b_0/b_1$。

3.3.2　零状态响应

不考虑初始时刻系统储能的作用，即系统的初始状态等于零，只由系统的外加激励信号产生的响应，是零状态响应（ZSR），记为 $y_{zs}(t)$。

对于典型的一阶系统，有

$$\frac{\mathrm{d}y(t)}{\mathrm{d}t} + by(t) = ax(t)$$

等式两边同乘以 e^{bt}，得

$$\mathrm{e}^{bt}\frac{\mathrm{d}y(t)}{\mathrm{d}t} + \mathrm{e}^{bt}by(t) = \mathrm{e}^{bt}ax(t)$$

即

$$\frac{\mathrm{d}}{\mathrm{d}t}\left[\mathrm{e}^{bt}y(t)\right] = \mathrm{e}^{bt}ax(t) \qquad\qquad (3.3.2)$$

对式（3.3.2）从 0_- 到 t 积分，得

$$\mathrm{e}^{bt}y(t)\bigg|_{0_-}^{t} = a\int_{0_-}^{t}\mathrm{e}^{b\tau}x(\tau)\mathrm{d}\tau$$

由于 $x(t)$ 在 $t = 0$ 时刻加入，即 $x(0_-) = 0$，对于因果系统有 $y(0_-) = 0$，所以系统的零状态响应（ZSR）为

$$y(t) = a\mathrm{e}^{-bt}\int_{0_-}^{t}\mathrm{e}^{b\tau}x(\tau)\mathrm{d}\tau$$

$$= a\int_{0_-}^{t}\mathrm{e}^{-b(t-\tau)}x(\tau)\mathrm{d}\tau \qquad t \geqslant 0 \qquad\qquad (3.3.3)$$

令 $g(t) = \mathrm{e}^{-bt}$，得

$$y(t) = a\int_{0_-}^{t}g(t-\tau)x(\tau)\mathrm{d}\tau \qquad t \geqslant 0 \qquad\qquad (3.3.4)$$

典型的一阶系统的零状态响应（ZSR）为输入信号 $x(t)$ 与 $g(t) = \mathrm{e}^{-bt}$ 的卷积：

$$y(t) = g(t) * x(t) \qquad\qquad (3.3.5)$$

因此，可以用 MATLAB 中的卷积函数 conv() 来实现。

3.3.3　线性时不变系统的全响应

线性时不变系统的全响应为零输入响应和零状态响应的线性叠加，记为 $y(t)$，即

$$y(t) = y_{zi}(t) + y_{zs}(t) \qquad\qquad (3.3.6)$$

在经典法中，先求微分方程齐次解，然后用系数匹配原理等手段求出零输入响应，最后将零输入响应和零状态响应进行线性叠加，即可求出线性时不变系统的全响应。

也可以使用 MATLAB 的卷积、微分、积分等运算求解微分方程，从而求出零输入响应和零状态响应，且可以绘制出各种特性曲线。

例 3 - 3 - 1　已知描述某 LTI 系统的微分方程是

$$y''(t) + 3y'(t) + 2y(t) = f(t) \qquad\qquad (3.3.7)$$

其中，$f(t) = 2\varepsilon(t)$，$y(0_-) = 2$，$y'(0_-) = 1$，试求该方程的全解。

解　(1) 求零输入响应,所谓零输入,即令 $f(t)=0$,则特征方程为

$$\lambda^2 + 3\lambda + 2 = 0$$

其特征根为

$$\lambda_1 = -1, \quad \lambda_2 = -2$$

微分方程式(3.3.7)的零输入响应为

$$y_{zi}(t) = C_1 e^{-t} + C_2 e^{-2t} \tag{3.3.8}$$

由于不考虑激励信号,则初始条件由储能决定,即

$$\begin{cases} y(0_+) = y(0_-) = 2 \\ y'(0_+) = y'(0_-) = 1 \end{cases} \tag{3.3.9}$$

将式(3.3.9)代入式(3.3.8)得

$$\begin{cases} C_1 + C_2 = 2 \\ -C_2 - 2C_2 = 1 \end{cases}$$

由此得

$$\begin{cases} C_1 = 5 \\ C_2 = -3 \end{cases}$$

将 C_1、C_2 代入到式(3.3.8)得到零输入响应为

$$y_{zi}(t) = (5e^{-t} - 3e^{-2t})\varepsilon(t) \tag{3.3.10}$$

(2) 求零状态响应,所谓零状态,即令 $y(0_-)=0$,$y'(0_-)=0$,这时的微分方程和初始状态分别为

$$\begin{cases} y''(t) + 3y'(t) + 2y(t) = 2\varepsilon(t) \\ y(0_-) = 0, \ y'(0_-) = 0 \end{cases} \tag{3.3.11}$$

根据前面所学的微分方程经典解法,式(3.3.11)所示的微分方程中的齐次解为

$$y_h(t) = A_1 e^{-t} + A_2 e^{-2t}$$

由于 $f(t) = 2\varepsilon(t)$,当 $t>0$ 时,$2y(t) = 2$,微分方程的特解 $y_p(t) = 1$。该微分方程的全解即为零状态响应:

$$y_{zs}(t) = A_1 e^{-t} + A_2 e^{-2t} + 1 \tag{3.3.12}$$

由于激励信号中没有冲激函数,所以有

$$y(0_+) = y(0_-) = 0$$
$$y'(0_+) = y'(0_-) = 0$$

将之代入式(3.3.12),有

$$\begin{cases} A_1 + A_2 + 1 = 0 \\ -A_1 - 2A_2 = 0 \end{cases}$$

解该方程,有

$$\begin{cases} A_1 = -2 \\ A_2 = 1 \end{cases}$$

将 A_1、A_2 代入式(3.3.12),有

$$y_{zs}(t) = (-2e^{-t} + e^{-2t} + 1)\varepsilon(t) \tag{3.3.13}$$

由式(3.3.10)和式(3.3.13),得到系统的全响应:

$$y(t) = (5e^{-t} - 3e^{-2t} - 2e^{-t} + e^{-2t} + 1)\varepsilon(t)$$

$$= (3e^{-t} - 2e^{-2t} + 1)\varepsilon(t) \tag{3.3.14}$$

例 3 - 3 - 2　描述某 LTI 系统的微分方程为

$$y''(t) + 3y'(t) + 2y(t) = 2f'(t) + 6f(t) \tag{3.3.15}$$

已知 $y(0_-) = 2$，$y'(0_-) = 0$，$f(t) = \varepsilon(t)$，求该系统的零输入响应、零状态响应和全响应。

解　（1）求零输入响应。

该系统与例 3 - 3 - 1 相同，系统的通解为

$$y(t) = C_1 e^{-t} + C_2 e^{-2t} \tag{3.3.16}$$

但与例 3 - 3 - 1 不同的是激励信号和初始条件，当没有激励时，有

$$\begin{cases} y(0_+) = y(0_-) = 2 \\ y'(0_+) = y'(0_-) = 0 \end{cases}$$

解上述方程，有 $\begin{cases} C_1 = 4 \\ C_2 = -2 \end{cases}$，将结果代入式(3.3.16)有

$$y_{zi}(t) = (4e^{-t} - 2e^{-2t})\varepsilon(t) \tag{3.3.17}$$

式(3.3.17)即为零输入响应。

（2）求零状态响应。

将激励信号 $f(t) = \varepsilon(t)$ 代入式(3.3.15)，有

$$y''(t) + 3y'(t) + 2y(t) = 2\delta(t) + 6\varepsilon(t) \tag{3.3.18}$$

零状态是指 $y(0_-) = 0$，$y'(0_-) = 0$ 时的状态，对于 $t > 0$ 时，式(3.3.18)可写为

$$y''(t) + 3y'(t) + 2y(t) = 6 \tag{3.3.19}$$

其零状态响应的齐次解为

$$y_h(t) = A_1 e^{-t} + A_2 e^{-2t}$$

由于 $y(0_-) = 2$，$y'(0_-) = 0$，$f(t) = \varepsilon(t)$，当 $t > 0$ 时，$2y(t) = 6$，其零状态响应的特解为 $y_p(t) = 3$。零状态响应的全解为

$$\begin{cases} y_{zs}(t) = A_1 e^{-t} + A_2 e^{-2t} + 3 \\ y'_{zs}(t) = -A_1 e^{-t} - 2A_2 e^{-2t} \end{cases} \tag{3.3.20}$$

对式(3.3.18)的两端从 0_- 到 0_+ 积分有

$$\int_{0_-}^{0_+} y''(t)\mathrm{d}t + 3\int_{0_-}^{0_+} y'(t)\mathrm{d}t + 2\int_{0_-}^{0_+} y(t)\mathrm{d}t = 2\int_{0_-}^{0_+} \delta(t)\mathrm{d}t + 6\int_{0_-}^{0_+} \varepsilon(t)\mathrm{d}t \tag{3.3.21}$$

根据系数匹配原理，式(3.3.21)第 3 项积分结果为：$2\int_{0_-}^{0_+} y(t)\mathrm{d}t = 0$。这说明 $y(t)$ 不包含阶跃函数，没有跃变，即

$$y_{zs}(0_+) = y_{zs}(0_-) = 0$$

式(3.3.21)第 2 项积分结果为

$$3[y(0_+) - y(0_-)] = 0,\ 6\int_{0_-}^{0_+} \varepsilon(t)\mathrm{d}t = 0$$

由于 $\int_{0_-}^{0_+} \delta(t) = 1$，式(3.3.21)第 1 项积分结果为

$$y'(0_+) - y'(0_-) = 2$$

根据系数匹配原理 $y'(0_+) - y'(0_-) = 2$，即

$$y'(0_+) = y'(0_-) + 2 = 2 \tag{3.3.22}$$

将式(3.3.22)代入式(3.3.20)有

$$\begin{cases} A_1 + A_2 + 3 = 0 \\ -A_1 - 2A_2 = 2 \end{cases} \tag{3.3.23}$$

对式(3.3.23)求解得

$$\begin{cases} A_1 = -4 \\ A_2 = 1 \end{cases} \tag{3.3.24}$$

将式(3.3.24)代入式(3.3.20)得到零状态响应的全解：

$$y_{zs}(t) = (e^{-2t} - 4e^{-t} + 3)\varepsilon(t) \tag{3.3.25}$$

(3) 求系统的全响应。

系统的全响应为零输入响应和零状态响应的线性叠加，由式(3.3.17)和式(3.3.25)得系统的全响应为

$$\begin{aligned} y(t) &= y_{zi}(t) + y_{zs}(t) \\ &= (4e^{-t} - 2e^{-2t} + e^{-2t} - 4e^{-t} + 3)\varepsilon(t) \\ &= (3 - e^{-2t})\varepsilon(t) \end{aligned}$$

例 3 - 3 - 3　滤波器是电子线路中最常见的电路之一，其功能就是允许某一部分频率的信号顺利通过，而抑制另外一部分频率的信号。在模拟电路中，常用 R、L、C 等元器件组成各种滤波电路，用于连续信号的滤波或选频。RC 低通滤波电路如图 3 - 3 - 1 所示，设 $R = 1\ \Omega$，$C = 0.5\ \text{F}$，求其在下列条件下的响应 $u_C(t)$。

(1) $u_C(0_-) = 4\ \text{V}$，$u_i(t) = 0$。

(2) $u_C(0_-) = 0$，$u_i(t) = 1\ \text{V}$。

(3) $u_C(0_-) = 0$，$u_i(t) = e^{-3t}\ \text{V}$　$(t \geqslant 0)$。

(4) $u_C(0_-) = 0$，$u_i(t) = (1 + e^{-3t})\text{V}$　$(t \geqslant 0)$。

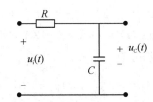

图 3 - 3 - 1　RC 低通滤波电路

解　该电路的微分方程为

$$RC \frac{\mathrm{d}u_C(t)}{\mathrm{d}t} + u_C(t) = u_i(t)$$

简写为

$$u'_C(t) + \frac{1}{RC}u_C(t) = \frac{1}{RC}u_i(t)$$

令 $a = \dfrac{1}{RC} = 2$，$b = \dfrac{1}{RC} = 2$，则上式可写为

$$u'_C(t) + bu_C(t) = au_i(t) \quad 或 \quad u'_C(t) + 2u_C(t) = 2u_i(t)$$

（1）求零输入响应。

因 $u_i(t) = 0$，$u_C(0_-) = 4\ \text{V}$，电路没有输入信号，求其全响应即是求其零输入响应。

因 $u_i(t) = 0$，其零输入响应：$u'_C(t) + 2u_C(t) = 0$，特征方程：$\lambda + 2 = 0$，$\lambda = -2$，即 $u_C(t) = C e^{-2t}$。

由初始状态 $u_C(0_-) = 4\ \text{V}$，得 $C = 4$，即 $u_C(t) = 4e^{-2t}$。

在 MATLAB 中可以使用 dsolve() 函数求解该微分方程，即直接求其零输入响应，程序如下：

```
>>syms u t y
>>u=dsolve('Du=-2*u','t')
u=C2/exp(2*t)
```

即 ZIR 为

$$u_C(t) = u_C(0_-)e^{-2t} = 4e^{-2t} \tag{3.3.26}$$

（2）求零状态响应。

根据另外 3 种不同的激励信号，求电路零状态响应：

① 因 $u_C(0_-) = 0$，$u_i(t) = 1\ \text{V}$，相当于输入一个阶跃信号，根据式（3.3.3）计算积分，$y(t) = 2\displaystyle\int_{0_-}^{t} e^{-2(t-\tau)}\,\mathrm{d}\tau$　$(t \geqslant 0)$，求其零状态响应（ZSR）程序为

```
>>syms u t  T x;
>>x=heaviside(T);
>>u=2*int(exp(-2*(t-T))*x,'T',0,t)
```

得

```
u=1-1/exp(2*t)
```

即

$$u_C(t) = 1 - e^{-2t} \tag{3.3.27}$$

② 因 $u_C(0_-) = 0$，$u_i(t) = e^{-3t}\ \text{V}$　$(t \geqslant 0)$，输入为一个指数信号，根据式（3.3.3），$y(t) = 2\displaystyle\int_{0_-}^{t} e^{-2(t-\tau)}e^{-3t}\,\mathrm{d}\tau$　$(t \geqslant 0)$，求其零状态响应（ZSR）程序为

```
>>syms u t  T x;
>>x=exp(-3*T)*heaviside(T);
>>u=2*int(exp(-2*(t-T))*x,'T',0,t)
```

得

```
u=(2*(exp(t)-1))/exp(3*t)
```

即
$$u_C(t) = 2(e^{-2t} - e^{-3t}) \tag{3.3.28}$$

③ 因 $u_C(0_-) = 0$，$u_i(t) = (1 + e^{-3t})\text{V}$　$(t \geqslant 0)$，输入为上述两种信号之和，根据线性叠加原理，其零状态响应（ZSR）为上述两种响应的叠加：

$$u_C(t) = 1 + e^{-2t} - 2e^{-3t} \tag{3.3.29}$$

（3）求系统的完全响应。

当系统既有初始状态，又有外加输入时，则完全响应＝零输入响应＋零状态响应。

第 4 种输入信号 $u_i(t) = (1 + e^{-3t})\mathrm{V}$，则完全响应：

$$u_C(t) = \underbrace{4e^{-2t}}_{\text{ZIR}} + \underbrace{(1 + e^{-2t} - 2e^{-3t})}_{\text{ZSR}}$$

$$= \underbrace{(4e^{-2t} + e^{-2t})}_{\text{自由响应}} + \underbrace{(1 - 2e^{-3t})}_{\text{强迫响应}}$$

$$= \underbrace{(5e^{-2t} - 2e^{-3t})}_{\text{瞬态响应}} + \underbrace{1}_{\text{稳态响应}} \qquad (3.3.30)$$

（4）绘制响应曲线。

（1）绘制零输入响应程序如下：

```
>>t=0:0.01:3;
>>u=4*exp(-2*t);
>>plot(t,u);axis([-0.2 3 -0.2 4.2])
>>line([-0.5 3],[0 0]);line([0 0],[-0.2 4.2]);
>>xlabel('t (s)');ylabel('uc(t)') ; title('零输入响应')
```

运行结果如图 3-3-2 所示。

（2）绘制第 2 种激励信号的零状态响应程序如下：

```
>>t=0:0.01:3;
>>u=1-exp(-2*t);
>>plot(t,u);axis([-0.2 3 -0.2 1.2])
>>line([0 4],[1 1],'Marker','.','LineStyle','--');
    line([-0.5 4],[0 0]);line([0 0],[-0.2 1.2]);
>>xlabel('t(s)');ylabel('uc(t)');title('零状态响应')
```

运行结果如图 3-3-3 所示。

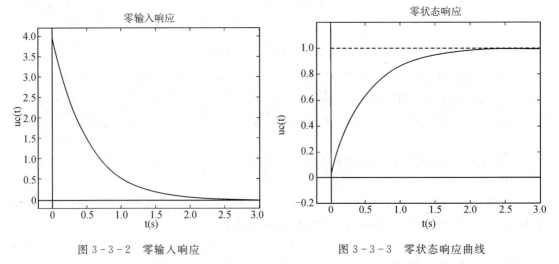

图 3-3-2　零输入响应　　　　　　　　图 3-3-3　零状态响应曲线

参考该程序可以绘制其他几种激励信号的零状态响应曲线。

3.4　冲　激　响　应

在线性时不变(LTI)系统的分析中,系统的冲激响应是一个重要的概念。所谓的系统冲激响应,指的是当系统的激励信号为单位冲激函数 $\delta(t)$ 时,LTI 系统的零状态响应称为单位冲激响应,简称冲激响应(Impulse Response),记为 $h(t)$,如图 $3-4-1$ 所示。

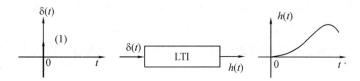

图 $3-4-1$　冲激响应

从时域上来看,单位冲激信号是一个最简单的信号,任何复杂的信号都可以很容易地以单位冲激信号为基础进行分解。分解后的信号,简化为单位冲激信号乘以幅度或者单位冲激信号的时移信号乘以幅度。

而由 LTI 系统可知,输入信号的延迟或超前会导致输出信号具有相同的延迟或超前。因此,从时域的角度就很好理解,如果能知道系统对单位冲激信号的响应,那么可以很容易地由 LTI 系统的叠加性得到任意复杂信号的输出响应。这也就是说,在时域中,只要知道系统对单位冲激的响应,就可以完全知道一个系统。

由于系统冲激响应 $h(t)$ 要求系统在零状态条件下,且激励为单位冲激信号 $\delta(t)$,因而冲激响应仅取决于系统的内部结构及其元件参数。也就是说,冲激响应完全由系统本身的特性所决定,与系统的激励源无关,是用时间函数表示系统特性的一种常用方式。

在实际工程中,用一个持续时间很短,但幅度很大的电压脉冲通过一个电阻给电容器充电,这时电路中的电流或电容器两端的电压变化就近似于这个系统的冲激响应。

由式(3.1.1)可知,一般情况下描述 LTI 系统的微分方程可写为

$$y^{(n)}(t) + b_{n-1}y^{(n-1)}(t) + \cdots + b_2 y^{(2)}(t) + b_1 y^{(1)}(t) + b_0 y(t)$$

$$= a_m x^{(m)}(t) + a_{m-1}x^{(m-1)}(t) + \cdots + a_2 x^{(2)}(t) + a_1 x^{(1)}(t) + a_0 x(t) \tag{3.4.1}$$

描述二阶 LTI 系统的微分方程为

$$y''(t) + b_1 y'(t) + b_0 y(t) = a_2 x''(t) + a_1 x'(t) + a_0 x(t) \tag{3.4.2}$$

LTI 系统冲激响应的经典求解步骤如下:

(1) 选取新变量 $h_1(t)$,满足

$$\begin{cases} h_1^{(n)}(t) + b_{n-1}h_1^{(n-1)}(t) + \cdots + b_0 h_1(t) = \delta(t) \\ h_1^{(j)}(0_-) = 0 \quad\quad j = 0, 1, 2, \cdots, n-1 \end{cases} \tag{3.4.3}$$

对于二阶 LTI 系统,满足

$$\begin{cases} h_1''(t) + b_1 h_1'(t) + b_0 h_1(t) = \delta(t) \\ h_1'(0_-) = 0, \quad h_1(0_-) = 0 \end{cases} \tag{3.4.4}$$

(2) 求初始条件 $h_1(0_+)$,$h'_1(0_+)$。

由系数匹配原理，可推得各 0_+ 状态的初始值为

$$\begin{cases} h_1^{(j)}(0_+) = 0 & j = 0, 1, 2, \cdots, n-2 \\ h_1^{(n-1)}(0_+) = 1 \end{cases} \tag{3.4.5}$$

对于二阶 LTI 系统，满足

$$\begin{cases} h_1(0_+) = 0 \\ h_1{}'(0_+) = 1 \end{cases} \tag{3.4.6}$$

（3）当 $t>0$ 时，根据式（3.4.5）求出的初始条件，求解式（3.4.3）的齐次解：

$$h_1^{(n)}(t) + b_{n-1} h_1^{(n-1)}(t) + \cdots + b_0 h_1(t) = 0 \tag{3.4.7}$$

（4）根据线性时不变系统零状态响应的线性性质和微分特性，即可求出式（3.4.1）所示系统的冲激响应为

$$h(t) = a_m h_1{}^m(t) + a_{m-1} h_1{}^{m-1}(t) + \cdots + a_0 h_1(t)$$

例 3 - 4 - 1　设描述某 LTI 系统的微分方程为

$$y''(t) + 6y'(t) + 8y(t) = f(t)$$

求该系统的冲激响应。

解　对于二阶 LTI 系统，右端只有 $f(t)$ 项，可选取新变量 $h(t)$，满足

$$h''(t) + 6h'(t) + 8h(t) = \delta(t) \tag{3.4.8}$$

初始状态为

$$h(0_-) = 0, \; h'(0_-) = 0 \tag{3.4.9}$$

首先求初始条件 $h(0_+)$ 和 $h'(0_+)$，利用系数匹配原理：$h(0_+) = h(0_-)$，$h'(0_+) \neq h'(0_-)$，对式（3.4.8）两端从 0_- 到 0_+ 积分，有

$$\int_{0_-}^{0_+} h''(t)\mathrm{d}t + 6\int_{0_-}^{0_+} h'(t)\mathrm{d}t + 8\int_{0_-}^{0_+} h(t)\mathrm{d}t = \int_{0_-}^{0+}\delta(t)\mathrm{d}t \tag{3.4.10}$$

即

$$[h'(0_+) - h'(0_-)] + 6[h(0_+) - h(0_-)] + 8\int_{0_-}^{0_+} h(t)\mathrm{d}t = \int_{0_-}^{0_+}\delta(t)\mathrm{d}t$$

根据系数匹配原理，$h''(t)$ 应包含 $\delta(t)$，$h'(t)$ 应包含 $\varepsilon(t)$，即 $h'(t)$ 有跃变或者说 $h'(0_+) - h'(0_-) \neq 0$。同理 $h'(t)$ 不包含 $\delta(t)$，所以 $h(t)$ 不包含 $\varepsilon(t)$，即 $h(t)$ 没有跃变，故有

$$h(0_+) = h(0_-) = 0 \tag{3.4.11}$$

注意到初始状态 $h'(0_-) = 0$，则有

$$h'(0_+) - h'(0_-) = \int_{0_-}^{0_+}\delta(t)\mathrm{d}t = 1$$

即

$$h'(0_+) = 1 \tag{3.4.12}$$

当 $t>0$ 时，对于式（3.4.8），可求出齐次解，特征方程为 $\lambda^2 + 6\lambda + 8 = 0$，其特征根为 $\lambda_1 = -2$，$\lambda_2 = -4$，即

$$h(t) = C_1 \mathrm{e}^{-2t} + C_2 \mathrm{e}^{-4t}, \quad h'(t) = -2C_1 \mathrm{e}^{-2t} - 4C_2 \mathrm{e}^{-4t} \tag{3.4.13}$$

将式（3.4.11）和式（3.4.12）代入式（3.4.13）有

$$\begin{cases} C_1 + C_2 = 0 \\ -2C_1 - 4C_2 = 1 \end{cases}$$

解该方程组得

$$\begin{cases} C_1 = 1/2 \\ C_2 = -1/2 \end{cases}$$

系统的冲激响应为

$$h(t) = \frac{1}{2}(e^{-2t} - e^{-4t})\varepsilon(t) \tag{3.4.14}$$

例 3 - 4 - 2　描述某系统的微分方程为

$$y''(t) + 5y'(t) + 4y(t) = f''(t) + 2f'(t) + 3f(t)$$

求该系统的冲激响应 $h(t)$。

解　该二阶 LTI 系统，右端各次项都有。

（1）选取新变量 $h_1(t)$ 满足

$$\begin{cases} h_1''(t) + 5h_1'(t) + 4h_1(t) = \delta(t) \\ h_1'(0_+) = 1, \quad h_1(0_+) = 0 \end{cases}$$

微分方程的特征根为 $\lambda_1 = -1, \lambda_2 = -4$，故冲激响应为

$$h_1(t) = C_1 e^{-t} + C_2 e^{-4t} \quad t > 0$$

其一阶导数为

$$h_1'(t) = -C_1 e^{-t} - 4C_2 e^{-4t} \quad t > 0$$

代入初始条件得 $\begin{cases} C_1 + C_2 = 0 \\ -C_1 - 4C_2 = 1 \end{cases}$，解之得 $\begin{cases} C_1 = \dfrac{1}{3} \\ C_2 = -\dfrac{1}{3} \end{cases}$。所以

$$h_1(t) = \frac{1}{3}(e^{-t} + e^{-4t})\varepsilon(t), \quad h_1'(t) = \frac{1}{3}(-e^{-t} - 4e^{-4t})\varepsilon(t)$$

求出系统的冲激响应：

$$h(t) = h''_1(t) + 2h'_1(t) + 3h_1(t) = \left(\frac{2}{3}e^{-t} - \frac{11}{3}e^{-4t}\right)\varepsilon(t)$$

在 MATLAB 中，求解系统冲激响应，可以应用控制系统工具箱提供的单位脉冲响应函数 impulse()，调用方式如下：

（1）[y,t] = impulse(sys)、[y,t] = impulse(b,a)：求解系统冲激响应，返回单位冲激响应向量"y"和时间向量"t"，"sys"是系统函数，也可以使用分母和分子系数向量"b""a"。

（2）y= impulse(sys,t)：返回单位冲激响应向量"y"，"sys"是系统函数，"t"是时间向量。

（3）当使用不带输出参数时，将直接在屏幕上绘制单位冲激响应曲线（可以在一个图形中绘制多个单位冲激响应曲线）：

① impulse(sys1,sys2,…,sysN)；

② impulse(sys1,sys2,…,sysN,t)。

（4）也可以为每个曲线指定线型、颜色等属性：impulse(sys1,'PlotStyle1',…,sysN,'PlotStyleN')。

3.5　阶　跃　响　应

3.5.1　阶跃响应的概念

激励信号为单位阶跃函数 $\varepsilon(t)$ 时，系统的零状态响应称为单位阶跃响应，简称阶跃响应，通常用 $g(t)$ 表示，如图 3-5-1 所示。

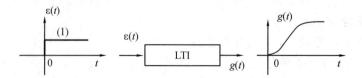

图 3-5-1　单位阶跃响应

下文介绍 $g^{(j)}(0_+)$ 初始值的确定及 $g(t)$ 的求解。

由式(3.4.1)可知，一般情况下描述 LTI 系统的微分方程可写为

$$y^{(n)}(t) + b_{n-1}y^{(n-1)}(t) + \cdots + b_2 y^{(2)}(t) + b_1 y^{(1)}(t) + b_0 y(t)$$
$$= a_m x^{(m)}(t) + a_{m-1}x^{(m-1)}(t) + \cdots + a_2 x^{(2)}(t) + a_1 x^{(1)}(t) + a_0 x(t) \tag{3.5.1}$$

式(3.5.1)的 n 阶微分方程求解步骤与 LTI 系统冲激响应的经典求解步骤类似：

(1) 选取新变量 $g_1(t)$，满足

$$\begin{cases} g_1^{(n)}(t) + b_{n-1}g_1^{(n-1)}(t) + \cdots + b_0 g_1(t) = \varepsilon(t) \\ g_1^{(j)}(0_-) = 0 \quad j = 0, 1, 2, \cdots, n-1 \end{cases} \tag{3.5.2}$$

(2) 求出式(3.5.2)的齐次解和特解，获得 $g_1(t)$ 的全解。

(3) 根据线性时不变系统零状态响应的线性性质和微分特性，即可求出式(3.5.1)所示系统的阶跃响应：

$$g(t) = a_m g_1^m(t) + a_{m-1}g_1^{m-1}(t) + \cdots + a_0 g_1(t) \tag{3.5.3}$$

其他几种情况：

① 如果式(3.5.1)的 n 阶微分方程等号右端只含有 $x(t)$，即

$$y^{(n)}(t) + b_{n-1}y^{(n-1)}(t) + \cdots + b_2 y^{(2)}(t) + b_1 y^{(1)}(t) + b_0 y(t) = a_0 x(t) \tag{3.5.4}$$

当激励为 $x(t) = \varepsilon(t)$ 时，系统的零状态响应即为阶跃响应 $g(t)$，满足

$$\begin{cases} g^{(n)}(t) + b_{n-1}g^{(n-1)}(t) + \cdots + b_0 g(t) = \varepsilon(t) \\ g^{(j)}(0_-) = 0 \quad j = 0, 1, 2, \cdots, n-1 \end{cases} \tag{3.5.5}$$

根据系数匹配原理可知

$$g^{(j)}(0_+) = g^{(j)}(0_-) = 0 \quad j = 0, 1, 2, \cdots, n-2$$

式(3.5.5)为非齐次微分方程，$g(t)$ 的全解由齐次解和特解组成。$g(t)$ 的全解即为系统的阶跃响应。

② 对于二阶 LTI 系统，微分方程的一般形式为

$$y''(t) + b_1 y'(t) + b_0 y(t) = a_2 x''(t) + a_1 x'(t) + a_0 x(t) \tag{3.5.6}$$

满足
$$\begin{cases} g_1''(t) + b_1 g_1'(t) + b_0 g_1(t) = \varepsilon(t) \\ g_1'(0_-) = g_1(0_-) = 0 \end{cases} \tag{3.5.7}$$

$g_1(t)$ 的全解即为系统的阶跃响应 $g(t)$。

③ 若一阶系统的微分方程形式为
$$y'(t) + by(t) = a\varepsilon(t) \tag{3.5.8}$$

一般情况，单位阶跃响应为
$$g(t) = \frac{a}{b}(1 - e^{-bt})\varepsilon(t) \tag{3.5.9}$$

例 3 - 5 - 1　已知 LTI 系统：$y''(t) + 4y'(t) + 3y(t) = x'(t) + 2x(t)$，求其阶跃响应。

解　(1) 选取新变量 $g_1(t)$，满足
$$\begin{cases} g_1''(t) + 4g_1'(t) + 3g_1(t) = \varepsilon(t) \\ g_1'(0_-) = g_1(0_-) = 0 \end{cases} \tag{3.5.10}$$

由系数匹配原理可知 $g_1'(0_+) = g_1(0_+) = 0$。

式(3.5.10)微分方程的特征根为 $\lambda_1 = -1, \lambda_2 = -3$，其特解为 $1/3$，则
$$g_1(t) = (C_1 e^{-t} + C_2 e^{-3t} + 1/3)\varepsilon(t)$$

将求得的初始值代入上式，有
$$\begin{cases} g_1(0_+) = (C_1 + C_2 + 1/3) = 0 \\ g_1'(0_+) = -C_1 - 3C_2 = 0 \end{cases}$$

解得 $C_1 = -1/2, C_2 = 1/6$。所以有
$$g_1(t) = (-1/2 e^{-t} + 1/6 e^{-3t} + 1/3)\varepsilon(t), \quad g_1'(t) = 1/2(e^{-t} - e^{-3t})\varepsilon(t)$$

求出系统的阶跃响应：
$$g(t) = g_1'(t) + 2g_1(t) = \left(-\frac{1}{2}e^{-t} - \frac{1}{6}e^{-3t} + \frac{2}{3}\right)\varepsilon(t)$$

例 3 - 5 - 2　描述某 LTI 系统的微分方程为
$$y''(t) + 6y'(t) + 8y(t) = f(t)$$
求该系统的阶跃响应。

解　根据阶跃响应的定义 $f(t) = \varepsilon(t)$，微分方程为
$$g''(t) + 6g'(t) + 8g(t) = \varepsilon(t) \tag{3.5.11}$$
初始状态为
$$g(0_-) = 0, \ g'(0_-) = 0 \tag{3.5.12}$$
微分方程式(3.5.11)的齐次解为
$$g_h(t) = C_1 e^{-2t} + C_2 e^{-4t} \tag{3.5.13}$$
式(3.5.11)的特解为
$$g_p(t) = 1/8 \tag{3.5.14}$$
其全解为
$$g(t) = C_1 e^{-2t} + C_2 e^{-4t} + 1/8 \tag{3.5.15}$$

下一步求积分常数，由于激励没有冲激函数，所以
$$\begin{cases} g(0_+) = g(0_-) = 0 \\ g'(0_+) = g'(0_-) = 0 \end{cases} \tag{3.5.16}$$

将式(3.5.16)代入式(3.5.15)有

$$\begin{cases} C_1 + C_2 + 1/8 = 0 \\ -2C_1 - 4C_2 = 0 \end{cases} \quad (3.5.17)$$

求解式(3.5.17)得 $\qquad C_1 = -1/4,\ C_2 = 1/8 \qquad (3.5.18)$

将式(3.5.18)代入式(3.5.15)得到系统的全响应：

$$g(t) = \left(-\frac{1}{4}e^{-2t} + \frac{1}{8}e^{-4t} + \frac{1}{8}\right)\varepsilon(t)$$

在 MATLAB 中，使用 step()函数求 LTI 系统的阶跃响应。单位阶跃响应 step()函数的功能是对给定的系统数学模型，求任何 LTI 系统的单位阶跃响应，数学模型可以是连续的或离散的，可以是 SISO 或 MIMO 模型。

3.5.2　冲激响应与阶跃响应的关系

冲激函数与阶跃函数的关系为

$$\begin{cases} \delta(t) = \dfrac{d\varepsilon(t)}{dt} \\ \varepsilon(t) = \displaystyle\int_{-\infty}^{t} \delta(\tau)d\tau \end{cases} \quad (3.5.19)$$

根据线性时不变系统的微分、积分特性可得

$$h(t) = \frac{dg(t)}{dt} \quad (3.5.20)$$

$$g(t) = \int_{-\infty}^{t} h(\tau)d\tau \quad (3.5.21)$$

例 3-5-3　描述某 LTI 系统的微分方程为

$$y''(t) + 4y'(t) + 3y(t) = x'(t) + 2x(t) \quad (3.5.22)$$

求该系统的冲激响应。

解　根据例 3-5-1 的结果 $g(t) = \left(-\dfrac{1}{2}e^{-t} - \dfrac{1}{6}e^{-3t} + \dfrac{2}{3}\right)\varepsilon(t)$ 和冲激响应与阶跃响应的关系式(3.5.20)，对 $g(t)$ 求导得

$$h(t) = \left(\frac{1}{2}e^{-t} + \frac{1}{2}e^{-3t}\right)\varepsilon(t)$$

3.6　卷 积 积 分

3.6.1　卷积的定义

设系统的激励信号是任意信号 $f(t)$，其随时间的变化关系如图 3-6-1 所示。这个信号可以看作是由一系列幅度不等的矩形脉冲信号组成，这些脉冲的宽度为 $\Delta\tau$，幅度取这些窄脉冲左侧的值。当 $t = k\Delta\tau$ 时，第 k 个窄脉冲可用阶跃函数表示为

$$p_k(t) = f(k\Delta\tau)\{\varepsilon(t - k\Delta\tau) - \varepsilon[t - (k+1)\Delta\tau]\} \quad (3.6.1)$$

函数 $f(t)$ 可以表示为

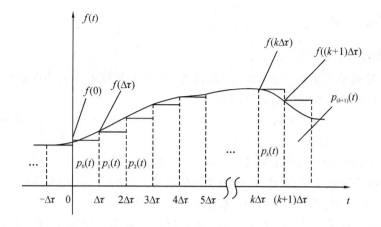

图 3 - 6 - 1　函数 $f(t)$ 与 δ 函数的卷积说明

$$f(t) = \sum_{k=-\infty}^{k=\infty} p_k(t) = \sum_{k=-\infty}^{k=\infty} f(k\Delta\tau)\{\varepsilon(t-k\Delta\tau) - \varepsilon[t-(k+1)\Delta\tau]\}$$

进一步表示为

$$f(t) = \sum_{-\infty}^{+\infty} f(k\Delta\tau)\left\{\frac{\varepsilon(t-k\Delta\tau) - \varepsilon[t-(k+1)\Delta\tau]}{\Delta\tau}\right\}\Delta\tau \qquad (3.6.2)$$

令 $\Delta\tau \to 0$，则 $k\Delta\tau \to \tau$，$\Delta\tau \to \mathrm{d}\tau$，$\lim\limits_{\Delta\tau \to 0}\sum\limits_{k=-\infty}^{k=\infty} \to \int_{-\infty}^{+\infty}$，此时

$$f(t) = \lim_{\Delta\tau \to 0}\sum_{k=-\infty}^{k=\infty}\left\{f(k\Delta\tau)\frac{\varepsilon(t-k\Delta\tau) - \varepsilon[t-(k+1)\Delta\tau]}{\Delta\tau}\right\}\Delta\tau$$

可以写为

$$f(t) = \int_{-\infty}^{+\infty} f(\tau)\frac{\mathrm{d}\varepsilon(t-\tau)}{\mathrm{d}\tau}\mathrm{d}\tau \qquad (3.6.3)$$

此式即为

$$f(t) = \int_{-\infty}^{+\infty} f(\tau)\delta(t-\tau)\mathrm{d}\tau \qquad (3.6.4)$$

我们将式(3.6.4)称为函数 $f(t)$ 与函数 $\delta(t)$ 的卷积，或写为

$$f(t) = f(t) * \delta(t) \qquad (3.6.5)$$

若已知在区间 $[-\infty, +\infty]$ 内有两个任意函数 $f_1(t)$ 和 $f_2(t)$，则

$$f(t) = \int_{-\infty}^{+\infty} f_1(\tau)f_2(t-\tau)\mathrm{d}\tau \qquad (3.6.6)$$

式(3.6.6)定义为该区间的卷积积分，简称卷积，记为

$$f(t) = f_1(t) * f_2(t) \qquad (3.6.7)$$

任意输出信号 $y(t)$ 可以表示为输入信号 $x(t)$ 与 $\delta(t)$ 函数的卷积，即

$$y(t) = x(t) * h(t) = \int_{-\infty}^{\infty} x(\tau)h(t-\tau)\mathrm{d}\tau \qquad (3.6.8)$$

或

$$y(t) = x(t) * \delta(t) \qquad (3.6.9)$$

卷积结果的长度为：$\text{length}(y) = \text{length}(x) + \text{length}(h) - 1$。

3.6.2　卷积的计算

1. 图解法计算卷积

对于一些较简单的函数，如方波、三角波等，可以利用图解法来计算卷积。熟练掌握图解法，对理解卷积的运算过程是有帮助的。

已知图 3-6-2(a)所示的矩形信号 $x(t) = \varepsilon(t) - \varepsilon(t-2)$ 和图 3-6-2(b)所示的单边指数信号 $h(t) = be^{-at}\varepsilon(t)$。

$x(t)$ 与 $h(t)$ 的卷积计算步骤如下：

(1) 将时间变量换成 τ，并将 $h(\tau)$ 围绕纵轴折叠，得 $h(-\tau)$，如图 3-6-2(c)所示。

(2) 再对 $h(-\tau)$ 移位得 $h(t-\tau)$，如图 3-6-2(d)所示。

(3) 将对应项相乘，即 $x(\tau)h(t-\tau)$，并对其进行积分，如图 3-6-2(e)所示，依此类推。

(4) 最后将各子项相加得到 $y(t)$，其卷积结果图形如图 3-6-2(f)所示。

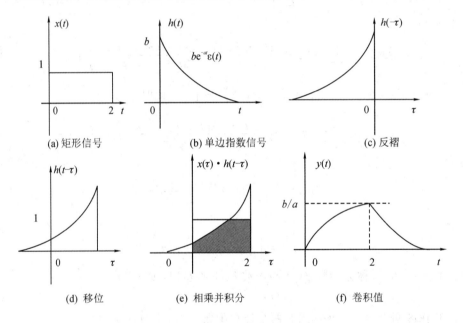

(a) 矩形信号　　　　(b) 单边指数信号　　　　(c) 反褶

(d) 移位　　　　(e) 相乘并积分　　　　(f) 卷积值

图 3-6-2　卷积图解

例 3-6-1　已知两信号的波形如图 3-6-3 所示，用图解法求它们的卷积。

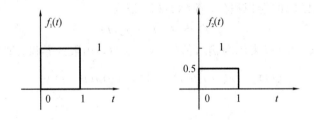

图 3-6-3　两信号的波形

解　$f_1(t)$ 与 $f_2(t)$ 的卷积计算步骤如下：

(1) 将时间变量换成 τ，并将 $f_2(\tau)$ 围绕纵轴折叠，得 $f_2(-\tau)$，如图 3-6-4 所示。

(2) 再对 $f_2(\tau)$ 移位得 $f_2(t-\tau)$，如图 3-6-5 所示。

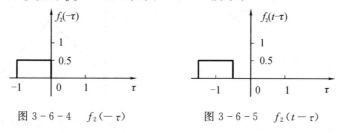

图 3-6-4　$f_2(-\tau)$　　　　　　　图 3-6-5　$f_2(t-\tau)$

(3) 将两信号的重叠部分相乘，并对其进行积分，依此类推。

• 当 $t<0$ 时，两个信号没有重叠，$f(t)=f_1(t)*f_2(t)=\displaystyle\int_{-\infty}^{\infty}f_1(\tau)f_2(t-\tau)\mathrm{d}\tau=0$，如图 3-6-6 所示。

• 当 $0<t<1$ 时，$f(t)=\displaystyle\int_0^t f_1(\tau)f_2(t-\tau)\mathrm{d}\tau=\int_0^t 1\times0.5\mathrm{d}\tau=0.5t$，如图 3-6-7 所示。

• 当 $1<t<2$ 时，$f(t)=\displaystyle\int_{t-1}^1 f_1(\tau)f_2(t-\tau)\mathrm{d}\tau=\int_{t-1}^1 1\times0.5\mathrm{d}\tau=1-0.5t$，如图 3-6-8 所示。

• 当 $t>2$ 时，两个信号没有重叠，$f(t)=\displaystyle\int_{-\infty}^{\infty}f_1(\tau)f_2(t-\tau)\mathrm{d}\tau=0$，如图 3-6-9 所示。

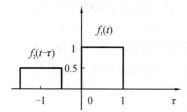

图 3-6-6　$t<0$ 时卷积结果

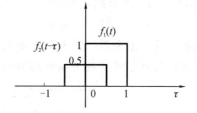

图 3-6-7　当 $0<t<1$ 时卷积结果

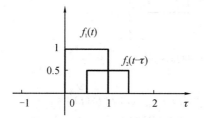

图 3-6-8　当 $1<t<2$ 时卷积结果

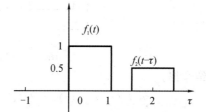

图 3-6-9　当 $2<t$ 时卷积结果

(4)最后将各子项相加得到 $f(t)$，其卷积结果图形如图 3-6-10 所示。

$$f(t) = \begin{cases} 0 & t < 0 \\ 0.5t & 0 < t < 1 \\ 1 - 0.5t & 1 < t < 2 \\ 0 & t > 2 \end{cases}$$

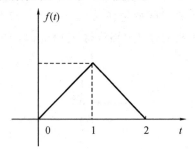

图 3-6-10　卷积结果图形

3.6.3　卷积的性质

卷积是一种数学运算，它有许多重要的性质，灵活地运用这些性质能简化卷积运算。下面的讨论均认为积分是收敛的(或存在的)。

1. 卷积运算的基本规律

卷积运算满足交换律、结合律和分配律。

(1) 交换律：

$$f_1(t) * f_2(t) = f_2(t) * f_1(t) \tag{3.6.10}$$

(2) 分配律：

$$f_1(t) * [f_2(t) + f_3(t)] = f_1(t) * f_2(t) + f_1(t) * f_3(t) \tag{3.6.11}$$

如图 3-6-11 所示，假设 $f_1(t) = f(t)$，$f_2(t) = h_1(t)$，$f_3(t) = h_2(t)$，$f(t)$ 是外加的激励信号，$h_1(t)$、$h_2(t)$ 分别是两个子系统的冲激响应。那么根据分配律有

$$f(t) * [h_1(t) + h_2(t)] = f(t) * h_1(t) + f(t) * h_2(t)$$

从物理图像的角度来看，上式左端相当于激励信号作用于两个并联系统的冲激响应，右端相当于组成并联系统的各子系统冲激响应之和，而这两者的效果是相等的。

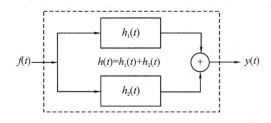

图 3-6-11　分配律图示

(3) 结合律：

$$[f_1(t) * f_2(t)] * f_3(t) = f_1(t) * [f_2(t) * f_3(t)]$$

设 $f_1(t) = h_1(t)$，$f_2(t) = f(t)$，$f_3(t) = h_2(t)$，则有

$$[h_1(t) * f(t)] * h_2(t) = h_1(t) * [f(t) * h_2(t)] = f(t) * [h_1(t) * h_2(t)] \tag{3.6.12}$$

结合律用于系统分析，相当于串联系统的冲激响应等于组成串联系统的各子系统冲激响应的卷积，且子系统 $h_1(t)$ 和 $h_2(t)$ 可以交换次序。

2. 卷积的微分与积分

卷积的微分与积分性质如下：

(1) 若 $f(t) = f_1(t) * f_2(t)$，则

$$f'(t) = f_1'(t) * f_2(t) = f_1(t) * f_2'(t) \tag{3.6.13}$$

(2) 若 $f(t) = f_1(t) * f_2(t)$，则

$$f^{(-1)}(t) = f_1^{(-1)}(t) * f_2(t) = f_1(t) * f_2^{(-1)}(t) \tag{3.6.14}$$

式中 $f^{(-1)}(t) = \int_{-\infty}^{t} f(\tau)\mathrm{d}\tau$，$f_1^{(-1)}(t) = \int_{-\infty}^{t} f_1(\tau)\mathrm{d}\tau$，$f_2^{(-1)}(t) = \int_{-\infty}^{t} f_2(\tau)\mathrm{d}\tau$。

(3) 若 $f_1(-\infty) = f_2(-\infty) = 0$，则

$$f(t) = f_1(t) * f_2(t) = f_1'(t) * f_2^{(-1)}(t) = f_1^{(-1)}(t) * f_2'(t) \tag{3.6.15}$$

例 3 - 6 - 2　已知信号 $f_1(t) = 1$，$f_2(t) = \mathrm{e}^{-t}\varepsilon(t)$，求 $f_1(t)$ 和 $f_2(t)$ 的卷积。

解　根据卷积的定义：

$$f_1(t) * f_2(t) = \int_{-\infty}^{\infty} \mathrm{e}^{-\tau}\varepsilon(\tau)\mathrm{d}\tau = \int_{0}^{\infty} \mathrm{e}^{-\tau}\mathrm{d}\tau = \mathrm{e}^{-\tau}\Big|_{0}^{\infty} = 1$$

3. 函数与冲激函数的卷积

$$f(t) * \delta(t) = \delta(t) * f(t) = f(t) \tag{3.6.16}$$

利用卷积的微分、积分性质，还可以得到下列关系：

$$f(t) * \delta'(t) = f'(t) \tag{3.6.17}$$

$$f(t) * \varepsilon(t) = f^{(-1)}(t) * \varepsilon'(t) = f^{(-1)}(t) * \delta(t) = f^{(-1)}(t) = \int_{-\infty}^{t} f(\tau)\mathrm{d}\tau$$

$$\tag{3.6.18}$$

若 $f(t) = \varepsilon(t)$，则有

$$\varepsilon(t) * \varepsilon(t) = \varepsilon^{(-1)}(t) * \varepsilon'(t) = \varepsilon^{(-1)}(t) * \delta(t) = \varepsilon^{(-1)}(t)$$

$$= \int_{-\infty}^{t} \varepsilon(\tau)\mathrm{d}\tau = t\varepsilon(t) \tag{3.6.19}$$

4. 卷积的时移

若 $f(t) = f_1(t) * f_2(t)$，则

$$f_1(t - t_1) * f_2(t - t_2) = f_1(t - t_2) * f_2(t - t_1)$$

$$= f_1(t - t_1 - t_2) * f_2(t)$$

$$= f_1(t) * f_2(t - t_1 - t_2)$$

$$= f(t - t_1 - t_2) \tag{3.6.20}$$

例 3 - 6 - 3　图 3 - 6 - 12 所示为 $f_1(t)$ 和 $f_2(t)$ 的波形图，求 $f(t) = f_1(t) * f_2(t)$。

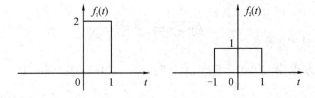

图 3 - 6 - 12　$f_1(t)$ 和 $f_2(t)$ 的波形图

解　用阶跃函数分别表示 $f_1(t)$ 和 $f_2(t)$：

$$f_1(t) = 2\varepsilon(t) - 2\varepsilon(t-1), \quad f_2(t) = \varepsilon(t+1) - \varepsilon(t-1)$$

则

$$f_1(t) * f_2(t) = [2\varepsilon(t) - 2\varepsilon(t-1)] * [\varepsilon(t+1) - \varepsilon(t-1)]$$
$$= 2\varepsilon(t) * \varepsilon(t+1) - 2\varepsilon(t) * \varepsilon(t-1) -$$
$$2\varepsilon(t-1) * \varepsilon(t+1) + 2\varepsilon(t-1) * \varepsilon(t-1)$$

由式(3.6.19)和式(3.6.20)，有

$$f_1(t) * f_2(t) = 2\varepsilon(t) * \varepsilon(t+1) - 2\varepsilon(t) * \varepsilon(t-1) -$$
$$2\varepsilon(t-1) * \varepsilon(t+1) + 2\varepsilon(t-1) * \varepsilon(t-1)$$
$$= 2(t+1)\varepsilon(t+1) - 2(t-1)\varepsilon(t-1) -$$
$$2t\varepsilon(t) + 2(t-2)\varepsilon(t-2)$$

3.6.4　用卷积求零状态响应

对于一个 LTI 系统，冲激函数的零状态响应为 $h(t)$，则任何激励信号的零状态响应为该信号与该系统冲激响应的卷积，即

$$y_{zs}(t) = \int_{-\infty}^{+\infty} f(\tau)h(t-\tau)d\tau \tag{3.6.21}$$

或

$$y_{zs}(t) = f(t) * h(t) \tag{3.6.22}$$

例 3-6-4　已知某 LTI 系统的冲激响应为 $h(t) = (6e^{-2t} - 1)\varepsilon(t)$，求当激励信号为 $f(t) = e^t$ $(-\infty < t < +\infty)$ 时的零状态响应。

解　任何激励信号的零状态响应为该信号与该系统冲激响应的卷积，即

$$y_{zs}(t) = f(t) * h(t)$$
$$= \int_{-\infty}^{\infty} f(\tau)h(t-\tau)d\tau$$
$$= \int_{-\infty}^{\infty} e^\tau [6e^{-2(t-\tau)} - 1]\varepsilon(t-\tau)d\tau$$

当 $t - \tau < 0$ 时，$\varepsilon(t-\tau) = 0$，则

$$y_{zs}(t) = \int_{-\infty}^{\infty} e^\tau [6e^{-2(t-\tau)} - 1]\varepsilon(t-\tau)d\tau = \int_{-\infty}^{t} e^\tau [6e^{-2(t-\tau)} - 1]d\tau$$
$$= \int_{-\infty}^{t} [6e^{-2t}e^{3\tau} - e^\tau]d\tau = 6e^{-2t}\int_{-\infty}^{t} e^{3\tau}d\tau - \int_{-\infty}^{t} e^\tau d\tau$$
$$= 2e^{-2t}e^{3\tau}\Big|_{-\infty}^{t} - e^\tau\Big|_{-\infty}^{t} = 2e^t - e^t$$
$$= e^t\varepsilon(t)$$

练习与思考

3-1　若系统方程为 $y''(t) + 5y'(t) + 6y(t) = \delta(t)$，且 $y(0_-) = y'(0_-) = 0$，试求 $y(0_+)$ 和 $y'(0_+)$。

3-2　某 LTI 系统的微分方程为 $y''(t) + 5y'(t) + 6y(t) = 2f'(t) + 6f(t)$，已知 $f(t) = \varepsilon(t)$，

$y(0_-) = 2$，$y'(0_-) = 1$，分别求出系统的零输入响应 $y_{zi}(t)$、零状态响应 $y_{zs}(t)$ 和全响应 $y(t)$。

3-3　线性时不变系统的方程为 $y'(t) + ay(t) = f(t)$，若在非零 $f(t)$ 作用下其响应 $y(t) = 1 - e^{-t}$，试求方程 $y'(t) + ay(t) = 2f(t) + f'(t)$ 的响应。

3-4　设有二阶系统方程 $y''(t) + 4y'(t) + 4y(t) = 0$，在某初始状态下的 0_+ 状态的初始值为 $y(0_+) = 1$，$y'(0_+) = 2$，试求零输入响应。

3-5　设有二阶系统方程 $y''(t) + 3y'(t) + 2y(t) = 4\delta'(t)$，试求零状态响应。

3-6　设有一阶系统方程 $y'(t) + 3y(t) = f'(t) + f(t)$，求其冲激响应 $h(t)$ 和阶跃响应 $g(t)$。

3-7　设某 LTI 系统的微分方程为 $y''(t) + 5y'(t) + 6y(t) = 3f(t)$，试求其冲激响应和阶跃响应。

3-8　如题 3-8 图所示系统，试以 $u_C(t)$ 为输出变量，列出其微分方程。

3-9　如题 3-9 图所示二阶系统，已知 $L = 1$ H，$C = 1$ F，$R = 1$ Ω，若激励信号 $u_s(t) = u_1(t) = \delta(t)$，试求以 $u_2(t) = u_C(t)$ 为响应时的冲激响应 $h(t)$。

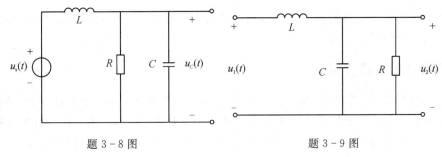

题 3-8 图　　　　　　　　　　　　　　　题 3-9 图

3-10　试求下列卷积。

(a) $\varepsilon(t+3) * \varepsilon(t-5)$；　　　　(b) $\delta(t) * 2$；　　　　(c) $te^{-t} \cdot \varepsilon(t) * \delta'(t)$。

3-11　对题 3-11 图所示信号，求 $f_1(t) * f_2(t)$。

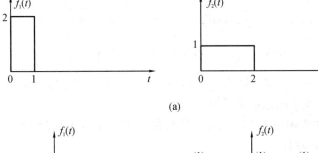

(a)

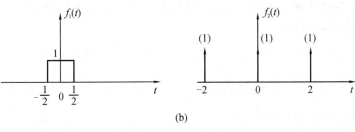

(b)

题 3-11 图

3-12　试求下列卷积。

(a) $(1 - e^{-2t})\varepsilon(t) * \delta'(t) * \varepsilon(t)$；　　　　(b) $e^{-3t}\varepsilon(t) * \dfrac{d}{dt}[e^{-t}\delta(t)]$。

第 4 章　连续系统的频域、复频域分析

对于连续信号、系统，利用系统频域函数分析系统的方法，称为频域分析法或傅里叶变换法。用拉普拉斯变换进行分析，是信号、系统的复频域分析，具有方便、快捷等优点，对于一些特殊信号，无法使用傅里叶变换，只能使用拉普拉斯变换才能完成分析。

4.1　连续系统的频域分析法

LTI 系统的频域分析的内容主要包括：求出表征系统频率特性的频率响应特征量；在频域求解信号通过系统的输出。

4.1.1　信号通过线性系统

系统可以看作一个信号处理器，当信号通过线性系统时，会产生两种结果：输出信号失真和不失真。系统对于信号的作用可分为两类：一类是信号的传输；另一类是波形变换。

因此，对系统的不同用途有不同的要求：信号的传输要求无失真传输；而波形变换（如滤波）则利用失真实现。

1. 基本信号作用于 LTI 系统的响应

傅里叶分析是将任意信号分解为无穷多项不同频率的虚指数函数之和。

- 对于周期信号：$x(t) = \sum_{n=-\infty}^{\infty} X(n\Omega) e^{jn\Omega t}$，其基本信号为 $e^{j\Omega t}$。

- 对于非周期信号：$x(t) = \dfrac{1}{2\pi} \int_{-\infty}^{\infty} X(\omega) e^{j\omega t} d\omega$，其基本信号为 $e^{j\omega t}$。

在频域分析中，信号的定义域为 $(-\infty, \infty)$，而 $t = -\infty$ 时总可认为系统的状态为 0，因此本章的响应指零状态响应，常写为 $y(t)$。

设 LTI 系统的冲激响应为 $h(t)$，当激励是角频率 ω 的基本信号 $e^{j\omega t}$ 时，其响应是信号 $e^{j\omega t}$ 与系统的冲激响应的卷积：

$$y(t) = h(t) * e^{j\omega t} = \int_{-\infty}^{\infty} h(\tau) e^{j\omega(t-\tau)} d\tau = \int_{-\infty}^{\infty} h(\tau) e^{-j\omega\tau} d\tau \cdot e^{j\omega t} \tag{4.1.1}$$

而上式积分 $\int_{-\infty}^{\infty} h(\tau) e^{-j\omega\tau} d\tau$ 正好是 $h(t)$ 的傅里叶变换，记为 $H(\omega)$，常称为系统的频率响应函数，简称频率响应或频响，则

$$y(t) = H(\omega) e^{j\omega t} \tag{4.1.2}$$

$H(\omega)$ 反映了响应 $y(t)$ 的幅度和相位，代表了系统对信号的处理结果。

2. 一般信号 $x(t)$ 作用于 LTI 系统的响应

同样地，一般信号 $x(t)$ 作用于 LTI 系统时，系统输出响应在时域是该信号与系统响应

函数的卷积。在 LTI 系统的时域分析中信号与系统的关系如图 4 - 1 - 1 所示。

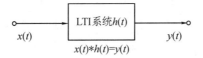

图 4 - 1 - 1　LTI 系统的时域分析

4.1.2　频率响应 $H(\omega)$ 与频域分析法

第 3 章，我们讨论了线性时不变连续系统的时域分析，定义了表征系统本身时域特性的单位冲激响应 $h(t)$。对于输入信号 $x(t)$，系统的零状态响应 $y_{zs}(t)$ 等于输入信号 $x(t)$ 与系统单位冲激响应 $h(t)$ 的卷积，即 $y(t) = x(t) * h(t)$。

如果 $x(t)$ 和 $h(t)$ 的傅里叶变换均存在，则由傅里叶变换的时域卷积定理可得

$$Y(\omega) = X(\omega) \cdot H(\omega) \tag{4.1.3}$$

对于周期信号和非周期信号，频域分析系统零状态响应都是适用的，时域分析和频域分析之间的关系如图 4 - 1 - 2 所示。

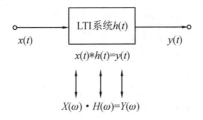

图 4 - 1 - 2　LTI 系统的时域分析与频域分析的关系

因此，频率响应 $H(\omega)$ 定义为系统零状态响应的傅里叶变换 $Y(\omega)$ 与激励 $x(t)$ 的傅里叶变换 $X(\omega)$ 之比，即

$$H(\omega) = \frac{Y(\omega)}{X(\omega)}$$

频率响应 $H(\omega)$ 是一个复数，其极坐标形式为

$$H(\omega) = |H(\omega)| e^{j\varphi(\omega)} = \left|\frac{Y(\omega)}{X(\omega)}\right| e^{j[\varphi_Y(\omega) - \varphi_X(\omega)]} \tag{4.1.4}$$

$|H(\omega)|$ 是 ω 的偶函数，$\varphi(\omega)$ 是 ω 的奇函数。其模 $|H(\omega)|$ 称为振幅响应、幅频响应或幅频特性；其相角 $\varphi(\omega)$ 称为相位响应、相频响应或相频特性，它反映了输入信号序列的频谱经系统后所发生的变化规律。

根据频响曲线分析系统对信号频谱的影响，概念清楚、简单直观。从幅频特性曲线上可直观看到各频率分量的幅度变化情况，从相频特性曲线上可直观看到各频率分量的相移情况。

例 4 - 1 - 1　描述某 LTI 系统的方程为

$$y''(t) + 4y'(t) + 3y(t) = x'(t) + 2x(t)$$

（1）求该系统的冲激响应；

（2）当输入信号 $x(t) = e^{-t}\varepsilon(t)$ 时，求系统的零状态响应 $y(t)$。

解　(1) 在零状态条件下，对方程两端取傅里叶变换，得

$$(j\omega)^2 Y(\omega) + 4(j\omega)Y(\omega) + 3Y(\omega) = (j\omega)X(\omega) + 2X(\omega)$$

整理得
$$[(j\omega)^2 + 4j\omega + 3]Y(\omega) = [j\omega + 2]X(\omega)$$

由上式得

$$H(\omega) = \frac{Y(\omega)}{X(\omega)} = \frac{j\omega + 2}{(j\omega)^2 + 4j\omega + 3} = \frac{0.5}{j\omega + 1} + \frac{0.5}{j\omega + 3}$$

对 $H(\omega)$ 取傅里叶反变换，得

$$h(t) = (0.5e^{-t} + 0.5e^{-3t})\varepsilon(t)$$

此结果与例 3-5-3 结果相同。

(2) 输入信号 $x(t) = e^{-t}\varepsilon(t)$ 的傅里叶变换为

$$X(\omega) = \frac{1}{j\omega + 1}$$

故

$$Y(\omega) = H(\omega)X(\omega) = \left(\frac{0.5}{j\omega + 1} + \frac{0.5}{j\omega + 3}\right)\frac{1}{j\omega + 1}$$

$$= \frac{0.5}{(j\omega + 1)^2} + \frac{0.25}{j\omega + 1} - \frac{0.25}{j\omega + 3}$$

对 $Y(\omega)$ 进行傅里叶反变换，得系统的零状态响应为

$$y(t) = (0.5te^{-t} + 0.25e^{-t} - 0.25e^{-3t})\varepsilon(t)$$

1. 周期信号激励下系统的零状态响应

一般情况，周期信号都是满足狄里赫利条件的。因此，可以将其分解为傅里叶级数。这样，周期信号可以看作一系列谐波分量。

根据叠加定理，周期信号作用于系统产生的响应，等于各谐波分量单独作用于系统产生的响应之和。而各谐波分量单独作用于系统产生的响应可由正弦稳态电路相量法求解。角频率为 ω 的激励相量用 $\dot{F}$ 或 $\dot{X}$ 表示，系统响应相量用 $\dot{Y}$ 表示，这种情况的系统频率响应函数又可用响应相量与激励相量之比来定义，式(4.1.4)可表示为

$$H(\omega) = \frac{Y(\omega)}{X(\omega)} = \frac{\dot{Y}}{\dot{X}} \tag{4.1.5}$$

下面以一个实际例子说明计算的基本过程。

例 4-1-2　图 4-1-3(a)所示方波电压信号作用于图 4-1-3(b)所示的 RL 电路，$R=10\ \Omega$，$L=10\ \text{mH}$，试求电阻 R 上的稳态电压 $u(t)$。

解　首先将方波电压信号展开为傅里叶级数

$$u_s(t) = \left[5 + \frac{20}{\pi}\cos(\omega_1 t) - \frac{20}{3\pi}\cos(3\omega_1 t) + \frac{4}{\pi}\cos(5\omega_1 t) - \cdots\right]\ (\text{V})$$

可见激励源谐波的频率越高，激励源谐波的振幅越小，5 次谐波振幅只有基波的 5%。因此，其他更高次谐波对 $u(t)$ 的结果影响不大，可忽略。

(1) 5 V 直流电压源作用时，由于 $\omega_0 = 0$，在直流稳态条件下，电感相当于短路，所以 $u_0(t) = U_0 = 5\ \text{V}$。

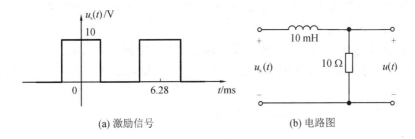

(a) 激励信号　　　　　　　　　　(b) 电路图

图 4 - 1 - 3　RL 电路

（2）基波电压 $(20/\pi)\cos(\omega_1 t)$ 作用时，$\omega_1 = 2\pi/T = 10^3$，为基波角频率。由图 4 - 1 - 3(b) 所示电路可得系统频率响应函数为

$$H(\omega) = \frac{\dot{U}_o}{\dot{U}_s} = \frac{R}{j\omega L + R}$$

电压源 $u_s(t)$ 的各次谐波分量分别为

$$\dot{U}_{s1m} = (20/\pi)\angle 0°, \quad \dot{U}_{s3m} = (20/3\pi)\angle 180°, \quad \dot{U}_{s5m} = (20/5\pi)\angle 0°, \cdots$$

系统频率响应函数在各谐波频率上的值分别为

$$H(\omega_1) = \frac{R}{j\omega_1 L + R} = \frac{10}{j10 + 10}$$

$$H(\omega_3) = \frac{R}{j\omega_3 L + R} = \frac{R}{j3\omega_1 L + R} = \frac{10}{j30 + 10}$$

$$H(\omega_5) = \frac{R}{j\omega_5 L + R} = \frac{R}{j5\omega_1 L + R} = \frac{10}{j50 + 10}$$

电阻电压 $u(t)$ 各次谐波相量分别为

$$\dot{U}_{1m} = \dot{U}_{s1m} \cdot H(\omega_1) = 4.5\angle -45° \text{ V}$$

$$\dot{U}_{3m} = \dot{U}_{s3m} \cdot H(\omega_3) = -0.671\angle -71.6° \text{ V}$$

$$\dot{U}_{5m} = \dot{U}_{s5m} \cdot H(\omega_5) = 0.25\angle -78.7° \text{ V}$$

相应地可以写出电阻电压中各次谐波对应的时间函数分别为

$$u_1(t) = 4.5\cos(10^3 t - 45°)\text{V}$$

$$u_3(t) = -0.671\cos(3 \times 10^3 t - 71.6°)\text{V}$$

$$u_5(t) = 0.25\cos(5 \times 10^3 t - 78.7°)\text{V}$$

最后利用叠加定理得到电阻上的电压表达式：

$$u(t) = 5 + 4.5\cos(10^3 t - 45°) - 0.671\cos(3 \times 10^3 t - 71.6°) +$$
$$0.25\cos(5 \times 10^3 t - 78.7°) + \cdots$$

2. 非周期信号激励下系统的零状态响应

如果 $x(t)$ 和 $h(t)$ 的傅里叶变换均存在，非周期信号通过线性系统的零状态响应可以利用卷积定理计算。由

$$Y(\omega) = X(\omega) \cdot H(\omega)$$

可知，非周期信号通过线性系统的零状态响应 $y(t)$ 的求解步骤为：先求输入信号的傅里叶

变换 $X(\omega)$ 及系统的频响 $H(\omega)$，再将两者相乘得到输出响应的傅里叶变换 $Y(\omega)$，最后经傅里叶反变换得到时域响应 $y(t)$。

下面以实例讨论非周期信号激励下系统的零状态响应频域分析法。

例 4 - 1 - 3 已知某连续系统的 $h(t) = \mathrm{e}^{-t}\varepsilon(t)$，求输入信号 $x(t) = \varepsilon(t)$ 时的零状态响应 $y(t)$。

解 输入信号 $x(t) = \varepsilon(t)$ 的傅里叶变换为

$$X(\omega) = \pi\delta(\omega) + \frac{1}{\mathrm{j}\omega}$$

$h(t) = \mathrm{e}^{-t}\varepsilon(t)$ 的傅里叶变换为

$$H(\omega) = \frac{1}{\mathrm{j}\omega + 1}$$

零状态响应 $y(t)$ 的傅里叶变换为

$$
\begin{aligned}
Y(\omega) &= X(\omega) \cdot H(\omega) \\
&= \left[\pi\delta(\omega) + \frac{1}{\mathrm{j}\omega}\right] \cdot \frac{1}{\mathrm{j}\omega + 1} \\
&= \pi\delta(\omega) + \frac{1}{\mathrm{j}\omega} - \frac{1}{\mathrm{j}\omega + 1}
\end{aligned}
$$

对 $Y(\omega)$ 进行傅里叶反变换得到系统的零状态响应：

$$y(t) = \mathcal{F}^{-1}\left[\pi\delta(\omega) + \frac{1}{\mathrm{j}\omega} - \frac{1}{\mathrm{j}\omega + 1}\right] = (1 - \mathrm{e}^{-t})\varepsilon(t)$$

4.1.3 无失真传输

无失真传输是指线性系统输出响应 $y(t)$ 的波形与激励 $x(t)$ 的波形形状完全相同，只有幅度的大小和出现时间的先后不同，如图 4 - 1 - 4 所示，用公式表示为

$$y(t) = Kx(t - t_0) \tag{4.1.6}$$

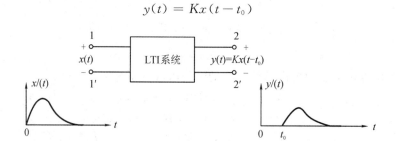

图 4 - 1 - 4 时域无失真传输

对上述公式取傅里叶变换，并利用时移特性，可得其频谱关系为

$$Y(\omega) = KX(\omega)\mathrm{e}^{-\mathrm{j}\omega t_0} = H(\omega)X(\omega)$$

所以无失真传输系统的系统函数为：$H(\omega) = K\mathrm{e}^{-\mathrm{j}\omega t_0}$，即频域无失真传输条件为

$$\begin{cases} |H(\mathrm{j}\omega)| = K \\ \varphi(\omega) = -\omega t_0 \end{cases} \tag{4.1.7}$$

系统要实现无失真传输，对系统 $H(\omega)$ 的要求如下：

(1) 幅度是与频率无关的常数 K，系统的通频带为无限宽。

（2）相频特性与 $\varphi(\omega)$ 成正比，其曲线是一条过原点的负斜率直线，如图 4 - 1 - 5 所示。

（3）不失真的线性系统其冲激响应也是冲激函数，即 $h(t) = K\delta(t - t_0)$。

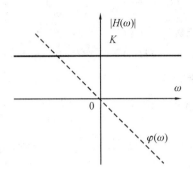

图 4 - 1 - 5　频域无失真传输

上述是信号无失真传输的理想条件。当传输有限带宽的信号时，只要在信号占有频带范围内，系统的幅频、相频特性满足以上条件即可。

$H(\omega)$ 是一个加权函数，对各频率分量进行加权：信号的幅度由 $|H(\omega)|$ 加权，信号的相位由 $\varphi(\omega)$ 修正。

失真是指输出波形相对输入波形的样子已经发生畸变，改变了原有波形的形状。通常失真又分为两大类：一类是线性失真，另一类为非线性失真。

线性系统引起的信号失真有两种：

（1）幅度失真：各频率分量幅度产生不同程度的衰减；

（2）相位失真：各频率分量产生的相移不与频率成正比，使响应的各频率分量在时间轴上的相对位置产生变化，但不产生新的频率成分。

非线性系统产生的非线性失真是指信号产生了新的频率成分。

4.1.4　理想低通滤波器

滤波是指一个系统对于不同频率成分的正弦信号进行选择，有的频率分量可以通过，有的频率分量予以抑制。

1. 理想低通滤波器的频率响应

无失真传输要求传输信号时尽量不失真，而滤波则滤去或削弱不需要有的成分，必然伴随着失真。理想滤波器是指让允许通过的频率成分顺利通过，而不允许通过的频率成分则完全被抑制掉。具有图 4 - 1 - 6 所示幅频、相频特性的系统称为理想低通滤波器，ω_c 称为截止角频率，即在全部频带范围内，幅频特性 $|H(\omega)|$ 应为一常数，相频特性 $\varphi(\omega)$ 曲线应为一过原点的直线，斜率为 $-t_d$。

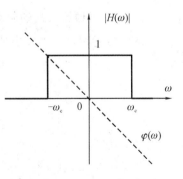

图 4 - 1 - 6　理想低通滤波器

理想低通滤波器对低于 ω_c 的频率成分无失真地传输，而对高于 ω_c 的频率成分完全抑制。使信号通过的频率范围 $[-\omega_c \quad \omega_c]$ 称为通带，阻止信号通过的频率范围称为阻带。

理想低通滤波器的频率响应可写为

$$H(\omega) = \begin{cases} e^{-j\omega_c t_d} & |\omega| < \omega_c \\ 0 & |\omega| > \omega_c \end{cases} \tag{4.1.8}$$

它可以看作宽度为 $2\omega_c$ 的门函数 $g(\omega)$：

$$H(\omega) = e^{-j\omega_c t_d} g(\omega) \tag{4.1.9}$$

2. 理想低通滤波器的冲激响应

由于冲激响应 $h(t)$ 是频域响应函数 $H(\omega)$ 的傅里叶反变换，因而可得理想滤波器的冲激响应为

$$h(t) = \mathcal{F}^{-1}[H(\omega)] = \mathcal{F}^{-1}[e^{-j\omega_c t_d} g(\omega)]$$

根据傅里叶反变换得

$$h(t) = \frac{\omega_c}{\pi} \text{Sa}[\omega_c(t - t_d)] \tag{4.1.10}$$

理想滤波器的冲激响应如图 4-1-7 所示。

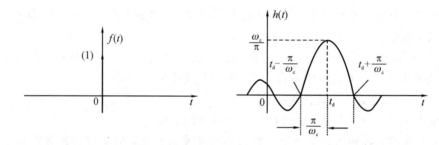

图 4-1-7　理想低通滤波器的冲激响应

由图 4-1-7 可以看出，与激励信号波形对照，理想低通滤波器的冲激响应波形的峰值出现时刻比输入延迟了 t_d，同时可看出冲激响应 $h(t)$ 在 $t = 0$ 之前就出现了，这在物理上是不满足因果关系的，因为输入信号 $\delta(t)$ 是在 $t = 0$ 时刻才加入的，因而理想低通滤波器实际上是无法实现的。

式(4.1.10)是一个非因果函数，可见理想低通滤波器实际上是不可实现的非因果系统。

3. 理想低通滤波器的阶跃响应

从时域卷积可以推导出理想滤波器的阶跃响应：

$$g(t) = h(t) * \varepsilon(t) = \int_{-\infty}^{t} h(\tau) d\tau$$
$$= \int_{-\infty}^{t} \frac{\omega_c}{\pi} \frac{\sin[\omega_c(\tau - t_d)]}{\omega_c(\tau - t_d)} d\tau \tag{4.1.11}$$

经推导，可得

$$g(t) = \frac{1}{2} + \frac{1}{\pi} \int_0^{\omega_c(t-t_d)} \frac{\sin x}{x} dx = \frac{1}{2} + \frac{1}{\pi} \text{Si}[\omega_c(t - t_d)] \tag{4.1.12}$$

式中，$\text{Si}(y) = \int_0^y \frac{\sin x}{x} dx$，称为正弦积分，即 $\frac{\sin x}{x}$ 在区间 $(0, y)$ 的定积分，如图 4-1-8 所示。

Si(y) 函数具有以下特点：

（1）Si(y) 是奇函数。

（2）响应的最大峰值点在 $y=\pi$ 处，Si(y) $|_{y=\pi} = 1.8514$。

（3）最小值峰值点在 $y=-\pi$ 处。

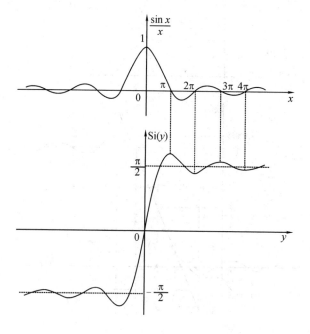

图 4 - 1 - 8　Si(y) 函数特点

Si(y) 函数与直流信号 1/2 叠加后形成理想低通滤波器的阶跃响应 $g(t)$，如图 4 - 1 - 9 所示，可见 $g(t)$ 波形具有以下特点：

（1）波形有明显失真，理想低通滤波器的阶跃响应 $g(t)$ 不像阶跃信号 $\varepsilon(t)$ 那样陡直上升，而且在 $-\infty<t<0$ 区域就已经出现振荡，这是采用理想化频率响应所致。

阶跃信号通过理想低通滤波器后，阶跃响应波形在其断点的前后出现了振荡，这种振荡称为吉布斯波纹，波纹的振荡频率为滤波器的截止角频率 ω_c。

在振荡的上升沿和下降沿有一个峰值，上升沿之前的负向峰值（预冲）和上升沿之后的正向峰值（过冲）的幅度均为稳定值的 8.95%，这是由频率截断效应引起的振荡：由于理想低通滤波器的通带在 $\omega=\pm\omega_c$ 处突然被截断，从而在时域中引起起伏振荡，一直延伸到 $t\to\pm\infty$；只要系统截止频率不是无穷大，即只要 $\omega_c<\infty$，则必有振荡，这种现象称为吉布斯现象。

（2）最大幅度值、最小幅度值。

最大幅度值位置：$t_d + \dfrac{\pi}{\omega_c}$，最大幅度值：

$$g(t)\,|_{\max} = \frac{1}{2} + \frac{1.8514}{\pi} \approx 1.0895 \tag{4.1.13}$$

最小幅度值位置：$t_d - \dfrac{\pi}{\omega_c}$，最小幅度值：$-0.0895$。

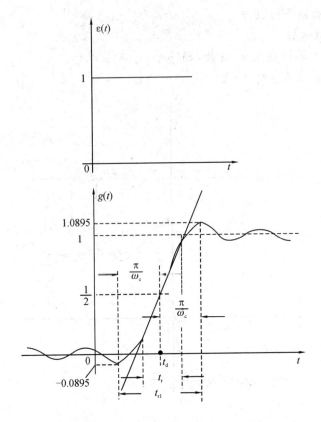

图 4 - 1 - 9　理想低通滤波器的阶跃响应

（3）图 4 - 1 - 9 中 t_r 为上升时间，其定义为

$$t_r = 2 \cdot \frac{\pi}{\omega_c} = \frac{1}{B} \qquad (4.1.14)$$

很显然上升时间 t_r 与通带宽度 B 成反比：理想滤波器的截止角频率 ω_c 越大（B 越宽），上升时间 t_r 越小，波形越陡，反之亦然。

上升时间 t_r 与通带宽度 B 的乘积为 1，即 $t_r \cdot B = 1$。

（4）波形中的最大幅度值与理想滤波器的通带宽度没有任何关系，这说明通带宽度只影响上升时间却无法改变响应的最大幅度值。

虽然理想低通滤波器是物理不可实现的非因果系统，但是在实际中设计一个传输特性接近于理想低通滤波器电路却并不难。

实际上，在频域中滤波器的通带和阻带之间应留有一定的过渡带，这样，一方面可以减弱时域中的起伏振荡现象，另一方面也使得滤波器在物理上能够实现。

4. 物理可实现系统的条件

LTI 系统是否为物理可实现，时域与频域都有判断准则。就时域特性而言，一个物理上可实现的系统，其冲激响应在 $t < 0$ 时必须为 0，即

$$h(t) = 0 \qquad t < 0 \qquad (4.1.15)$$

也就是说响应不应在激励作用之前出现。

就频域特性而言，系统的幅频特性 $|H(\omega)|$ 应满足平方可积，即

$$\int_{-\infty}^{\infty} |H(\omega)|^2 \mathrm{d}\omega < \infty \tag{4.1.16}$$

且满足

$$\int_{-\infty}^{\infty} \frac{|\ln|H(\omega)||}{1+\omega^2} \mathrm{d}\omega < \infty \tag{4.1.17}$$

上述两个条件称为"佩利（Paley）-维纳（Wiener）"准则。从该准则归纳得到的结论为，对于物理可实现系统，其幅频特性可在某些孤立频率点上为 0，但不能在某个有限频带内为 0。这是因为在 $|H(\omega)| = 0$ 的频带内，$\ln|H(\omega)| \to \infty$，不满足该准则的幅频特性，其相应的系统都是非因果的，响应将会在激励作用之前出现。

另外，对于线性时不变系统，根据"佩利-维纳"准则，不允许以指数速率或比指数速率更快的衰减频响。这是因为，如果 $|H(\omega)|$ 为指数阶函数或比指数阶函数衰减得更快，则式（4.1.16）将为无限大，这种幅频特性的滤波器在物理上也是不可实现的。

4.1.5　连续系统频域分析的方法

连续系统频域分析中，求出频率响应函数即可得到系统的响应。频率响应 $H(\omega)$ 一般有以下求法：

（1）直接对冲激响应进行傅里叶变换，$H(\omega) = \mathcal{F}[h(t)]$。

（2）由输入信号、输出响应求出转移函数，$H(\omega) = Y(\omega)/X(\omega)$，具体方法为

・由微分方程求响应，对微分方程两边取傅里叶变换。

・由电路直接求出响应。

例 4-1-4　某系统的微分方程为 $y'(t) + 2y(t) = f(t)$，求 $f(t) = \mathrm{e}^{-t}\varepsilon(t)$ 时的响应 $y(t)$。

解　微分方程两边取傅里叶变换，得

$$\mathrm{j}\omega Y(\omega) + 2Y(\omega) = F(\omega)$$

则

$$H(\omega) = \frac{Y(\omega)}{F(\omega)} = \frac{1}{\mathrm{j}\omega + 2}$$

由于 $f(t) = \mathrm{e}^{-t}\varepsilon(t) \longleftrightarrow F(\omega) = \dfrac{1}{\mathrm{j}\omega + 1}$，故有

$$Y(\omega) = H(\omega)F(\omega)$$
$$= \frac{1}{(\mathrm{j}\omega + 1)(\mathrm{j}\omega + 2)}$$
$$= \frac{1}{\mathrm{j}\omega + 1} - \frac{1}{\mathrm{j}\omega + 2}$$

对 $Y(\omega)$ 取傅里叶反变换得

$$y(t) = (\mathrm{e}^{-t} - \mathrm{e}^{-2t})\varepsilon(t)$$

例 4-1-5　如图 4-1-10 所示，一个电阻和一个电容组成的最简单、最基本的 RC 低通滤波电路，$R = 1\ \mathrm{M}\Omega$，$C = 1\ \mu\mathrm{F}$，若激励电压为单位阶跃函数 $\varepsilon(t)$，以 $u_C(t)$ 为输出，求其响应 $y(t)$。

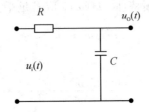

图 4 - 1 - 10　简单的低通滤波电路

解　系统输入电压 $u_i(t)$ 是交流激励信号 $u_s(t) = \varepsilon(t)$，信号从电容两端输出，所以输出电压 $u_o(t) = u_C(t)$，电路时域模型如图 4 - 1 - 11 所示，电路频域模型如图 4 - 1 - 12 所示。

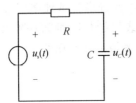
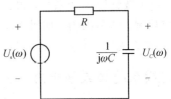

图 4 - 1 - 11　RC 低通滤波器电路的时域模型　　　图 4 - 1 - 12　RC 低通滤波器电路频域模型

(1) 输出电压 $u_o(t) = u_C(t)$，即为阻抗与容抗的分压，则该系统的转移函数 $H(\omega)$ 为

$$H(\omega) = \frac{U_C(\omega)}{U_s(\omega)} = \frac{\dfrac{1}{j\omega C}}{R + \dfrac{1}{j\omega C}} = \frac{\dfrac{1}{RC}}{j\omega + \dfrac{1}{RC}} = \frac{a}{a + j\omega} \qquad (4.1.18)$$

式中：$a = \dfrac{1}{RC}$。

(2) 由于 $u_s(t) = \varepsilon(t) \longleftrightarrow \pi\delta(\omega) + \dfrac{1}{j\omega}$，则输出响应的频谱函数为

$$U_C(\omega) = Y(\omega) = H(\omega)U_s(\omega)$$

$$= \frac{a}{a + j\omega}\left[\pi\delta(\omega) + \frac{1}{j\omega}\right]$$

$$= \frac{a}{a + j\omega}\pi\delta(\omega) + \frac{a}{a + j\omega} \cdot \frac{1}{j\omega}$$

由于 $\delta(\omega)$ 的取样性质，把上式第 2 项展开，得

$$U_C(\omega) = \pi\delta(\omega) + \frac{1}{j\omega} - \frac{1}{a + j\omega}$$

则　　　　　　$$y(t) = u_C(t) = \mathcal{F}^{-1}\left[U_C(\omega)\right] = (1 - e^{-at})\varepsilon(t)$$

(3) 输出电压 u_o 与输入电压 u_i 的电压比(即幅度增益 gam)为

$$\text{gam} = \frac{u_o}{u_i}$$

由于系统输入电压 $u_i(t)$ 就是交流激励信号 $u_s(t)$，输出电压 $u_o(t) = u_C(t)$，根据式 (4.1.18)，有

$$\text{gam} = \frac{1}{1 + j\omega RC}$$

式中，$\omega=2\pi f$，u_i 是频率为 f 的正弦波输入电压。电阻 $R=1$ MΩ，电容 $C=1$ μF，$RC=1$。若要画出这个滤波器振幅与频率的关系图，在 MATLAB 中，幅度使用 semilogy() 命令绘制对数标度幅度响应；相位的取值范围小，可以使用线性标度，用 semilogx() 来画相位响应图。程序代码如下：

```
R=1000000;C=1.0E-6;%10 k ohms,1 μF
f=1:100;w=2*pi*f;
res=1./(1+j*w*R*C);
gam=abs(res);
phase=angle(res);
subplot(2,1,1);
semilogy(f,gam);title('幅频特性');
xlabel('(Hz)');ylabel('幅度(dB)');grid on;
subplot(2,1,2);
semilogx(f,phase);
title('相频特性');
xlabel('(Hz)');ylabel('相位(rad)');grid on;
```

程序运行后得到的结果如图 4-1-13 所示，可见在低频部分增益较大，高频部分电压衰减的多。

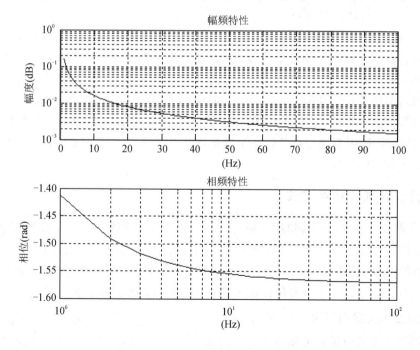

图 4-1-13　低通滤波电路的频率响应

傅里叶变换法从频谱的观点说明激励与响应波形的差异，系统可看作一个信号处理器，系统对信号的加权作用改变了信号的频谱，物理概念清楚。但是用傅里叶变换法求解过程较烦琐，不如拉普拉斯变换简单、容易。

4.2　拉普拉斯变换

4.2.1　拉普拉斯变换的产生和发展

傅里叶变换法在信号分析和处理等方面是十分方便和有效的，如分析谐波成分、系统的频率响应、波形失真、采样、滤波等，傅里叶变换是一种非常重要的变换方法。在应用这一方法时，信号 $x(t)$ 必须满足狄里赫利条件，但在工程实际中存在一定的局限性：

（1）实际工程中会遇到许多信号，例如阶跃信号 $\varepsilon(t)$、斜坡信号 $t\varepsilon(t)$、单边正弦信号 $\sin(t) \cdot \varepsilon(t)$ 等，它们并不满足绝对可积条件，从而不能直接从定义式导出它们的傅里叶变换。虽然通过求极限的方法可以求得它们的傅里叶变换，但其变换式中常常含有冲激函数，计算较为麻烦。

（2）有些信号根本不存在傅里叶变换，如单边指数信号：$e^{\alpha t}\varepsilon(t)(\alpha > 0)$，因此傅里叶变换的运用便受到一定的限制。

（3）求傅里叶反变换时，要求 $(-\infty, \infty)$ 上的广义积分，这有时也是很困难的。

（4）尤其要指出的是傅里叶变换法只能求零状态响应，不能求零输入响应。这对具有初始状态的系统，确定其响应也是十分不便的。

如果信号不满足狄里赫利条件就不能使用傅里叶变换。为了克服傅里叶变换的局限性，有必要寻求更有效而简便的方法。

19 世纪末，英国工程师亥维赛（O. Heaviside，1850—1925）提出了算子法，很好地解决了电力工程计算中遇到的一些基本问题，但缺乏严密的数学论证。后来，法国数学家拉普拉斯（P. S. Laplace，1749—1827）在著作中对这种方法给予了严密的数学定义，于是这种方法便被取名为拉普拉斯变换（Laplace Transform，LT）。

拉普拉斯变换可看作是傅里叶变换的推广，与傅里叶变换的许多重要特性也非常相似。拉普拉斯变换用于系统分析的独立变量是复频率 s，所以常常把系统的拉普拉斯分析称为复频域分析或 s 域分析。

4.2.2　拉普拉斯变换的定义

在 LTI 系统分析中，拉普拉斯变换是一种非常重要的变换方法。与求解微分方程法相比，用拉普拉斯变换法求解电路在某些情况下较为方便。这是由于变换域电路方程为代数方程，电路的初始条件按附加电源处理，不需要专门求解 0_+ 时刻的初始值，而且全响应可一次求得，不必按强迫响应和固有响应或零输入响应和零状态响应求解。

1. 拉普拉斯变换的定义

根据傅里叶变换的定义可知

$$\begin{cases} X(\Omega) = \displaystyle\int_{-\infty}^{\infty} x(t) e^{-j\Omega t} \, dt = \mathcal{F}[x(t)] \\ x(t) = \dfrac{1}{2\pi} \displaystyle\int_{-\infty}^{\infty} X(\Omega) e^{j\Omega t} \, d\Omega = \mathcal{F}^{-1}[x(\Omega)] \end{cases} \tag{4.2.1}$$

傅里叶变换不存在的原因是，当 $t \to \infty$ 时，一些类型的函数 $x(t)$ 的幅度不衰减，即 $x(t)$ 不收敛。如果信号 $x(t)$ 乘以实指数函数 $e^{-\sigma t}$（即衰减因子），再对其取傅里叶变换，并令 $s = \sigma + j\Omega$，有

$$X(s) = \int_{-\infty}^{\infty} x(t) e^{-(\sigma + j\Omega)t} dt = \int_{-\infty}^{\infty} x(t) e^{-st} dt = \mathcal{L}[x(t)] \qquad (4.2.2)$$

根据式（4.2.1），则有

$$x(t) = \frac{1}{2\pi} \int_{-\infty}^{\infty} X(s) e^{j\Omega t} e^{\sigma t} d\Omega = \frac{1}{2\pi} \int_{-\infty}^{\infty} X(s) e^{st} d\Omega$$

当 σ 保持不变时，则 $ds = jd\Omega$，于是有

$$x(t) = \frac{1}{2\pi} \int_{-\infty}^{\infty} X(s) e^{st} d\Omega$$
$$= \frac{1}{2\pi j} \int_{\sigma - j\Omega}^{\sigma + j\Omega} X(s) e^{st} ds$$
$$= \mathcal{L}^{-1}[X(s)] \qquad (4.2.3)$$

式中，σ 为一常数，式（4.2.3）可认为是把信号 $x(t)$ 分解为复指数函数 e^{st}，它与式（4.2.2）构成了一组新的变换对，称为双边拉普拉斯（Laplace）变换对。

对信号 $x(t)$ 取拉普拉斯变换常常写作 $X(s) = \mathcal{L}[x(t)]$，对 $x(t)$ 取逆变换（也称反变换）写作 $x(t) = \mathcal{L}^{-1}[X(s)]$。

在连续时间系统分析中，往往分析开关动作后系统的响应，不失一般性，设开关在 $t = 0$ 时刻动作，由此得出单边拉普拉斯变换对：

$$\begin{cases} X(s) = \int_{0_-}^{\infty} x(t) e^{-st} dt = \mathcal{L}[x(t)] \\ x(t) = \frac{1}{2\pi j} \int_{\sigma - j\Omega}^{\sigma + j\Omega} X(s) e^{st} ds = \mathcal{L}^{-1}[X(s)] \end{cases} \qquad (4.2.4)$$

式中，积分的下限取为 $t = 0$，因而 $X(s)$ 与 $t \leqslant 0$ 的 $x(t)$ 无关。例如，e^{-st} 与 $e^{-st}\varepsilon(t)$ 具有相同的变换结果。此外，积分下限取为 $t = 0$ 主要是为了能够计入信号在 $t = 0$ 处的冲激分量，故而在电路和系统分析中，不必专门求解 $t = 0$ 时刻的初始值。

2. 拉普拉斯变换的特点

由于 $\int_{0}^{\infty} f(t) e^{-st} dt$ 是一个定积分，t 将在新函数中消失。因此，$X(s)$ 只取决于 s，它是复频率 s 的函数。拉普拉斯变换将原来的实变量函数 $x(t)$ 转化为复变量函数。

拉普拉斯变换是一种单值变换。$x(t)$ 和 $X(s)$ 之间具有一一对应的关系。

通常称 $x(t)$ 为 $X(s)$ 的原函数，$X(s)$ 为 $x(t)$ 的象函数。

单边拉普拉斯变换与双边拉普拉斯变换的收敛域不同，双边拉普拉斯变换要和收敛域一起，才能和原函数一一对应。如果不特别强调，后文讨论的都是单边拉普拉斯变换。单边拉普拉斯变换下限为 0_-，这样就考虑到了 0 时刻可能发生冲激。为书写方便，本书中单边拉普拉斯变换下限"0"均指"0_-"

注意：对于因果信号，单边拉普拉斯变换与双边拉普拉斯变换相同。

3. 收敛域的特点

双边拉普拉斯变换只有在式(4.2.2)存在时才成立，使该式存在的所有 s 值的集合称为拉普拉斯变换 $X(s)$ 的收敛域(Region of Converge，ROC)。

只有选择适当的 σ 值才能使得式(4.2.2)的积分收敛，信号 $x(t)$ 的双边拉普拉斯变换存在。收敛域实际上就是使得信号 $x(t)$ 的拉普拉斯变换 $X(s)$ 存在的 σ 取值范围。下面举例说明 $X(s)$ 收敛域的问题。

例 4-2-1　求下列信号的双边拉普拉斯变换。

(1) 因果信号：$x_1(t) = e^{\alpha t}\varepsilon(t)$, 　$\alpha > 0$；

(2) 反因果信号：$x_2(t) = e^{\beta t}\varepsilon(-t)$, 　$\beta > 0$；

(3) 双边信号：$x_3(t) = x_1(t) + x_2(t) = \begin{cases} e^{\alpha t}\varepsilon(t) & t > 0 \\ e^{\beta t}\varepsilon(t) & t < 0 \end{cases}$

解　(1) 将 $x_1(t)$ 代入到式(4.2.2)，有

$$X_1(s) = \int_{-\infty}^{\infty} e^{\alpha t}\varepsilon(t) e^{-st}\,dt = \int_0^{\infty} e^{\alpha t}e^{-st}\,dt$$

$$= \frac{e^{-(s-a)t}}{-(s-\alpha)}\Big|_0^{\infty} = \frac{1}{(s-\alpha)}[1 - \lim_{t\to\infty} e^{-(\sigma-a)t}e^{-j\Omega t}]$$

$$= \begin{cases} \dfrac{1}{(s-\alpha)} & \sigma > \alpha \\ \text{不定} & \sigma = \alpha \\ \text{无界} & \sigma < \alpha \end{cases}$$

对于因果信号，仅当 $\mathrm{Re}[s] = \sigma > \alpha$ 时，其双边拉普拉斯变换存在，其收敛域如图 4-2-1(a)所示。

(2) 将 $x_2(t)$ 代入到式(4.2.2)，有

$$X_2(s) = \int_{-\infty}^{\infty} e^{\beta t}\varepsilon(-t) e^{-st}\,dt = \int_{-\beta}^{0} e^{\beta t}e^{-st}\,dt$$

$$= \frac{e^{-(s-\beta)t}}{-(s-\beta)}\Big|_{-\beta}^0 = -\frac{1}{(s-\beta)}[1 - \lim_{t\to-\infty} e^{-(\sigma-\beta)t}e^{-j\Omega t}]$$

$$= \begin{cases} \text{无界} & \sigma > \beta \\ \text{不定} & \sigma = \beta \\ -\dfrac{1}{(s-\beta)} & \sigma < \beta \end{cases}$$

对于反因果信号，仅当 $\mathrm{Re}[s]=\sigma<\beta$ 时，其双边拉普拉斯变换存在，其收敛域如图 4-2-1(b)所示。

(3) $X_3(s)$ 的双边拉普拉斯变换为 $X_1(s) + X_2(s)$，则当 $\beta > \alpha$ 时，其收敛域为 $\alpha < \mathrm{Re}[s] < \beta$ 的一个带状区域，如图 4-2-1(c)所示。当 $\beta \leqslant \alpha$ 时，$X_1(s)$ 和 $X_2(s)$ 没有共同的收敛域，因而 $X_3(s)$ 不存在。

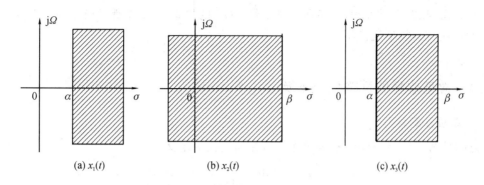

图 4-2-1　双边拉普拉斯变换的收敛域

收敛域的特点如下：

(1) 收敛域为条状，平行于 $j\Omega$ 轴；

(2) 收敛域不包含拉普拉斯变换有理式的极点；

(3) $x(t)$ 为有限区间的函数，而且 s 平面中至少有一点使拉普拉斯变换收敛，则收敛域为全平面；

(4) $x(t)$ 为右边函数，收敛域在 σ 的右边；

(5) $x(t)$ 为左边函数，收敛域在 σ 的左边；

(6) $x(t)$ 为双边信号，收敛域为条状。

利用拉普拉斯变换可以将系统在时域内的微分与积分的运算转换为乘法与除法的运算，将微分积分方程转换为代数方程，从而使计算量大大减小。利用拉普拉斯变换还可以将时域中两个信号的卷积运算转换为 s 域中的乘法运算。在此基础上，人们建立了线性时不变电路 s 域分析的运算法，为线性系统的分析提供了便利，同时还引出了系统函数的概念。

4.2.3　单边拉普拉斯变换

由于实际中双边拉普拉斯变换使用较少，以下介绍单边拉普拉斯变换，并限于对因果系统的分析。在解决实际问题中，人们使用物理手段或者实验方法获得的信号都是有起始时间的，即 $t < 0$ 时，$x(t) = 0$。考虑到信号 $x(t)$ 在 $t = 0$ 时刻可能包含冲激函数及其导数项等奇异函数，将单边拉普拉斯变换积分的下限取为 0_-，则式(4.2.2)改写为

$$X(s) = \int_{0_-}^{\infty} x(t)\mathrm{e}^{-(\sigma+j\Omega)t}\,\mathrm{d}t = \int_{0_-}^{\infty} x(t)\mathrm{e}^{-st}\,\mathrm{d}t = \mathcal{L}\big[x(t)\big] \qquad (4.2.5)$$

式(4.2.5)即为单边拉普拉斯变换的定义式，其中 $X(s)$ 称为 $x(t)$ 的象函数，$x(t)$ 称为 $X(s)$ 的原函数。

单边拉普拉斯变换的逆变换为

$$x(t) = \frac{1}{2\pi j}\int_{\sigma-j\infty}^{\sigma+j\infty} X(s)\mathrm{e}^{st}\,\mathrm{d}s = \mathcal{L}^{-1}\big[X(s)\big] \quad t \geqslant 0 \qquad (4.2.6)$$

因为 $x(t)$ 是因果信号，其收敛域一定是 $\mathrm{Re}[s] = \sigma > \alpha$。通常 $x(t)$ 与 $X(s)$ 的对应关系可以简记为 $x(t) \xleftrightarrow{\mathcal{L}} X(s)$，或

$$\begin{cases} x(t) = \mathcal{L}^{-1}\big[X(s)\big] \\ X(s) = \mathcal{L}\big[x(t)\big] \end{cases} \qquad (4.2.7)$$

如果式(4.2.5)中的积分存在，则信号 $x(t)$ 的单边拉普拉斯变换存在。否则，信号 $x(t)$ 的单边拉普拉斯变换不存在。

4.2.4　常见信号的拉普拉斯变换

1. 单位阶跃信号

已知信号 $x(t) = \varepsilon(t)$，根据单边拉普拉斯变换的定义：

$$X(s) = \int_{0_-}^{\infty} \varepsilon(t) e^{-st} dt = \int_{0_-}^{\infty} e^{-st} dt = -\frac{1}{s} e^{-st} \Big|_{0_-}^{\infty}$$

当 s 的实部 $\sigma > 0$ 时，$e^{-st}|_{t=\infty} = 0$，故 $X(s) = \frac{1}{s}$。

在 MATLAB 中可用 laplace() 函数求解拉普拉斯变换，用法如下：

(1) X= laplace(x)：计算符号表达式"x"的拉普拉斯变换，"x"是变量"t"的函数，返回的值"X"是以"s"作为变量的函数。

(2) X= laplace(x,t,s)：指定"x"是变量"t"的函数，"X"是变量"s"的函数，计算"x"的拉普拉斯变换。

例如，单位阶跃信号的拉普拉斯变换程序如下：

```
>>syms u t y x;;
>>x=heaviside(t);
>>Xs=laplace(x)
```

程序运行得

```
Xs=1/s
```

即单位阶跃信号的拉普拉斯变换为 $\frac{1}{s}$。

$\varepsilon(t)$ 与 $1/s$ 在 $\sigma > 0$ 时为一组变换对，可记作

$$\varepsilon(t) \overset{\mathscr{L}}{\longleftrightarrow} \frac{1}{s} \tag{4.2.8}$$

由于单边拉普拉斯变换与信号 $x(t)$ 在 $t \leqslant 0_-$ 部分的波形无关，因而常数 1 和阶跃信号具有相同的变换，即

$$1 \overset{\mathscr{L}}{\longleftrightarrow} \frac{1}{s} \tag{4.2.9}$$

2. 冲激函数

例 4 - 2 - 2　求 $x(t) = \delta(t)$ 的拉普拉斯变换。

解　程序如下：

```
>>syms t;
>>x=dirac(t);
>>Xs=laplace(x)
```

结果为

```
Xs=1
>>laplace(diff(x))
ans=s
>>ilaplace(s)
ans=dirac(t,1)
```

在 MATLAB 中 $\delta'(t)$ 用 dirac(t，1)表示，可见

$$\delta(t) \xleftrightarrow{\mathcal{L}} 1, \delta'(t) \xleftrightarrow{\mathcal{L}} s \qquad (4.2.10)$$

3. 指数函数

例 4 - 2 - 3 求 $x(t) = \mathrm{e}^{-at}$ 的拉普拉斯变换，其中 a 为任一实数或复数。

解 程序如下：

```
>>syms t a;
>>x=exp(-a*t);
>>Xs=laplace(x)
```

结果为

```
Xs=1/(a+s)
```

即

$$\mathrm{e}^{-at} \xleftrightarrow{\mathcal{L}} \frac{1}{s+a} \qquad (4.2.11)$$

同理有

$$\mathrm{e}^{at} \xleftrightarrow{\mathcal{L}} \frac{1}{s-a} \qquad (4.2.12)$$

4. 斜坡函数

斜坡函数 $x(t) = t\varepsilon(t)$，其拉普拉斯变换为

$$\begin{aligned}
\mathcal{L}\left[t\varepsilon(t)\right] &= \int_0^\infty t\mathrm{e}^{-st}\,\mathrm{d}t \\
&= -\left.\frac{t\mathrm{e}^{-st}}{s}\right|_0^\infty + \int_0^\infty \frac{\mathrm{e}^{-st}}{s}\,\mathrm{d}t \\
&= \frac{1}{s^2}
\end{aligned}$$

即

$$x(t) = t\varepsilon(t) \xleftrightarrow{\mathcal{L}} \frac{1}{s^2} \qquad (4.2.13)$$

斜坡函数的拉普拉斯变换实现程序如下：

```
>>syms t a;
>>x=t.*heaviside(t);
>>X=laplace(x)
```

结果为

```
X=1/s^2
```

5. 正弦信号、余弦信号

正弦信号 $x(t) = \sin(\omega_0 t)$，其拉普拉斯变换的程序如下：

```
>>syms t w;
>>x=sin(w. * t);
>>X=laplace(x)
```

结果为

```
X=w/(s^2+w^2)
```

即

$$\sin(\omega_0 t) \xleftrightarrow{\mathcal{L}} \frac{\omega_0}{s^2 + \omega_0^2} \qquad (4.2.14)$$

余弦信号 $x(t) = \cos(\omega_0 t)$，其拉普拉斯变换的程序如下：

```
>>syms t w;
>>x=cos(w. * t);
>>X=laplace(x)
```

结果为

```
X=s/(s^2+w^2)
```

即

$$x(t) = \cos(\omega_0 t) \xleftrightarrow{\mathcal{L}} \frac{s}{s^2 + \omega_0^2} \qquad (4.2.15)$$

4.3　拉普拉斯变换的性质

与傅里叶变换类似，拉普拉斯变换具有以下一些基本性质，利用这些性质可以求解其他一些信号的变换。拉普拉斯变换的基本性质还可参阅附表 4。

4.3.1　线性性质

设 $x_1(t)$ 和 $x_2(t)$ 的拉普拉斯变换分别为 $X_1(s)$ 和 $X_2(s)$，即

$$x_1(t) \xleftrightarrow{\mathcal{L}} X_1(s), \, x_2(t) \xleftrightarrow{\mathcal{L}} X_2(s)$$

则有

$$a_1 x_1(t) + a_2 x_2(t) \xleftrightarrow{\mathcal{L}} a_1 X_1(s) + a_2 X_2(s) \qquad (4.3.1)$$

a_1 和 a_2 是任意常数。与傅里叶变换的线性性质一样，拉普拉斯变换也包含齐次性与叠加性。

证明：

$$
\begin{aligned}
\mathcal{L}[a_1 x_1(t) + a_2 x_2(t)] &= \int_{0_-}^{\infty} [a_1 x_1(t) + a_2 x_2(t)] \mathrm{e}^{-st} \, \mathrm{d}t \\
&= \int_{0_-}^{\infty} a_1 x_1(t) \mathrm{e}^{-st} \, \mathrm{d}t + \int_{0_-}^{\infty} a_2 x_2(t) \mathrm{e}^{-st} \, \mathrm{d}t \\
&= a_1 X_1(s) + a_2 X_2(s)
\end{aligned}
$$

例 4 - 3 - 1　应用线性性质求 $x(t) = \sin(\omega t)$ 的拉普拉斯变换。

解　由于 $\mathrm{e}^{-at} \xleftrightarrow{\ \mathcal{L}\ } \dfrac{1}{a+s}$，$\sin(\omega t) = \dfrac{1}{2\mathrm{j}}(\mathrm{e}^{\mathrm{j}\omega t} - \mathrm{e}^{-\mathrm{j}\omega t})$，根据欧拉公式，并利用拉普拉斯的

线性性质，得正弦函数的拉普拉斯变换为

$$
\begin{aligned}
\mathcal{L}\left[\sin(\omega t)\right] &= \mathcal{L}\left[\frac{1}{2\mathrm{j}}(\mathrm{e}^{\mathrm{j}\omega t} - \mathrm{e}^{-\mathrm{j}\omega t})\right] \\
&= \frac{1}{2\mathrm{j}}\left[\frac{1}{s-\mathrm{j}\omega} - \frac{1}{s+\mathrm{j}\omega}\right] \\
&= \frac{\omega}{s^2 + \omega^2}
\end{aligned}
\tag{4.3.2}
$$

例 4 - 3 - 2　已知信号 $f(t) = (1 + \mathrm{e}^{-at})\varepsilon(t)$，求其象函数 $F(s)$。

解　　　　　　　$f(t) = (1 + \mathrm{e}^{-at})\varepsilon(t) = \varepsilon(t) + \mathrm{e}^{-at}\varepsilon(t)$

因为　　　　　　　$\varepsilon(t) \xleftrightarrow{\ \mathcal{L}\ } \dfrac{1}{s}$，$\mathrm{e}^{-at}\varepsilon(t) \xleftrightarrow{\ \mathcal{L}\ } \dfrac{1}{s+a}$

根据拉普拉斯变换的线性性质可得

$$
\begin{aligned}
F(s) &= \frac{1}{s} + \frac{1}{s+a} \\
&= \frac{2s+a}{s(s+a)}
\end{aligned}
\tag{4.3.3}
$$

4.3.2　微分性质

1. 时域微分

时域微分性质：若 $x(t) \xleftrightarrow{\ \mathcal{L}\ } X(s)$，则

$$
\frac{\mathrm{d}x(t)}{\mathrm{d}t} \xleftrightarrow{\ \mathcal{L}\ } sX(s) - x(0_-)
\tag{4.3.4}
$$

同理可推出 $x(t)$ 对 t 求 n 阶导数的拉普拉斯变换为

$$
\mathcal{L}\left[\frac{\mathrm{d}^n x(t)}{\mathrm{d}t^n}\right] = s^n X(s) - s^{n-1}x(0_-) - s^{n-2}x^{(1)}(0_-) - \cdots - x^{(n-1)}(0_-)
$$

式中，$x^{(n)}(0_-)$ 表示 $x(t)$ 的 n 阶导数在 $t = 0_-$ 处的值。

如果 $x(t)$ 是因果信号，则 $x(0_-) = x'(0_-) = x''(0_-) = \cdots = x^{(n-1)}(0_-) = 0$，即

$$
\frac{\mathrm{d}x(t)}{\mathrm{d}t} \xleftrightarrow{\ \mathcal{L}\ } sX(s)
\tag{4.3.5}
$$

$$
\frac{\mathrm{d}^2 x(t)}{\mathrm{d}t^2} \xleftrightarrow{\ \mathcal{L}\ } s^2 X(s)
\tag{4.3.6}
$$

$$
\frac{\mathrm{d}^n x(t)}{\mathrm{d}t^n} \xleftrightarrow{\ \mathcal{L}\ } s^n X(s)
\tag{4.3.7}
$$

微分性质的一个特征是把时域微分运算转换为 s 域的代数运算，这也是连续时间系统采用拉普拉斯变换分析的原因之一。

例 4 - 3 - 3　应用微分性质求 $x(t) = \delta'(t)$ 的拉普拉斯变换。

解　由于 $\delta(t) \xleftrightarrow{\ \mathcal{L}\ } 1$，则

$$\begin{aligned} \mathcal{L}[x(t)] &= \mathcal{L}[\delta'(t)] \\ &= s\mathcal{L}[\delta(t)] - \delta'(0_-) \\ &= s \end{aligned} \tag{4.3.8}$$

例 4 - 3 - 4　已知信号 $f(t) = \dfrac{\mathrm{d}}{\mathrm{d}t}[\sin(\omega_0 t)\varepsilon(t)]$，求其象函数 $F(s)$。

解　查常用函数的拉普拉斯变换表(参见附表 5)得

$$\sin(\omega_0 t)\varepsilon(t) \xleftrightarrow{\ \mathcal{L}\ } \frac{\omega_0}{s^2 + \omega_0^2}$$

应用时域微分性质，可得

$$\frac{\mathrm{d}}{\mathrm{d}t}[\sin(\omega_0 t)\varepsilon(t)] \xleftrightarrow{\ \mathcal{L}\ } s\,\frac{\omega_0}{s^2 + \omega_0^2}$$

即

$$F(s) = \frac{\omega_0 s}{s^2 + \omega_0^2} \tag{4.3.9}$$

2. s 域微分

若 $x(t) \xleftrightarrow{\ \mathcal{L}\ } X(s)$，则

$$-tx(t) \xleftrightarrow{\ \mathcal{L}\ } \frac{\mathrm{d}X(s)}{\mathrm{d}s} \tag{4.3.10}$$

重复运用上述结果，还可得

$$(-t)^n x(t) \xleftrightarrow{\ \mathcal{L}\ } \frac{\mathrm{d}^n X(s)}{\mathrm{d}s^n} \tag{4.3.11}$$

例 4 - 3 - 5　求函数 $t^2 \mathrm{e}^{-\alpha t}\varepsilon(t)$ 的象函数。

解　因为 $\mathrm{e}^{-\alpha t}\varepsilon(t) \xleftrightarrow{\ \mathcal{L}\ } \dfrac{1}{s+\alpha}$，则利用 s 域微分性质，得

$$t^2 \mathrm{e}^{-\alpha t}\varepsilon(t) \xleftrightarrow{\ \mathcal{L}\ } \frac{\mathrm{d}^2}{\mathrm{d}s^2}\left[\frac{1}{s+\alpha}\right] = \frac{2}{(s+\alpha)^3} \tag{4.3.12}$$

4.3.3　积分性质

1. 时域积分

若 $g(t) = \displaystyle\int_{-\infty}^{t} x(\tau)\mathrm{d}\tau$，则

$$\int_{-\infty}^{t} x(\tau)\mathrm{d}\tau \xleftrightarrow{\ \mathcal{L}\ } \frac{X(s)}{s} + \frac{g(0_-)}{s} \tag{4.3.13}$$

若 $x(t)$ 为因果信号，则 $g(0_-)=0$，$x(t)$ 积分的拉普拉斯变换为

$$\int_{-\infty}^{t} x(\tau)\mathrm{d}\tau \xleftrightarrow{\ \mathcal{L}\ } \frac{X(s)}{s} \tag{4.3.14}$$

上式可推广至多重积分：

$$\left(\int_{-\infty}^{t}\right)^{(n)} x(\tau)\mathrm{d}\tau \xleftrightarrow{\ \mathcal{L}\ } \frac{X(s)}{s^n} \tag{4.3.15}$$

通常，在时域内先对复杂信号进行求导，直至出现常用函数形式，查表可得常用函数

的拉普拉斯变换对(参见附表 5);然后利用时域积分性质,求得复杂时域信号的拉普拉斯变换。

例 4 - 3 - 6　已知信号 $x(t) = t^2 \varepsilon(t)$,求其象函数 $X(s)$。

解　因为 $x_1(t) = \varepsilon(t) \overset{\mathscr{L}}{\longleftrightarrow} \dfrac{1}{s} = X_1(s)$,根据时域积分性质,有

$$\int_{-\infty}^{t} x_1(\tau) d\tau = \int_{-\infty}^{t} \varepsilon(\tau) d\tau \overset{\mathscr{L}}{\longleftrightarrow} \frac{1}{s} \cdot X_1(s) = \frac{1}{s^2}$$

由于 $\displaystyle\int_{0}^{t} \varepsilon(\tau) d\tau = t\varepsilon(t)$,所以代入上式得

$$t\varepsilon(t) \overset{\mathscr{L}}{\longleftrightarrow} \frac{1}{s^2}$$

令 $x_2(t) = t\varepsilon(t)$,则 $X_2(s) = \dfrac{1}{s^2}$。根据时域积分性质,有

$$\int_{-\infty}^{t} x_2(\tau) d\tau = \int_{-\infty}^{t} t\varepsilon(t) d\tau \overset{\mathscr{L}}{\longleftrightarrow} \frac{1}{s} \cdot X_2(s) = \frac{1}{s^3}$$

又由于 $\displaystyle\int_{-\infty}^{t} \tau\varepsilon(\tau) d\tau = \frac{1}{2} t^2 \varepsilon(t)$,所以代入上式,得

$$\frac{1}{2} t^2 \varepsilon(t) \overset{\mathscr{L}}{\longleftrightarrow} \frac{1}{s^3}$$

即

$$x(t) = t^2 \varepsilon(t) \overset{\mathscr{L}}{\longleftrightarrow} \frac{2}{s^3} = X(s) \tag{4.3.16}$$

依此类推,可得

$$t^n \varepsilon(t) \overset{\mathscr{L}}{\longleftrightarrow} \frac{n!}{s^{n+1}} \tag{4.3.17}$$

2. s 域积分

若 $x(t) \overset{\mathscr{L}}{\longleftrightarrow} X(s)$,则

$$\frac{x(t)}{t} \overset{\mathscr{L}}{\longleftrightarrow} \int_{s}^{\infty} X(\eta) d\eta \tag{4.3.18}$$

例 4 - 3 - 7　求函数 $\dfrac{1 - e^{-2t}}{t}$ 的象函数。

解　由于 $1 - e^{-2t} \overset{\mathscr{L}}{\longleftrightarrow} \dfrac{1}{s} - \dfrac{1}{s+2}$,利用 s 域积分性质,得

$$\frac{1 - e^{-2t}}{t} \overset{\mathscr{L}}{\longleftrightarrow} \int_{s}^{\infty} \left(\frac{1}{\eta} - \frac{1}{\eta+2} \right) d\eta = \ln \frac{\eta}{\eta+2} \bigg|_{s}^{\infty} = \ln \frac{s+2}{s} \tag{4.3.19}$$

例 4 - 3 - 8　求函数 $\dfrac{\sin t}{t} \varepsilon(t)$ 的象函数。

解　由于 $\sin t \cdot \varepsilon(t) \overset{\mathscr{L}}{\longleftrightarrow} \dfrac{1}{s^2 + 1}$,由 s 域积分性质,得

$$\frac{\sin t}{t} \varepsilon(t) \overset{\mathscr{L}}{\longleftrightarrow} \int_{s}^{\infty} \frac{1}{\eta^2 + 1} d\eta = \arctan \eta \bigg|_{s}^{\infty} = \frac{\pi}{2} - \arctan s = \arctan \frac{1}{s} \tag{4.3.20}$$

4.3.4　移位性质

1. 时域移位（时移性质）

若 $x(t) \overset{\mathcal{L}}{\longleftrightarrow} X(s)$，则

$$x(t-t_0)\varepsilon(t-t_0) \overset{\mathcal{L}}{\longleftrightarrow} e^{-st_0}X(s) \tag{4.3.21}$$

其中规定 $t_0 > 0$，限定波形沿时间轴右移（若 $t_0 < 0$，信号的波形有可能左移越过原点）。该性质表明，因果信号 $x(t)$ 右移 t_0 的拉普拉斯变换等于原信号的拉普拉斯变换 $X(s)$ 乘以延时因子 e^{-st_0}。

例 4-3-9　设 $t_0 > 0$，求 $\delta(t-t_0)$、$\varepsilon(t-t_0)$ 和 $(t-t_0)\varepsilon(t-t_0)$ 的拉普拉斯变换。

解　由常用拉普拉斯变换对可知

$$\delta(t) \overset{\mathcal{L}}{\longleftrightarrow} 1, \quad \varepsilon(t) \overset{\mathcal{L}}{\longleftrightarrow} \frac{1}{s}, \quad t\varepsilon(t) \overset{\mathcal{L}}{\longleftrightarrow} \frac{1}{s^2}$$

根据时移性质和 s 域微分性质可得

$$\delta(t-t_0) \overset{\mathcal{L}}{\longleftrightarrow} e^{-st_0} \tag{4.3.22}$$

$$\varepsilon(t-t_0) \overset{\mathcal{L}}{\longleftrightarrow} \frac{1}{s}e^{-st_0} \tag{4.3.23}$$

$$(t-t_0)\varepsilon(t-t_0) \overset{\mathcal{L}}{\longleftrightarrow} \frac{1}{s^2}e^{-st_0} \tag{4.3.24}$$

例 4-3-10　求图 4-3-1(a)所示半波正弦信号的拉普拉斯变换。

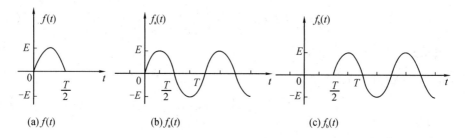

图 4-3-1　半波正弦信号

解　把如图 4-3-1(a)所示的单个正弦半波信号 $f(t)$ 分解成图 4-3-1(b)所示的单边正弦信号 $f_a(t)$ 和图 4-3-1(c)所示的 $f_a(t)$ 延时 $T/2$ 的单边正弦信号 $f_b(t)$ 之和，即

$$f(t) = f_a(t) + f_b(t) = E\sin\left(\frac{2\pi}{T}t\right)\varepsilon(t) + E\sin\left[\frac{2\pi}{T}\left(t-\frac{T}{2}\right)\right]\varepsilon\left(t-\frac{T}{2}\right)$$

应用拉普拉斯变换的线性和时移性质，有

$$F(s) = \mathcal{L}[f(t)] = \mathcal{L}[f_a(t)] + \mathcal{L}[f_b(t)]$$

$$= \mathcal{L}\left[E\sin\left(\frac{2\pi}{T}t\right)\varepsilon(t)\right] + \mathcal{L}\left\{E\sin\left[\frac{2\pi}{T}\left(t-\frac{T}{2}\right)\right]\varepsilon\left(t-\frac{T}{2}\right)\right\}$$

$$= \frac{E\cdot\frac{2\pi}{T}}{s^2+\left(\frac{2\pi}{T}\right)^2} + \frac{E\cdot\frac{2\pi}{T}}{s^2+\left(\frac{2\pi}{T}\right)^2}e^{-\frac{sT}{2}}$$

$$= \frac{E \cdot \frac{2\pi}{T}}{s^2 + \left(\frac{2\pi}{T}\right)^2}(1 + e^{-\frac{sT}{2}}) \tag{4.3.25}$$

2. s 域移位（频移性质）

若 $x(t) \overset{\mathscr{L}}{\longleftrightarrow} X(s)$，则

$$e^{-at}x(t) \overset{\mathscr{L}}{\longleftrightarrow} X(s+a) \tag{4.3.26}$$

该性质说明，$x(t)$ 乘以 e^{-at} 的拉普拉斯变换，相当于把 $x(t)$ 的变换 $X(s)$ 的 s 置换为 $s+a$。

例 4 - 3 - 11 求 $e^{-at}\sin(\omega_0 t)$ 的拉普拉斯变换。

解 根据 s 域移位性质和正弦函数的拉普拉斯变换有

$$e^{-at}\sin(\omega_0 t) = \frac{\omega_0}{(s+a)^2 + \omega_0^2} \tag{4.3.27}$$

例 4 - 3 - 12 周期矩形脉冲信号如图 4 - 3 - 2 所示，求其拉普拉斯变换。

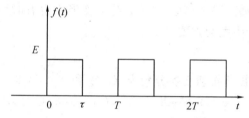

图 4 - 3 - 2 周期矩形脉冲信号

解 根据周期矩形脉冲信号的特点和拉普拉斯变换的时移性质，有

$$f_0(t) = \begin{cases} E & 0 \leqslant t \leqslant \tau \\ 0 & \tau \leqslant t \leqslant T \end{cases}$$

$$= E(\varepsilon(t) - \varepsilon(t-\tau))$$

$$F_0(s) = E\left(\frac{1}{s} - \frac{1}{s}e^{-s\tau}\right) = \frac{E}{s}(1 - e^{-s\tau})$$

由于

$$f(t) = f_0(t) + f_0(t+T) + f_0(t+2T)$$

故

$$F(s) = F_0(s) + F_0(s)e^{-sT} + F_0(s)e^{-2sT} + \cdots \tag{4.3.28}$$

4.3.5 初值定理和终值定理

初值定理和终值定理常用于由 $X(s)$ 直接求 $x(0_+)$ 和 $x(\infty)$，而不必求出原函数 $x(t)$。

1. 初值定理

设函数 $x(t)$ 不含 $\delta(t)$ 及其各阶导数，即 $X(s)$ 为真分式，则

$$x(0_+) = \lim_{t \to 0_+} x(t) = \lim_{s \to \infty} sX(s) \tag{4.3.29}$$

若 $X(s)$ 为假分式，则将其化为真分式。

2. 终值定理

当 $t \to \infty$ 时若 $x(t)$ 存在，并且 $x(t) \overset{\mathscr{L}}{\longleftrightarrow} X(s)$，$\text{Re}[s] > \sigma_0$，$\sigma_0 < 0$，则

$$x(\infty) = \lim_{s \to 0} sX(s) \tag{4.3.30}$$

值得注意的是，由于终值定理要取 $s \to 0$ 的极限，所以要求 $s = 0$ 需在 $sX(s)$ 的收敛域内，若不满足此条件则不能应用终值定理。

例 4 - 3 - 13　若函数 $f(t)$ 的象函数 $F(s) = \dfrac{2s}{s^2 + 2s + 2}$，求原函数 $f(t)$ 的初值和终值。

解　应用初值定理，得

$$f(0_+) = \lim_{s \to \infty} sF(s) = \lim_{s \to \infty} \frac{2s^2}{s^2 + 2s + 2} = 2$$

应用终值定理，得

$$f(\infty) = \lim_{s \to 0} sF(s) = \lim_{s \to 0} \frac{2s^2}{s^2 + 2s + 2} = 0$$

4.3.6　卷积定理

类似于傅里叶变换中的卷积定理，在拉普拉斯变换中也有时域和 s 域卷积定理，其中时域卷积定理在系统分析中尤为重要。

1. 时域卷积定理

若 $x_1(t)$ 和 $x_2(t)$ 的拉普拉斯变换分别为 $X_1(s)$ 和 $X_2(s)$，即

$$x_1(t) \xleftrightarrow{\mathscr{L}} X_1(s), \quad x_2(t) \xleftrightarrow{\mathscr{L}} X_2(s)$$

则有

$$x_1(t) * x_2(t) \xleftrightarrow{\mathscr{L}} X_1(s) \cdot X_2(s) \tag{4.3.31}$$

该性质表明，两时域信号的卷积对应的拉普拉斯变换是两信号拉普拉斯变换的乘积。

例 4 - 3 - 14　已知某 LTI 系统的冲激响应 $h(t) = \mathrm{e}^{-2t}\varepsilon(t)$，求输入 $x(t) = \varepsilon(t)$ 时的零状态响应 $y_{\mathrm{zs}}(t)$ 的象函数 $Y_{\mathrm{zs}}(s)$。

解　LTI 系统的零状态响应为

$$y_{\mathrm{zs}}(t) = x(t) * h(t)$$

由　　　　$x(t) = \varepsilon(t) \xleftarrow{\mathscr{L}} \dfrac{1}{s} = X(s), \quad h(t) \xleftarrow{\mathscr{L}} \dfrac{1}{s+2} = H(s)$

应用拉普拉斯变换的时域卷积定理，可得

$$Y_{\mathrm{zs}}(s) = X(s) \cdot H(s) = \frac{1}{s(s+2)}$$

例 4 - 3 - 15　图 4 - 3 - 3(a)所示为全波整流信号 $x(t)$，求 $x(t)$ 的象函数 $X(s)$。

解　将 $x(t)$ 看作图 4 - 3 - 3(b)所示的 $x_1(t)$ 与图 4 - 3 - 3(c)所示的 $x_2(t)$ 的卷积：

$$x(t) = x_1(t) * x_2(t)$$

因此根据卷积定理得

$$X(s) = X_1(s) \cdot X_2(s)$$

$x_2(t)$ 的波形的函数表达式为

$$x_2(t) = \sum_{k=0}^{\infty} \delta(t - kT)$$

因为 $\delta(t) \xleftrightarrow{\mathscr{L}} 1$，由时移性质可得

$$\delta(t-kT) \overset{\mathscr{L}}{\longleftrightarrow} 1 \cdot \mathrm{e}^{-ksT}$$

由线性性质和等比级数求和公式，得

$$X_2(s) = \sum_{k=0}^{\infty} \mathrm{e}^{-ksT} = \frac{1}{1-\mathrm{e}^{-sT}}$$

若令 $T=1$，则 $X_2(s) = \dfrac{1}{1-\mathrm{e}^{-s}}$。从例 4 - 3 - 10 中可知

$$X_1(s) = \frac{E \cdot \dfrac{2\pi}{T}}{s^2 + \left(\dfrac{2\pi}{T}\right)^2}(1+\mathrm{e}^{-\frac{s}{2}T}) = \frac{2\pi}{s^2+(2\pi)^2}(1+\mathrm{e}^{-\frac{s}{2}})$$

因此，可得

$$X(s) = X_1(s) \cdot X_2(s) = \frac{2\pi}{s^2+(2\pi)^2}\frac{1+\mathrm{e}^{-\frac{s}{2}}}{1-\mathrm{e}^{-s}}$$

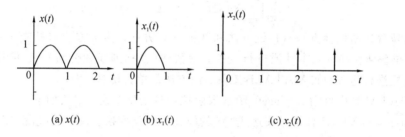

(a) $x(t)$　　　　(b) $x_1(t)$　　　　(c) $x_2(t)$

图 4 - 3 - 3　全波整流信号

2. 复频域卷积定理

若 $x_1(t) \overset{\mathscr{L}}{\longleftrightarrow} X_1(s)$，$x_2(t) \overset{\mathscr{L}}{\longleftrightarrow} X_2(s)$，则

$$x_1(t) \cdot x_2(t) \overset{\mathscr{L}}{\longleftrightarrow} \frac{1}{2\pi \mathrm{j}}X_1(s) * X_2(s) \tag{4.3.32}$$

4.3.7　尺度变换性质

若 $x(t) \overset{\mathscr{L}}{\longleftrightarrow} X(s)$，则

$$x(at) \overset{\mathscr{L}}{\longleftrightarrow} \frac{1}{a}X\left(\frac{s}{a}\right) \tag{4.3.33}$$

式中 a 为正实常数。

例 4 - 3 - 16　已知因果信号 $x(t)$ 的象函数为 $X(s) = \dfrac{s}{s^2+1}$，求 $\mathrm{e}^{-t}x(3t-2)$ 的象函数。

解　因为 $x(3t-2) = x\left[3\left(t-\dfrac{2}{3}\right)\right]$，且 $x(t) \overset{\mathscr{L}}{\longleftrightarrow} \dfrac{s}{s^2+1}$，由尺度变换性质，得

$$x(3t) \overset{\mathscr{L}}{\longleftrightarrow} \frac{1}{3}\frac{s/3}{(s/3)^2+1} = \frac{s}{s^2+9}$$

由时移性质，得

$$x(3t-2) = x\left[3\left(t-\frac{2}{3}\right)\right] \xleftarrow{\mathcal{L}} \frac{s}{s^2+9}e^{-\frac{2}{3}s}$$

再由频移性质,可得

$$e^{-t}x(3t-2) = e^{-t}x\left[3\left(t-\frac{2}{3}\right)\right] \xleftarrow{\mathcal{L}} \frac{s+1}{(s+1)^2+9}e^{-\frac{2}{3}(s+1)} \tag{4.3.34}$$

4.4　拉普拉斯反变换

应用拉普拉斯变换法求解系统的时域响应时,根据已知的激励信号 $x(t)$ 求其象函数 $X(s)$,再把处理后的象函数 $X(s)$ 变换为激励信号函数 $x(t)$,这就是拉普拉斯反变换(亦称逆变换)。根据式(4.2.4)的定义有

$$x(t) = \begin{cases} 0 & t < 0_- \\ \dfrac{1}{2\pi j}\displaystyle\int_{\sigma-j\Omega}^{\sigma+j\Omega} X(s)e^{st}\,ds = \mathcal{L}^{-1}[X(s)] & t > 0_- \end{cases}$$

常用拉普拉斯变换方法有传统方法和数值计算方法。传统方法包括查表法、部分分式法、利用拉普斯变换的基本性质进行变换、留数法(也称围线积分法);数值计算方法是指运用计算机进行运算,如 MATALB 工具,该方法简单、效率高。

在 MATALB 中可用 ilaplace()函数求解拉普拉斯反变换,用法如下:

x=ilaplace(X):计算符号表达式"X"的拉普拉斯反变换。该用法假设"X"是变量"s"的函数,返回的值"x"是"t"的函数。

下面着重介绍查表法和部分分式法。

4.4.1　查表法

拉普拉斯反变换一般情况是将上述方法结合使用。利用查表法得出常用信号的拉普拉斯变换式,再根据拉普拉斯变换的基本性质进行组合、变换或运算,最终完成拉普拉斯反变换。

例 4 - 4 - 1　已知象函数 $X(s) = \left(\dfrac{1-e^{-s}}{s}\right)^2$,求时间信号函数 $x(t)$。

解　已知

$$X(s) = \left(\frac{1-e^{-s}}{s}\right)^2 = \frac{1}{s^2}(1-2e^{-s}+e^{-2s})$$

查表得 $t \xleftarrow{\mathcal{L}} \dfrac{1}{s^2}$,根据拉普拉斯变换的时移性质 $x(t-t_0)\varepsilon(t-t_0) \xleftarrow{\mathcal{L}} e^{-st_0}X(s)$,有

$$x(t) = t\varepsilon(t) - 2(t-1)\varepsilon(t-1) + (t-2)\varepsilon(t-2)$$

MATLAB 程序如下:

```
>>syms s t X x;
>>X=1/s^2+2*exp(-s)/s^2+exp(-2*s)/s^2;
>>x=ilaplace(X)
```

结果为

x＝t＋2 * heaviside(t−1) * (t−1)＋heaviside(t−2) * (t−2)

4.4.2　部分分式法

上述这些方法仅适用于一些简单的变换式，对于一些复杂的变换式，常使用部分分式法，并结合查表法和拉普拉斯变换的基本性质获得结果。

通常用部分分式法将复杂函数展开成简单的有理分式函数之和，然后由常用函数的拉普拉斯变换表——查出对应的反变换函数，即得所求的原函数。

对于线性系统，象函数 $X(s)$ 大多数为有理分式的形式，可以表示为两个实系数的 s 的多项式之比：

$$X(s) = \frac{B(s)}{A(s)} = \frac{b_m s^m + b_{m-1} s^{m-1} + \cdots + b_1 s + b_0}{s^n + a_{n-1} s^{n-1} + \cdots + a_1 s + a_0} \tag{4.4.1}$$

对于有理函数，可以应用部分分式法，将其变为多个简单分式之和，然后利用常用函数的拉普拉斯变换对进行变换。

象函数的有理分式分为真分式和假分式，假分式可变换成一个多项式和一个真分式之和。

$A(s)=0$ 的 n 个根称为 $X(s)$ 的极点（Poles），$B(s)=0$ 的 m 个根称为 $X(s)$ 的零点（Zeros）。

1. $X(s)$ 为有理真分式

若 $m<n$，且 m、n 均为正整数，则式(4.4.1)为有理真分式。

利用部分分式法将 $X(s)$ 分解成 n 个部分分式，其每一项都为常用函数的象函数，从而得到相应的原函数 $x(t)$。根据极点的不同类型，可将 $X(s)$ 展开成下述三种情况。

(1) $A(s)=0$，具有 n 个单实根。

若 $A(s)=0$ 的根为 n 个单实根 p_1，p_2，$\cdots$，p_n，且无重根，则 $X(s)$ 可以展开为下列简单的部分分式之和：

$$X(s) = \frac{r_1}{s-p_1} + \frac{r_2}{s-p_1} + \cdots + \frac{r_i}{s-p_i} + \cdots + \frac{r_n}{s-p_n} = \sum_{i=1}^{n} \frac{r_i}{s-p_i} \tag{4.4.2}$$

式中，r_1，r_2，$\cdots$，r_i，$\cdots$，r_n 称为 $X(s)$ 的余数（或留数），$r_i = X(s)(s-p_i)\big|_{s=p_i}$，为待定系数，可以按下述方法确定。

将式(4.4.2)两边乘以 $(s-p_1)$，即

$$(s-p_1)X(s) = r_1 + (s-p_1)\frac{r_2}{s-p_2}\cdots + (s-p_1)\frac{r_i}{s-p_i} + \cdots + (s-p_1)\frac{r_n}{s-p_n} \tag{4.4.3}$$

当 $s \to p_1$ 时，式(4.4.3)等号右端除 r_1 外均趋近于零，可得

$$r_1 = X(s)(s-p_1)\big|_{s=p_1} \tag{4.4.4}$$

同理，用如下通式求得 r_2，r_3，$\cdots$，r_n：

$$r_i = X(s)(s-p_i)\big|_{s=p_i} \tag{4.4.5}$$

由 $r_i \mathrm{e}^{p_i t} \stackrel{\mathcal{L}}{\longleftrightarrow} \frac{r_i}{s-p_i}$，可得原函数：

$$x(t) = \sum_{i=1}^{n} r_i e^{p_i t} \cdot \varepsilon(t) \qquad (4.4.6)$$

例 4 - 4 - 2 已知信号 $x(t)$ 的复频谱为 $X(s) = \dfrac{10(s+4)(s+6)}{s(s+1)(s+3)}$，求其反变换，即信号原函数 $x(t)$。

解 由 $X(s)$ 可见 $A(s)=0$ 的根为 3 个单实根：0、-1、-3，用部分分式法，则 $X(s)$ 可以展开为下列简单的部分分式之和：

$$X(s) = \frac{r_1}{s} + \frac{r_2}{s+1} + \frac{r_3}{s+3}$$

各分式的系数如下：

$$r_1 = sX(s) \mid_{s=0} = 10 \frac{s+4}{s+1} \cdot \frac{s+6}{s+3} \mid_{s=0} = 80$$

$$r_2 = (s+1)X(s) \mid_{s=-1} = 10 \frac{s+4}{s} \cdot \frac{s+6}{s+3} \mid_{s=-1} = -75$$

$$r_3 = (s+3)X(s) \mid_{s=-3} = 10 \frac{s+4}{s} \cdot \frac{s+6}{s+1} \mid_{s=-3} = 5$$

将 $X(s)$ 展开为简单的部分分式之和：

$$X(s) = \frac{r_1}{s} + \frac{r_2}{s+1} + \frac{r_3}{s+3} = \frac{80}{s} - \frac{75}{s+1} + \frac{5}{s+3}$$

由常用函数的拉普拉斯变换表(参见附表 5)查出对应的反变换函数，得到所求的原函数：

$$x(t) = (80 - 75e^{-t} + 5e^{-3t})\varepsilon(t)$$

(2) $A(s)=0$，有 r 重根。

假设 $A(s)=0$ 含有一个 r 重根 p，即 $X(s)$ 展开可得

$$X(s) = \frac{B(s)}{A(s)} = \frac{B_1(s)}{A_1(s)} + \frac{B_2(s)}{A_2(s)} = X_1(s) + X_2(s) \qquad (4.4.7)$$

其中，

$$X_1(s) = \frac{k_{11}}{(s-p)^r} + \frac{k_{12}}{(s-p)^{r-1}} + \cdots + \frac{k_{1r}}{(s-p)} + D, \quad X_2(s) = \frac{B_2(s)}{A_2(s)} \qquad (4.4.8)$$

式中 D 是个常数，称作"直接项(或指示项)系数"，D 为 0 时可以省略。

为了确定多项式 $X_1(s)$ 的系数，将多项式 $X_1(s)$ 两端同乘以 $(s-p)^r$，即

$$(s-p)^r X_1(s) = (s-p)^r \left[\frac{k_{11}}{(s-p)^r} + \frac{k_{12}}{(s-p)^{r-1}} + \cdots + \frac{k_{1r}}{(s-p)} \right]$$
$$= k_{11} + k_{12}(s-p) + \cdots + k_{1r}(s-p)^{r-1} \qquad (4.4.9)$$

由此可得多项式系数：

$$k_{11} = (s-p)^r X(s) \Big|_{s=p} \qquad (4.4.10)$$

式(4.4.9)两端对 s 求导得

$$\frac{\mathrm{d}}{\mathrm{d}s}\left[(s-p)^r X(s)\right] = k_{12} + \cdots + (r-1)(s-p)^{r-2}k_{1r} \qquad (4.4.11)$$

由式(4.4.11)可得

$$k_{12} = \frac{\mathrm{d}}{\mathrm{d}s}\left[(s-p)^r X(s)\right]\Big|_{s=p} \qquad (4.4.12)$$

依此类推，可得通式

$$k_{1i} = \frac{1}{(i-1)!} \cdot \frac{\mathrm{d}^{(i-1)}}{\mathrm{d}s^{(i-1)}} \left[(s-p)^r X(s) \right] \Big|_{s=p} \tag{4.4.13}$$

得到多项式 $X_1(s)$ 的系数以后，再对多项式 $X_2(s)$ 进行部分分式展开，最后根据式(4.4.8)求得各展开分式的拉普拉斯反变换，从而求得原函数。

例 4 - 4 - 3 已知象函数 $X(s) = \dfrac{3s+9}{(s+2)^2}$，求其原函数 $x(t)$。

解 由 $A(s)=0$ 含有一个 $r=2$ 的重根 $p=-2$，即 $X(s)$ 展开可得

$$X(s) = \frac{3s+9}{(s+2)^2} = \frac{k_{11}}{(s+2)^2} + \frac{k_{12}}{(s+2)}$$

则

$$k_{11} = (s-p)^r X(s) \mid_{s=-2} = (s+2)^2 \frac{(3s+9)}{(s+2)^2} \mid_{s=-2} = 3$$

$$k_{12} = \frac{1}{(2-1)!} \cdot \frac{\mathrm{d}}{\mathrm{d}s} \left[(s+2)^2 \frac{(3s+9)}{(s+2)^2} \right] \mid_{s=-2} = 3$$

即

$$X(s) = \frac{3s+9}{(s+2)^2} = \frac{3}{(s+2)^2} + \frac{3}{(s+2)}$$

则原函数：

$$x(t) = 3(t+1)\mathrm{e}^{-2t}\varepsilon(t)$$

MATLAB 程序如下：

```
>>syms s;
>>X=(3*s+9)/(s+2)^2;
>>ilaplace(X)
```

结果为

```
ans=3*exp(-2*t)+3*t*exp(-2*t)
```

(3) $A(s)=0$，具有共轭复根。

因为 $A(s)$ 是 s 的实系数多项式，如果 $A(s)=0$ 的根出现复根，则必然是共轭的。若 $X(s)$ 包含共轭复根($p_{1,2}=-\alpha\pm\mathrm{j}\beta$)，将 $X(s)$ 的展开式分为两个部分，即

$$X(s) = \frac{B(s)}{A(s)} = \frac{B_1(s)}{A_1(s)} + \frac{B_2(s)}{A_2(s)} = X_1(s) + X_2(s) \tag{4.4.14}$$

其中

$$X_1(s) = \frac{k_1}{s+\alpha-\mathrm{j}\beta} + \frac{k_2}{s+\alpha+\mathrm{j}\beta}, \quad X_2(s) = \frac{B_2(s)}{A_2(s)} \tag{4.4.15}$$

求出系数：

$$k_1 = \left[(s+\alpha-\mathrm{j}\beta)X(s) \right]_{\mid s=-\alpha+\mathrm{j}\beta} = \mid k_1 \mid \mathrm{e}^{\mathrm{j}\theta} \tag{4.4.16}$$

由于 k_1、k_2 为共轭复数，故

$$k_2 = k_1^* = \mid k_1 \mid \mathrm{e}^{-\mathrm{j}\theta} \tag{4.4.17}$$

$$X_1(s) = \frac{k_1}{s+\alpha-\mathrm{j}\beta} + \frac{k_2}{s+\alpha+\mathrm{j}\beta}$$

$$= \frac{\mid k_1 \mid \mathrm{e}^{\mathrm{j}\theta}}{s+\alpha-\mathrm{j}\beta} + \frac{\mid k_1 \mid \mathrm{e}^{-\mathrm{j}\theta}}{s+\alpha+\mathrm{j}\beta} \tag{4.4.18}$$

对上式进行拉普拉斯逆变换，得

$$x_1(t) = 2 \mid k_1 \mid e^{-\alpha t}\cos(\beta t + \theta)\varepsilon(t) \tag{4.4.19}$$

这样，只需求得一个系数 k_1，就可按式(4.4.19)写出相应的结果 $x_1(t)$。

例 4 - 4 - 4　已知象函数 $F(s) = \dfrac{s+2}{s^2+2s+2}$，求其原函数 $f(t)$。

解　$A(s) = 0$ 的共轭复根分别为 $p_1 = -1+j$, $p_2 = -1-j$，则有

$$F(s) = \frac{s+2}{[s-(-1+j)][s-(-1-j)]} = \frac{k_1}{s-(-1+j)} + \frac{k_2}{s-(-1-j)}$$

求上式中的系数：

$$k_1 = [s-(-1+j)]F(s)\Big|_{s=-1+j} = \frac{s+2}{s-(-1-j)}\Big|_{s=-1+j} = \frac{1-j}{2} = \frac{\sqrt{2}}{2}e^{-j45°}$$

$$k_2 = [s-(-1-j)]F(s)\Big|_{s=-1-j} = \frac{s+2}{s-(-1+j)}\Big|_{s=-1-j} - \frac{1+j}{2} - \frac{\sqrt{2}}{2}e^{j45°}$$

$$F(s) = \frac{\dfrac{\sqrt{2}}{2}e^{-j45°}}{[s-(-1+j)]} + \frac{\dfrac{\sqrt{2}}{2}e^{j45°}}{[s-(-1-j)]}$$

对上式进行拉普拉斯反变换，得

$$f(t) = \left[\frac{\sqrt{2}}{2}e^{-j45°}e^{(-1+j)t} + \frac{\sqrt{2}}{2}e^{j45°}e^{(-1-j)t}\right]\varepsilon(t)$$

$$= \frac{\sqrt{2}}{2}e^{-t}\left[e^{j(t-45°)} + e^{-j(t-45°)}\right]\varepsilon(t)$$

$$= \sqrt{2}e^{-t}\cos(t-45°)\varepsilon(t)$$

所以

$$f(t) = k_1 e^{p_1 t} + k_1 e^{p_2 t} = \sqrt{2}e^{-t}\cos(t-45°)$$

此例验证了 $F(s)$ 共轭复根的系数 k_1、k_2 也为共轭复数。

2. $X(s)$ 为有理假分式

若 $n \leqslant m$，且 m、n 均为正整数，则式(4.4.1)为有理假分式。这种情况，可以利用长除法得到一个 s 的多项式和一个有理分式，即

$$X(s) = \frac{B(s)}{A(s)} = c_0 + c_1 s + \cdots + c_{m-n}s^{m-n} + \frac{Q(s)}{A(s)} \tag{4.4.20}$$

令 $C(s) = c_0 + c_1 s + \cdots + c_{m-n}s^{m-n}$，它是 s 的有理多项式，其拉普拉斯反变换为冲激函数及其各阶导数，可直接求得，即

$$\mathcal{L}^{-1}[C(s)] = c_0\delta(t) + c_1\delta'(t) + \cdots + c_{m-n}\delta^{m-n}(t) \tag{4.4.21}$$

有

$$x(t) = \mathcal{L}^{-1}[C(s)] + \mathcal{L}^{-1}\left[\frac{Q(s)}{A(s)}\right] \tag{4.4.22}$$

其中，$\mathcal{L}^{-1}\left[\dfrac{Q(s)}{A(s)}\right]$ 可由部分分式法求得。

例 4 - 4 - 5 已知象函数 $F(s) = \dfrac{2s^2 + 10s + 14}{s^2 + 5s + 6}$，求其原函数 $f(t)$。

解 由于 $n = m$，该式为有理假分式。所以先将象函数变换成一个多项式和一个真分式之和，即

$$F(s) = 2 + \frac{2}{s^2 + 5s + 6} = 2 + F_1(s)$$

$F_1(s)$ 可展开为

$$F_1(s) = \frac{2}{s^2 + 5s + 6} = \frac{2}{(s+2)(s+3)} = \frac{k_1}{s+2} + \frac{k_2}{s+3}$$

求上式中系数得

$$k_1 = (s+2)F_1(s)\mid_{s=-2} = \frac{2}{(s+3)}\bigg|_{s=-2} = 2$$

$$k_2 = (s+3)F_1(s)\mid_{s=-3} = \frac{2}{(s+2)}\bigg|_{s=-3} = -2$$

由此可求得 $F(s)$ 为

$$F(s) = 2 + F_1(s) = 2 + \frac{2}{s+2} - \frac{2}{s+3}$$

对上式进行拉普拉斯反变换，得原函数：

$$f(t) = \left[2\delta(t) + 2\mathrm{e}^{-2t} - 2\mathrm{e}^{-3t}\right]\varepsilon(t)$$

3. 采用 MATLAB 展开多项式

应当指出，当在 $X(s)$ 分母 $A(s)$ 中包含有较高阶次多项式的复杂函数时，用人工展开多项式则相当费力，采用 MATLAB 的 residue() 函数执行部分分式展开和多项式系数之间的转换就方便多了。

(1) 用 MATLAB 的符号运算和 residue() 函数执行部分分式展开，该函数的调用格式为

$$[r, p, k] = \mathrm{residue}(b, a)$$

其中 residue() 函数用来将多项式以部分分式展开，"b"和"a"是分子和分母的 s 多项式的系数向量。

例 4 - 4 - 5 已知信号 $x(t)$ 的复频谱为 $X(s) = \dfrac{s^2 + 4s + 6}{(s+1)^3} = \dfrac{s^2 + 4s + 6}{s^3 + 3s^2 + 3s + 1}$，在 MATLAB 中，利用 residue() 函数求信号 $x(t)$。

解 对于该函数，有

```
>>num=[0  1  4  6]
>>den=[1  3  3  1]
```

执行命令:

```
>>  [r,p,k]=residue(num,den)
```

将得到如下结果:

```
r=
    1.0000
    2.0000
    3.0000
p=
   -1.0000
   -1.0000
   -1.0000
k=
   [ ]
```

本例的 k(对应式(4.4.8)中的 D)为 0,所以可得

$$X(s) = \frac{s^2 + 4s + 6}{(s+1)^3} = \frac{1}{s+1} + \frac{2}{(s+1)^2} + \frac{3}{(s+1)^3}$$

查表得 $x(t) = \mathrm{e}^{-t} + 2t\mathrm{e}^{-t} + 1.5t^2\mathrm{e}^{-t}$。

(2) 使用 expand() 函数将因式表达式写成多项式形式。

例 4-4-6　已知信号 $x(t)$ 的复频谱为 $X(s) = \dfrac{10(s+4)(s+6)}{s(s+1)(s+3)}$,使用 expand() 函数求信号 $x(t)$。

解　使用 expand() 函数将分子、分母的因式表达式写成多项式形式的符号表达式,对于该复频谱函数,有

```
>>syms s t;
>>nums=expand(10 * (s+4) * (s+6))
>>dens=expand(s * (s+1) * (s+3))
nums=10 * s^2+100 * s+240
dens=s^3+4 * s^2+3 * s
```

即

```
>>num=[0   10   100   240];
>>den =[1 4   3   0];
```

使用 residue() 函数求出 $X(s)$ 的部分分式形式:

```
>>  [r,p,k]=residue(num,den)
```

得到如下结果:

```
r=   5
    -75
     80
p=   -3
     -1
      0
k=   []
```

本例的 k(对应式(4.4.8)中的 D)为 0，所以可得

$$X(s) = k + \left[\frac{r_0}{s+p_0} + \frac{r_1}{s+p_1} + \frac{r_2}{s+p_2} \right] = \frac{5}{s+3} + \frac{-75}{s+1} + \frac{80}{s}$$

使用 ilaplace()函数求出 $X(s)$ 的反变换 $x(t)$：

```
>>X=80/s-75/(s+1)+5/(s+3);
>>x=ilaplace(X)
x=5/exp(3*t)-75/exp(t)+80
```

即

$$x(t) = (80 - 75e^{-t} + 5e^{-3t})\varepsilon(t)$$

4.5　连续系统的复频域分析法

在 LTI 连续系统分析中，拉普拉斯变换是一种非常重要的变换方法，是求解常系数线性微分方程常用的一种数学工具。线性连续系统的复频域分析法，是把系统的输入信号分解为基本信号 e^{st} 之和，其数学描述就是输入与输出的拉普拉斯变换和逆变换。

4.5.1　常见电路和元器件的复频域模型

1. 电阻元件

电阻元件的时域模型和复频域模型如图 4-5-1(a)、(b)所示。

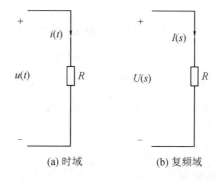

(a) 时域　　　　　(b) 复频域

图 4-5-1　电阻元件的时域模型和复频域模型

电阻元件的时域欧姆定律为

$$u(t) = R \cdot i(t) \tag{4.5.1}$$

其拉普拉斯变换，即 s 域欧姆定律为

$$U(s) = R \cdot I(s) \tag{4.5.2}$$

式中，$U(s)$ 是 $u(t)$ 的拉普拉斯变换，$I(s)$ 是 $i(t)$ 的拉普拉斯变换。

2. 电感元件

电感元件 L 的时域模型如图 4-5-2(a)所示，复频域的串联、并联模型如图 4-5-2(b)、(c)所示。电感元件的时域欧姆定律为

$$\begin{cases} i(t) = i(0_-) + \dfrac{1}{L}\displaystyle\int_{0_-}^{t} u(\tau)\mathrm{d}\tau & t \geqslant 0 \\ u(t) = L \cdot \dfrac{\mathrm{d}i(t)}{\mathrm{d}t} \end{cases} \tag{4.5.3}$$

其拉普拉斯变换，即 s 域电压欧姆定律为

$$U(s) = L[s \cdot I(s) - i(0_-)] \tag{4.5.4}$$

s 域电流欧姆定律为

$$I(s) = \frac{U(s)}{Ls} + \frac{i(0_-)}{s} \tag{4.5.5}$$

式(4.5.4)和式(4.5.5)中，Ls 为复感抗，$\dfrac{1}{Ls}$ 为复感纳；$\dfrac{i(0_-)}{s}$ 为附加内电流，$Li(0_-)$ 为附加内电压。

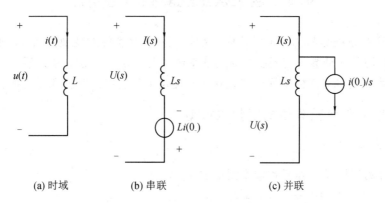

(a) 时域　　　　(b) 串联　　　　(c) 并联

图 4-5-2　电感元件的时域模型和复频域模型

3. 电容元件

电容元件的时域模型和复频域模型如图 4-5-3 所示。电容元件的时域欧姆定律为

$$\begin{cases} u(t) = u(0_-) + \dfrac{1}{C}\displaystyle\int_{0_-}^{t} i(\tau)\mathrm{d}\tau & t \geqslant 0 \\ i(t) = C \dfrac{\mathrm{d}u(t)}{\mathrm{d}t} \end{cases} \tag{4.5.6}$$

其拉普拉斯变换，即 s 域电流欧姆定律为

$$I(s) = C[sU(s) - u(0_-)] \tag{4.5.7}$$

s 域电压欧姆定律为

$$U(s) = \frac{I(s)}{Cs} + \frac{u(0_-)}{s} \tag{4.5.8}$$

式(4.5.7)和(4.5.8)中，$\frac{1}{Cs}$ 为复容抗，$\frac{u(0_-)}{s}$ 为附加内电压，$Cu(0_-)$ 为附加内电流。

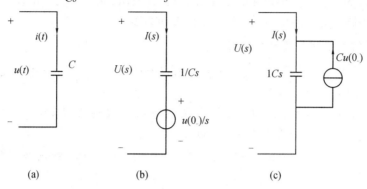

图 4-5-3　电容元件的时域模型和复频域模型

4. 基本运算器的时域和 s 域模型

基本运算器包括乘法器、加法器和积分器，其时域和 s 域模型如图 4-5-4 所示。

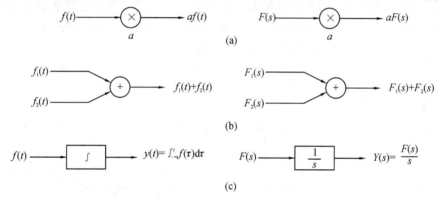

图 4-5-4　基本运算器的时域和 s 域模型

4.5.2　系统复频域模型

RLC 系统是基本的 LTI 系统，是由线性时不变电阻、电感、电容和线性受控源、独立电源组成的线性时不变系统。RLC 系统复频域模型的建立和分析的基础，是基尔霍夫定律（KCL、KVL）和 R、L、C 元件电流电压关系（VAR）的复频域形式。

1. KCL、KVL 的复频域形式

KCL 和 KVL 的时域形式为

$$\begin{cases} \sum i(t) = 0 \\ \sum u(t) = 0 \end{cases} \tag{4.5.9}$$

设 RLC 系统电路中支路电流 $i(t)$ 和支路电压 $u(t)$ 的单边拉普拉斯变换分别为 $I(s)$ 和 $U(s)$，对上式取单边拉普拉斯变换，再由线性性质，得到

$$\begin{cases} \sum I(s) = 0 \\ \sum U(s) = 0 \end{cases} \tag{4.5.10}$$

式(4.5.10)表明：对于电路中任意节点，流入(流出)该节点的象电流代数和为零；对于电路中任意回路，绕该回路一周，象电压代数和为零。

2. RLC 系统的复频域模型及分析方法

若把 RLC 系统中的激励和响应都用其象函数表示，R、L、C 元件用其复频域的模型表示，就得到系统的复频域模型。

在复频域中，RLC 系统的激励与响应的关系是关于 s 的代数方程。

利用拉普拉斯变换法分析电路的步骤如下：

(1) 首先将电路中元件用其 s 域模型替换，将激励源用其象函数表示，得到整个电路的 s 域模型；

(2) 应用所学的各种电路的分析方法对 s 域模型列 s 域方程，并求解；

(3) 得到待求响应的象函数以后，通过拉普拉斯逆变换得到响应的时域解。

例 4-5-1 求图 4-5-5 所示 RLC 电路的冲激响应。

解 由于系统函数 $H(s)$ 与系统的单位冲激响应 $h(t)$ 是一对拉普拉斯变换对，因此对 $H(s)$ 求拉普拉斯逆变换即可求得 $h(t)$，这比在时域求解微分方程要简便得多。

根据图 4-5-5 所示电路可得到 s 域模型，如图 4-5-6 所示。

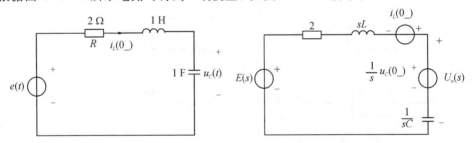

图 4-5-5　RLC 电路　　　　　　　　图 4-5-6　RLC 电路的 s 域模型

设电路初始状态为 0，根据电路的 s 域模型，可直接写出电路的系统函数：

$$H(s) = \frac{U_o(s)}{E(s)} = \frac{\dfrac{1}{sC}}{R + sL + \dfrac{1}{sC}}$$

$$= \frac{1}{s^2 + 2s + 1}$$

由此得到冲激响应为

$$h(t) = \mathcal{L}^{-1}\big[H(s)\big] = te^{-1}\varepsilon(t)。$$

例 4-5-2 如图 4-5-7 所示的 RLC 系统，$u_{s1}(t) = 2$ V，$u_{s2}(t) = 4$ V，$R_1 = R_2 = 1$ Ω，$L = 1$ H，$C = 1$ F。系统在 $t < 0$ 时电路已达稳态，$t = 0$ 时开关由位置 1 接到位置 2，求 $t \geqslant 0$ 时的完全响应 $i_L(t)$、零输入响应 $i_{Lzi}(t)$ 和零状态响应 $i_{Lzs}(t)$。

解 (1) 求完全响应 $i_L(t)$。

根据题意可知 $t=0$ 时系统的 s 域模型如图 $4-5-8$ 所示，其 0_- 状态的初始值为

$$i_L(0_-) = \frac{u_{s1}(t)}{R_1 + R_2} = 1 \text{ A}$$

$$u_C(0_-) = \frac{R_2}{R_1 + R_2} u_{s1}(t) = 1 \text{ V}$$

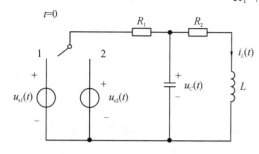

图 $4-5-7$　RLC 系统

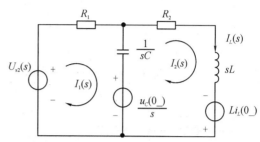

图 $4-5-8$　系统的 s 域模型

s 域的回路方程为

$$\begin{cases} \left(R_1 + \dfrac{1}{sC}\right)I_1(s) - \dfrac{1}{sC}I_2(s) = U_{s2}(s) - \dfrac{u_C(0_-)}{s} \\ -\dfrac{1}{sC}I_1(s) + \left(\dfrac{1}{sC} + R_2 + sL\right)I_2(s) = \dfrac{u_C(0_-)}{s} + Li_L(0_-) \end{cases}$$

式中，$U_{s2}(s) = \mathcal{L}[u_{s2}(t)] = \dfrac{4}{s}$，把 $U_{s2}(s)$ 及各元件的值代入回路方程，解回路方程得

$$I_L(s) = I_2(s) = \frac{s^2 + 2s + 4}{s(s^2 + 2s + 2)} = \frac{(s+2)^2}{s[(s+1)^2 + 1]}$$

取 $I_L(s)$ 的单边拉普拉斯反变换，得到全响应：

$$i_L(t) = \mathcal{L}^{-1}[I_L(s)] = 2 + \sqrt{2}\mathrm{e}^{-t}\cos\left(t + \frac{3\pi}{4}\right)$$

（2）求零输入响应 $i_{Lzi}(t)$。

设零输入响应 $i_{Lzi}(t)$ 的单边拉普拉斯变换为 $I_{Lzi}(s)$，回路电流的象函数分别为 $I_{1x}(s)$ 和 $I_{2x}(s)$，如图 $4-5-9$ 所示。列出回路方程

$$\begin{cases} \left(R_1 + \dfrac{1}{sC}\right)I_{1x}(s) - \dfrac{1}{sC}I_{2x}(s) = -\dfrac{u_C(0_-)}{s} \\ -\dfrac{1}{sC}I_{1x}(s) + \left(\dfrac{1}{sC} + R_2 + sL\right)I_{2x}(s) = \dfrac{u_C(0_-)}{s} + Li_L(0_-) \end{cases}$$

把各元件的值及 $u_C(0_-)$ 和 $i_L(0_-)$ 的值代入回路方程，得

$$I_{Lzi}(s) = I_{2x}(s) = \frac{s+2}{(s+1)^2 + 1}$$

取 $I_{Lzi}(s)$ 的单边拉普斯反变换，得到零输入响应：

$$i_{Lzi}(t) = \mathcal{L}^{-1}[I_{Lzi}(s)] = -\sqrt{2}\mathrm{e}^{-t}\cos\left(t + \frac{3\pi}{4}\right) \quad t \geqslant 0$$

（3）求零状态响应 $i_{Lzs}(t)$。

设零状态响应 $i_{Lzs}(t)$ 的单边拉普拉斯变换为 $I_{Lzs}(s)$，可用上述的回路分析法求出 $I_{Lzs}(s)$，然后取拉普拉斯反变换得到 $i_{Lzs}(t)$。也可以根据 s 域电路模型求出系统函数 $H(s)$，

然后通过 $H(s)$ 求 $I_{Lzs}(s)$ 和 $i_{Lzs}(t)$。方法如下：

RLC 系统零状态响应的回路如图 4-5-10 所示，令 ab 端的输入运算阻抗为 $Z(s)$，则有

$$Z(s) = R_1 + \frac{(R_2 + sL)\frac{1}{sC}}{\frac{1}{sC} + R_2 + sL} , \quad I(s) = \frac{U_{s2}(s)}{Z(s)}$$

$$I_{Lzs}(s) = \frac{\frac{1}{sC}}{\frac{1}{sC} + R_2 + sL}I(s) = \frac{\frac{1}{sC}}{\frac{1}{sC} + R_2 + sL} \cdot \frac{U_{s2}(s)}{Z(s)}$$

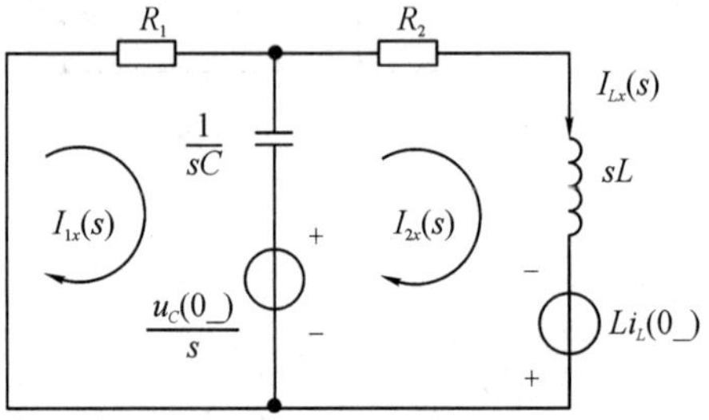

图 4-5-9　RLC 系统零输入响应 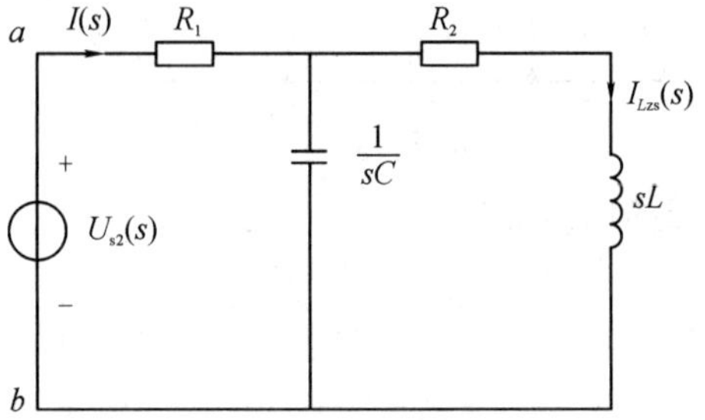　　　图 4-5-10　RLC 系统零状态响应

把 $Z(s)$ 的表示式代入上式得到 $H(s)$ 为

$$H(s) = \frac{I_{Lzs}(s)}{U_{s2}(s)} = \frac{1}{R_1LCs^2 + (R_1R_2C + L)s + (R_1 + R_2)} = \frac{1}{s^2 + 2s + 2}$$

因此得

$$I_{Lzs}(s) = H(s)U_{s2}(s) = \frac{4}{s[(s+1)^2 + 1]}$$

取 $I_{Lzs}(s)$ 的单边拉普拉斯的反变换，得零状态响应 $i_{Lzs}(t)$：

$$i_{Lzs}(t) = \left[2 + 2\sqrt{2}\mathrm{e}^{-t}\cos\left(t + \frac{3\pi}{4}\right)\right]\varepsilon(t)$$

4.5.3　拉普拉斯变换求解微分方程、系统响应

我们知道，用时域分析法求解 LTI 系统的全响应时，要分别求出系统的零输入响应和零状态响应，然后将两者相加后得到系统的全响应。

拉普拉斯变换法是解线性微分方程的一种简便方法，利用拉普拉斯变换法可以把时域微分方程变换成为 s 域的代数方程，利用常见函数的拉普拉斯变换表，即可方便地查得相应的微分方程解。

微分方程的初始状态可以包含到象函数中，直接求得微分方程的全解，也可分别求得零输入响应与零状态响应。这样就使方程求解大为简化，与常系数线性微分方程的经典求解方法相比，用拉普拉斯变换法求解电路有如下两个显著的特点：

（1）只需一步运算就可以得到微分方程的通解和特解。

应用拉普拉斯变换法得到的解是线性微分方程的全解，用经典法求解微分方程全解时

需要利用初始条件来确定积分常数的值，这一过程比较麻烦，而应用拉普拉斯变换就可省去这一步。

这是由于电路微分方程变换为代数方程，电路的初始条件按附加电源处理，不需要专门求解 $t=0_+$ 时刻的初始值，因为初始条件已自动地包含在微分方程的拉普拉斯变换式之中了，全响应可一次求得，可同时获得的瞬态分量和稳态分量两部分，不必按强迫响应和固有响应、零输入响应和零状态响应求解。

而且，如果所有初始条件都为零，那么求取微分方程的拉普拉斯变换式就更为方便，只要简单地用复变量 s 来代替微分方程中的 $\dfrac{\mathrm{d}}{\mathrm{d}t}$，用 s^2 代替 $\dfrac{\mathrm{d}^2}{\mathrm{d}t^2}$，依此类推就可得到全解。

（2）微分方程通过拉普拉斯变换转化成含有 s 的代数方程，然后运用简单的代数法则就可以得到代数方程在 s 域上的解，而只要再取一次拉普拉斯反变换就可以得到时域上的解。

拉普拉斯变换被用于求解微分方程，主要是应用拉普拉斯变换的几个性质，使求解微分方程转变为求解代数方程，因为求解代数方程总比求解微分方程容易得多。而且，可以很方便地对求解结果进行拉普拉斯反变换从而得到原微分方程的解。

描述 n 阶连续系统的微分方程为

$$\sum_{i=0}^{n} b_i y^{(i)}(t) = \sum_{j=0}^{m} a_j x^{(j)}(t) \tag{4.5.11}$$

其中 b_i、a_j 为常数，且 $b_n=1$。设激励 $x(t)$ 在 $t=0$ 时接入系统，即 $t<0$ 时，$x(t)=0$，或者认为 $x(t)$ 是因果信号，响应为 $y(t)$，系统的初始状态为 $y(0_-)$，$y'(0_-)$，$\cdots$，$y^{(n-1)}(0_-)$，对式（4.5.11）两边做拉普拉斯变换，根据时域微分性质有

$$\sum_{i=0}^{n} b_i \left[s^{(i)} Y(s) - \sum_{p=0}^{i-1} s^{(i-1-p)} y^{(p)}(0_-) \right] = \sum_{j=1}^{m} a_j s^{(j)} X(s) \tag{4.5.12}$$

整理后得

$$Y(s) = \frac{\sum\limits_{j=1}^{m} a_j s^{(j)}}{\sum\limits_{i=1}^{n} b_i s^{(i)}} \cdot X(s) + \frac{\sum\limits_{i=1}^{n} b_i \left[\sum\limits_{p=0}^{i-1} s^{(i-1-p)} y^{(p)}(0_-) \right]}{\sum\limits_{i=1}^{n} b_i s^{(i)}} \tag{4.5.13}$$

式（4.5.13）中等号右端的第 2 项仅与系统的初始状态有关，而与系统的激励信号无关，因此它是系统零输入响应 $y_{zi}(t)$ 的拉普拉斯变换式，即

$$\mathcal{L}\left[y_{zi}(t) \right] = Y_{zi}(s) = \frac{\sum\limits_{i=1}^{n} b_i \left[\sum\limits_{p=0}^{i-1} s^{(i-1-p)} y^{(p)}(0_-) \right]}{\sum\limits_{i=1}^{n} b_i s^{(i)}} \tag{4.5.14}$$

式（4.5.13）中等号右端的第 1 项仅与系统激励信号有关，而与系统的初始状态无关，因此它是系统零状态响应 $y_{zs}(t)$ 的拉普拉斯变换式，即

$$\mathcal{L}\left[y_{zs}(t) \right] = Y_{zs}(s) = \frac{\sum\limits_{j=1}^{m} a_j s^{(j)}}{\sum\limits_{i=1}^{n} b_i s^{(i)}} \cdot X(s) \tag{4.5.15}$$

　　分别对式（4.5.13）、式（4.5.14）及式（4.5.15）进行拉普拉斯反变换，可以求得系统的全响应 $y(t)$、零输入响应 $y_{zi}(t)$ 及零状态响应 $y_{zs}(t)$。所以有

$$y(t) = y_{zi}(t) + y_{zs}(t) \tag{4.5.16}$$

　　应用拉普拉斯变换解线性微分方程时，采用下列步骤：

　　（1）对线性微分方程中每一项进行拉普拉斯变换，使微分方程变为复变量 s 的代数方程（称为变换方程）。

　　（2）用代数方法对代数方程进行合并、化简等，得到有关复变量 s 的拉普拉斯表达式，求解变换方程，得出系统输出变量的象函数表达式。

　　（3）将输出的象函数表达式展开成部分分式。

　　（4）对部分分式进行拉普拉斯反变换（可查常见函数的拉普拉斯变换表），即得微分方程的时域全解。

　　例 4 - 5 - 3　描述某 LTI 系统的微分方程为

$$y''(t) + 3y'(t) + 2y(t) = 2f'(t) + 6f(t)$$

已知 $y(0_-) = 2$，$y'(0_-) = 0$，$f(t) = \varepsilon(t)$，求该系统的零输入响应、零状态响应和全响应。

　　解　对微分方程取拉普拉斯变换，有

$$[s^2 Y(s) - sy(0_-) - y'(0_-)] + 3[sY(s) - y(0_-)] + 2Y(s) = 2sF(s) + 6F(s)$$

整理得

$$Y(s) = Y_{zi}(s) + Y_{zs}(s) = \frac{sy(0_-) - y'(0_-) + 3y(0_-)}{s^2 + 3s + 2} + \frac{2s + 6}{s^2 + 3s + 2} F(s)$$
$$\tag{4.5.17}$$

　　（1）求全响应。

　　将初始状态和 $F(s) = \dfrac{1}{s}$ 代入式（4.5.17），整理得

$$\begin{aligned}
Y(s) &= \frac{sy(0_-) - y'(0_-) + 3y(0_-)}{s^2 + 3s + 2} + \frac{2s + 6}{s^2 + 3s + 2} F(s) \\
&= \frac{2s - 0 + 6}{s^2 + 3s + 2} + \frac{2s + 6}{s^2 + 3s + 2} \cdot \frac{1}{s} \\
&= \frac{4}{s + 1} - \frac{2}{s + 2} - \frac{4}{s + 1} + \frac{1}{s + 2} + \frac{3}{s} \\
&= -\frac{1}{s + 2} + \frac{3}{s}
\end{aligned}$$

对上式取拉普拉斯逆变换就得到系统响应：

$$y(t) = (3 - e^{-2t})\varepsilon(t)$$

　　与例 3 - 3 - 2 比较，可见两种方法求得的结果相同，而拉普拉斯变换求系统响应更方便。此外还可用分别求出零输入响应和零状态响应的方法，来求解全响应。

　　（2）求零输入响应。

$$Y_{zi}(s) = \frac{sy(0_-) - y'(0_-) + 3y(0_-)}{s^2 + 3s + 2} = \frac{2s + 6}{s^2 + 3s + 2} = \frac{4}{s + 1} - \frac{2}{s + 2} \tag{4.5.18}$$

　　对式（4.5.18）取拉普拉斯逆变换，得到零输入响应为

$$y_{zi}(t) = (4e^{-t} - 2e^{-2t})\varepsilon(t)$$

(3) 求零状态响应。

由式(4.5.17)可知

$$Y_{zs}(s) = \frac{2s+6}{s^2+3s+2}F(s)$$

上式代入初始状态和 $F(s) = \dfrac{1}{s}$，得

$$
\begin{aligned}
Y_{zs}(s) &= \frac{2s+6}{s^2+3s+2}F(s) = \frac{2s+6}{s^2+3s+2} \cdot \frac{1}{s}\\
&= \frac{2s+6}{s(s+1)(s+2)} = \frac{3}{s} - \frac{4}{s+1} + \frac{1}{s+2}
\end{aligned}
\tag{4.5.19}
$$

对式(4.5.19)取拉普拉斯逆变换，得到零状态响应为

$$y_{zs}(t) = (e^{-2t} - 4e^{-t} + 3)\varepsilon(t)$$

系统全响应为

$$
\begin{aligned}
y(t) &= y_{zi}(t) + y_{zs}(t)\\
&= (4e^{-t} - 2e^{-2t})\varepsilon(t) + (e^{-2t} - 4e^{-t} + 3)\varepsilon(t)\\
&= (3 - e^{-2t})\varepsilon(t)
\end{aligned}
$$

例 4 - 5 - 4　设 RC 网络如图 4 - 5 - 11 所示，在开关 K 闭合之前，电容 C 上有初始电压 $u_C(0)$。试求开关瞬时闭合后，电容的端电压 u_C（网络输出）。

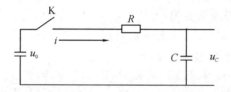

图 4 - 5 - 11　RC 网络

解　开关 K 瞬时闭合，相当于网络有阶跃电压 $u_C(t) = u_0 \cdot \varepsilon(t)$ 输入。故网络微分方程为

$$
\begin{cases}
u_R = Ri + u_C\\
u_C = \dfrac{1}{C}\displaystyle\int i\,\mathrm{d}t
\end{cases}
$$

消去中间变量 i，得网络微分方程为

$$RC\frac{\mathrm{d}u_C}{\mathrm{d}t} + u_C = u_R$$

对上式进行拉普拉斯变换，得变换方程

$$RCsU_C(s) - RCu_C(0) + U_C(s) = U_R(s)$$

将输入阶跃电压的拉普拉斯变换式 $U_R(s) = \dfrac{u_0}{s}$ 代入上式，并整理得电容端电压的拉普拉斯变换式：

$$U_C(s) = \frac{u_0}{s(RCs+1)} + \frac{RC}{(RCs+1)}u_C(0)$$

可见等式右边由两部分组成，一部分由输入所决定，另一部分由初始值决定。

将输出的象函数 $U_C(s)$ 展成部分分式：

$$U_C(s) = \frac{1}{s}u_0 - \frac{RC}{RCs+1}u_0 + \frac{RC}{RCs+1}u_C(0)$$

或

$$U_C(s) = \frac{1}{s}u_0 - \frac{1}{s+\frac{1}{RC}}u_0 + \frac{1}{s+\frac{1}{RC}}u_C(0)$$

等式两边进行拉普拉斯反变换，得

$$u_C(t) = u_0(1 - e^{-\frac{1}{RC}t}) + u_C(0)e^{-\frac{1}{RC}t}$$

此式表示了 RC 网络在开关闭合后输出电压 $u_C(t)$ 的变化过程。可见，方程右端第 1 项取决于外加的输入作用 $u_0 \cdot \varepsilon(t)$，表示了网络输出响应 $u_C(t)$ 的稳态分量，也称强迫响应；第 2 项表示 $u_C(t)$ 的瞬态分量，该分量随时间变化的规律取决于系统结构参量 R、C 所决定的特征方程式(即 $RCs+1=0$)的根 $-\frac{1}{RC}$。显然，当初始值 $u_C(0)=0$ 时，该项为 0，于是就有 $u_C(t) = u_0(1 - e^{-\frac{1}{RC}t})$。

例 4 - 5 - 5　在例 3 - 3 - 3 的分析中，已知该电路的微分方程为 $u'_C(t) + 2u_C(t) = 2u_i(t)$，输入信号为 $u_i(t) = (1 + e^{-3t})\text{V}\ (t \geqslant 0)$，用拉普拉斯变换法求：

(1) $u_C(0_-) = 0$ 时的零状态响应。

(2) $u_C(0_-) = 4\ \text{V}$ 时的完全响应。

解

(1) 将微分方程取拉普拉斯变换

$$\mathcal{L}[u'_C(t)] + 2\mathcal{L}[u_C(t)] = 2\mathcal{L}[(1+e^{-3t})]$$

右端输入信号的拉普拉斯变换程序如下：

```
>>syms u t y x;
>>x=1+exp(-3*t);
>>Xs=laplace(x)
```

得

```
Xs=1/(s+3)+1/s
```

左端的拉普拉斯变换程序如下：

```
>>u=sym('u(t)');
>>y=diff(u)+2*u
y=diff(u(t),t)+2*u(t)
```

利用拉普拉斯变换的微分定理，将微分方程变换成如下形式：

```
>>Ys=laplace(y)
```

得

```
Ys=s*laplace(u(t),t,s)-u(0)+2*laplace(u(t),t,s)
```

即微分方程的拉普拉斯变换为

$$sU(s) - u_C(0_-) + 2U(s) = 2\left[\frac{1}{s} + \frac{1}{s+3}\right]$$

(2) 求 $u_C(0_-) = 0$ 时的零状态响应。由于 $u_C(0_-) = 0$，故

$$U(s) = 2\left(\frac{1}{s^2+2s} + \frac{1}{s^2+5s+6}\right)$$

（3）用拉普拉斯反变换得到微分方程的时域解的零状态响应。程序如下：

```
>>syms U s t;
>>U=2/(s^2+2*s)+2/(s^2+5*s+6);
>>u=ilaplace(U)
u=1/exp(2*t)-2/exp(3*t)+1
```

即零状态响应为 $u_C(t) = 1 + \mathrm{e}^{-2t} - 2\mathrm{e}^{-3t}$，这与式(3.3.29)结果相同。

（4）求 $u_C(0_-) = 4$ V 时的完全响应。

$u_C(0_-) = 4$ V 时的零输入响应：$sU(s) - 4 + 2U(s) = 0$，即 $U(s) = \dfrac{4}{s+2}$。故，完全响应的拉普拉斯变换为

$$U(s) = \frac{2}{s^2 + 2s} + \frac{2}{s^2 + 5s + 6} + \frac{4}{s+2}$$

用拉普拉斯反变换得到微分方程的时域解，即完全响应。程序如下：

```
>>U=2/(s^2+2*s)+2/(s^2+5*s+6)+4/(s+2);
>>u=ilaplace(U)
u=5/exp(2*t)-2/exp(3*t)+1
```

即 $u_C(0_-) = 4$ V 时的完全响应为 $u_C(t) = 5\mathrm{e}^{-2t} - 2\mathrm{e}^{-3t} + 1$，这与式(3.3.30)结果相同。

（5）下列程序绘制出完全响应曲线，如图 4-5-12 所示。

```
>>t=0:0.01:4;
>>u=5*exp(-2*t)-2*exp(-3*t)+1;
>>plot(t,u);axis([-0.2 4 -0.2 4.2])
>>line([0 4],[1 1],'Marker','.','LineStyle','--');line([-0.2 4],[0 0]);line
([0 0],[-0.2 4.2]);
>>xlabel('t(s)');ylabel('uc(t)');title('完全响应曲线')
```

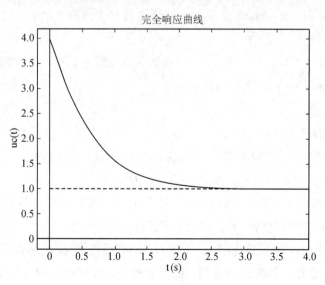

图 4-5-12 低通滤波器的完全响应曲线

4.5.4　基于 MATLAB 的电路分析

除了求解系统函数和微分方程外，MATLAB 可以很方便地用于电路的一般分析，如进行复数运算、求解相量图、绘制幅频特性和相频特性等。常用的函数如下：

- real(A)：求复数或复数矩阵"A"的实部。
- imag(A)：求复数或复数矩阵"A"的虚部。
- conj(A)：求复数或复数矩阵"A"的共轭。
- abs(A)：求复数或复数矩阵"A"的模，可用于绘制幅频特性。
- angle(A)：求复数或复数矩阵"A"的辐角，单位为弧度，可用于绘制相频特性。

需要注意的是，MATLAB 以弧度为单位计算三角函数(sin、cos、tan 等)、反三角函数(arcsin、arccos、arctan 等)时，返回参数的单位也是弧度。

- compass() 函数可绘制相量的相量图，调用格式：compass([i1,i2,i3…])，引用参数为相量构成的行向量。

例 4 - 5 - 6　已知系统网络函数为 $H(s) = \dfrac{s+3}{(s+1)(s^2+5s+1)}$，用 MATLAB 绘制幅频特性和相频特性。

解　绘制幅频特性和相频特性的方法之一，就是将 s 用 $j\omega$ 代替，直接利用 MATLAB 编程实现。程序如下：

```
w=0:0.01:100;
Hs=(j*w+3)./(j*w+1)./((j*w).^2+5*j*w+1);
Hs_F=20*log10(abs(Hs));           %幅频特性用 dB 表示
Hs_A=angle(Hs)*180/pi;            %将弧度转化为角度
subplot(2,1,1);
semilogx(w,Hs_F)                  %横坐标以对数坐标表示的半对数曲线
ylabel('|H(jw)|');title('幅频特性(dB)');
subplot(2,1,2);
semilogx(w,Hs_A)
ylabel('angle(jw)');title('相频特性(dB)');
```

绘制的幅频特性和相频特性，如图 4 - 5 - 13 所示。

例 4 - 5 - 7　如图 4 - 5 - 14 所示，日光灯在正常发光时启辉器断开，日光灯等效为电阻，在日光灯电路两端并联电容，可以提高功率因数。已知 40 W 日光灯等效电阻 $R=250\ \Omega$，镇流器线圈电阻 $r=10\ \Omega$，镇流器电感 $L=1.5\ H$，$C=5\ \mu F$。画出电路等效模型，画出日光灯支路、电容支路电流和总电流的相量图，镇流器电压、灯管电压和电源电压相量图及相应的电压电流波形。

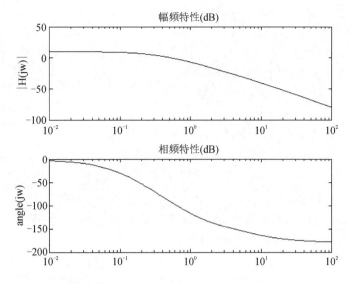

图 4 - 5 - 13　绘制幅频特性和相频特性

解　(1) 等效电路如图 4 - 5 - 15 所示。

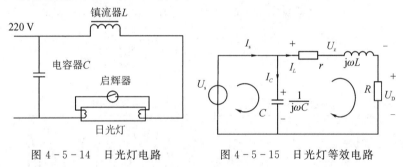

图 4 - 5 - 14　日光灯电路　　　　图 4 - 5 - 15　日光灯等效电路

依据已知条件可得

$$U_s = 220 \text{ V}, \quad I_C = j\omega C \cdot U_s = j100\pi \cdot 5 \cdot 10^{-6} \cdot 220 = j0.3456$$

$$I_L = \frac{U_s}{R + r + j\omega L} = \frac{220}{250 + 10 + j100 \cdot \pi \cdot 1.5} = 0.1975 - j0.3579$$

$$I_s = I_C + I_L = 0.1975 - j0.0123$$

$$U_z = I_L(r + j\omega L) = 170.6264 + j89.4879$$

$$U_D = U_s - U_z = 49.3736 - j89.4879$$

(2) MATLAB 编程绘制相量图和波形，程序如下：

```
Us=220;Uz=170.6264+89.44879j;Ud=49.3736-89.4879j;
Ic=0.3456j;IL=0.1975-0.3579j;Is=0.1975-0.0123j;
subplot(2,2,1);
compass([Us,Uz,Ud]);title('电压相量图');
subplot(2,2,2);
compass([Ic,IL,Is]);title('电流相量图');
t=0:1e-3:0.1;
```

```
w=2 * pi * 50;
us=220 * sin(w * t);
uz=abs(Uz) * sin(w * t+angle(Uz));
ud=abs(Ud) * sin(w * t+angle(Ud));
ic=abs(Ic) * sin(w * t+angle(Ic));
iL=abs(IL) * sin(w * t+angle(IL));
is=abs(Is) * sin(w * t+angle(Is));
subplot(2,2,3);
plot(t,us,t,uz,t,ud);title('电压波形相位图');
subplot(2,2,4);
plot(t,is,t,ic,t,iL);title('电流波形相位图');
```

绘制的相量图和波形如图 4-5-16 所示。

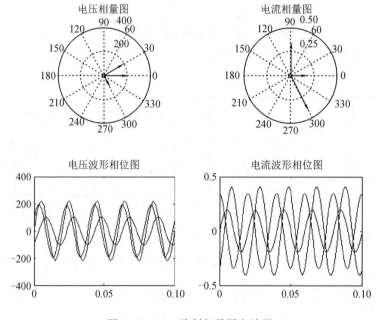

图 4-5-16　绘制相量图和波形

练习与思考

4-1　设系统微分方程为 $y''(t)+4y'(t)+3y(t)=2f'(t)+f(t)$，$f(t)=\mathrm{e}^{-2t}\cdot\varepsilon(t)$，试用 s 域分析法分别求出系统的零状态响应 $y_{zs}(t)$ 和冲激响应。

4-2　某 LTI 系统的微分方程为 $y''(t)+5y'(t)+6y(t)=2f'(t)+6f(t)$。已知 $f(t)=\varepsilon(t)$，$y(0_-)=2$，$y'(0_-)=1$。试用 s 域分析法分别求出系统的零输入响应 $y_{zi}(t)$、零状态响应 $y_{zs}(t)$ 和全响应 $y(t)$。

4-3　若有线性时不变系统的方程为 $y'(t)+ay(t)=f(t)$，若在非零 $f(t)$ 作用下其响应为 $y(t)=1-\mathrm{e}^{-t}$，试求方程 $y'(t)+ay(t)=2f(t)+f'(t)$ 的响应。

4-4　(1) 设有二阶系统方程 $y''(t)+4y'(t)+4y(t)=0$，在某初始状态下的 0_+ 状态初始值为 $y(0_+)=1$，$y'(0_+)=2$，试求零输入响应。

(2) 设有二阶系统方程 $y''(t)+3y'(t)+2y(t)=4\delta'(t)$，试求零状态响应。

(3) 设有一阶系统方程 $y'(t)+3y(t)=f'(t)+f(t)$，求其冲激响应 $h(t)$ 和阶跃响应 $\varepsilon(t)$。

4-5　一线性时不变系统，在某初始状态下，已知当输入 $f(t)=\varepsilon(t)$ 时，全响应 $y_1(t)=3\mathrm{e}^{-3t}\cdot\varepsilon(t)$；当输入 $f(t)=-\varepsilon(t)$ 时，全响应 $y_2(t)=\mathrm{e}^{-3t}\cdot\varepsilon(t)$，试求该系统的冲激响应 $h(t)$。

4-6　一滤波器的频率特性如题 4-6 图所示，当输入为所示的 $f(t)$ 信号时，求相应的输出响应 $y(t)$。

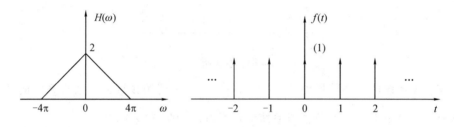

题 4-6 图

4-7　RLC 电路如题 4-7 图所示，试用 s 域分析法求电路中的电压 $u(t)$。

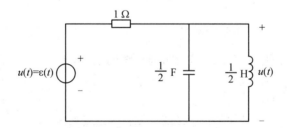

题 4-7 图

4-8　RLC 电路如题 4-8 图所示，已知 $u_s(t)=5\varepsilon(t)$，$i(0_-)=2\text{ A}$，$u(0_-)=2\text{ V}$，试用 s 域分析法求全响应 $u(t)$。

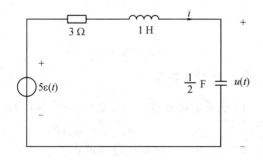

题 4-8 图

4-9　若有系统方程 $y''(t)+5y'(t)+6y(t)=\delta(t)$，且 $y(0_-)=y'(0_-)=0$，试求

$y(0_+)$ 和 $y'(0_+)$。

4-10　设有系统函数 $H(s) = \dfrac{s+3}{s+2}$，试求系统的冲激响应和阶跃响应。

4-11　系统如题 4-11 图所示，已知 $R_1 = R_2 = 1\,\Omega$，$L = 1\,H$，$C = 1\,F$，试求冲激响应 $u_C(t)$。

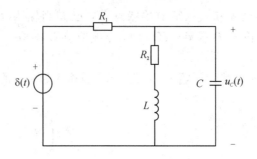

题 4-11 图

4-12　设系统的频率特性为 $H(\omega) = \dfrac{2}{j\omega + 2}$，(1) 试用频域分析法求系统的冲激响应和阶跃响应；(2) 试用 s 域分析法求系统的冲激响应和阶跃响应。

4-13　若系统的零状态响应 $y(t) = f(t) * h(t)$，试证明：

(1) $f(t) * h(t) = \dfrac{\mathrm{d}f(t)}{\mathrm{d}t} * \displaystyle\int_{-\infty}^{t} h(\tau)\mathrm{d}\tau$；

(2) 利用 (1) 的结果，证明阶跃响应 $\varepsilon(t) = \displaystyle\int_{-\infty}^{t} h(\tau)\mathrm{d}\tau$。

4-14　题 4-14 图所示为二阶有源带通系统的模型，设 $R = 1\,\Omega$，$C = 1\,F$，$K = 3$，试求系统函数 $H(s) = \dfrac{U_2(s)}{U_1(s)}$。

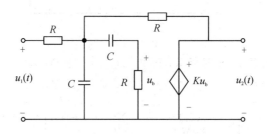

题 4-14 图

4-15　如果输入信号 $u_i(t)$ 的频谱为 $U_i(\omega) = \dfrac{1}{j\omega}(1 - e^{-j\omega})$，用傅里叶变换的卷积定理计算该信号通过图 4-1-10 所示的低通滤波电路后(设 $R = 100\,k\Omega$，$C = 10\,\mu F$)，输出响应 $u_o(t) = ?$

4-16　设有 $y(t) = e^{-3t}\varepsilon(t) * \delta'(t)$，试用卷积定理求 $y(t)$。

第 5 章　离散系统的时域分析

在系统分析方法中，连续系统有时域、频域和 s 域分析法，相应地，离散系统也有时域、频域和 z 域分析法。在系统响应的分解方面，两者都可以分解为零输入响应和零状态响应，或者自由响应和强迫响应等。可见，在对离散系统进行研究时，可以把它与连续系统相对比，这对于系统分析方法的理解、掌握和运用是很有帮助的。但应该指出连续系统与离散系统还存在着一定的差别，学习时也应该注意这些差别，从而真正深入理解系统分析方法并加以应用。

由于在线性时不变离散系统中，时间的变化是通过移位来实现的，因此 LTI 离散系统往往称为线性移不变系统，简称为 LSI 系统。

5.1　离　散　信　号

5.1.1　获得离散信号的方法

1. 离散信号的定义

一般将时间不连续但幅度值仍连续的信号称为离散信号，离散信号是在连续信号上采样得到的信号。

离散信号可以从两个方面来定义：

(1) 离散信号是只在一系列离散的时间点 n 或 k（n、$k=0$，± 1，± 2，…）上才有确定值的信号，而在其他的时间上无意义，因此它在时间上是不连续的序列，并且是离散变量 n、k 的函数。

在数学上，离散信号表示为数的序列，即其自变量是"离散"的，记为 $[x(n)]$、$[f(k)]$，或用集合符号表示为 $\{x(n)\}$、$\{f(k)\}$。第 n、k 个数记为 $x(n)$、$f(k)$，为方便起见，本书就简单地用 $x(n)$、$f(k)$ 表示"序列"，这个序列的每一个值都可以看作连续信号的一个采样值，如图 5-1-1(a) 所示。

尽管独立变量 n、k 不一定表示物理意义上的"时间"，例如温度、距离等。但一般把 $x(n)$ 看作时间的函数，n 代表"时间"。在坐标系中横轴为"时间"自变量 n，只有整数值有意义；纵轴是函数值，其线段的长度代表各序列值的大小。

(2) 时间上和幅度值上都取离散值的信号则称为数字信号，如图 5-1-1(b) 所示。

离散信号并不等同于数字信号，数字信号不仅在时间上是离散的，而且在幅度值上也是离散的。因此离散信号的精度可以是无限的，而数字信号的精度是有限的。而有着无限精度，即在幅度值上连续的离散信号又叫采样信号，所以离散信号包括了数字信号和采样信号。

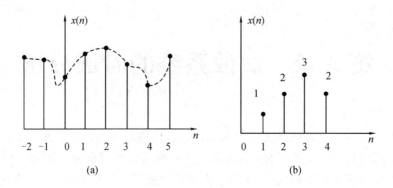

图 5 - 1 - 1　离散信号和数字信号

2. 离散信号的获取方法

离散信号的获取方法有两种：

• 直接获取：从应用实践中直接取得离散信号，例如人口统计数据，气象站每隔一定时间测量的温度、风速等数据。

• 从连续信号取样：对连续时间信号 $x(t)$ 进行采样获得离散信号。采样间隔一般为均匀间隔，简化记为 $x(n)$。

5.1.2　离散信号的描述形式

离散信号的描述形式有 3 种：

(1) 数学解析式。

离散信号可以用数学函数解析式表示，如

$$x(n) = \begin{cases} n & 0 \leqslant n \leqslant 4 \\ 0 & \text{其他 } k \end{cases} \tag{5.1.1}$$

(2) 序列形式。

离散信号也可以用集合的方式表示，即用信号的瞬时值表示离散信号序列，例如式(5.1.1)的数学解析式可用序列形式表示为

$$x(n) = [0, 1, 2, 3, 4]$$

(3) 图形形式。

在图形(波形)中用线段的长度表示序列的瞬时值。数学解析式和序列形式都可用图形形式表示，如图 5 - 1 - 2 所示。

根据离散变量的取值，序列又常分为以下 3 种：

• 双边序列：$-\infty \leqslant n \leqslant \infty$。

• 单边序列：$0 \leqslant n \leqslant \infty$。

• 有限序列：$n_1 \leqslant n \leqslant n_2$。

由于离散信号定义的时间为 nT，显然有 $\omega = \Omega T$。其关系如下：

$$\omega = \Omega \cdot T_s = \frac{\Omega}{1/T_s} = \frac{\Omega}{f_s} = 2\pi \frac{f}{f_s} \tag{5.1.2}$$

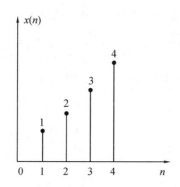

图 5-1-2　离散信号的图形形式

式中，$f_s = kf$ 为抽样频率，k 为抽样频率倍数；f（或 Ω）为信号模拟频率（或角频率），单位为 Hz（或 rad/s）；$\dfrac{f}{f_s}$ 称为归一化频率，即数字频率是归一化频率的 2π 倍；ω 为数字角频率，表示相邻两个样值间弧度的变化量。

注意：

（1）模拟角频率 Ω 的单位是 rad/s，而数字角频率 ω 的单位为 rad。

（2）数字角频率 ω 的带宽是有限的，取值范围是 $[0, 2\pi]$ 或 $[-\pi, \pi]$，这也是与模拟频率的较大区别点之一。

5.1.3　常见的离散信号

1. 离散周期正弦信号

离散周期正弦信号可由连续周期正弦信号 $x(t) = A\sin(\Omega t + \varphi)$ 采样而来：

$$x(n) = A\sin(\omega n + \varphi) \tag{5.1.3}$$

式中，A 为正弦波振幅；$\omega = \Omega / f_s$ 为离散信号的角频率，也叫数字角频率，φ 为初相位，单位是弧度（rad），f_s 为采样频率，单位为 Hz。

例 5-1-1　在 MATLAB 中生成离散正弦信号。

解　程序如下：

```
clear all;
A=3;f0=5;phi=pi/6;
K=20;%抽样频率倍数
w0=2*pi*f0;   %基频
fs=K*f0;%抽样频率
w=w0/fs;
k=2;   %正弦波周期数
N=k*2*pi/w;
n=0:N;%时间向量
x=A*sin(w*n+phi);   %离散正弦信号
stem(n,x,'.');
```

```
xlabel('(n)');ylabel('离散正弦信号 x(n)');
line([0,1],[0,0]);
line([0,0],[-2,2]);
```

程序运行后生成的离散正弦信号如图 5-1-3 所示。

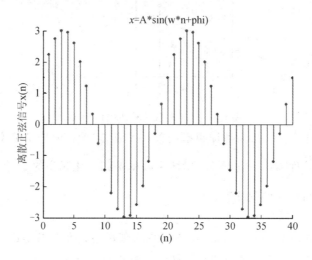

图 5-1-3　离散正弦信号

2. 单位冲激序列

冲激序列也叫单位样值信号，其定义如下：

$$\delta(n-n_0) = \begin{cases} 1 & n = n_0 \\ 0 & n \neq n_0 \end{cases} \tag{5.1.4}$$

当 $n_0=0$ 时，式(5.1.4)定义为单位冲激序列，只有 $n=0$ 处有一单位值 1，其余点上为 0。在数字系统中，序列 $\delta(n)$ 也称为离散冲激，或简称冲激，这是一种最常用也最重要的序列，它在离散时间系统中的作用，类似于连续时间系统中单位冲激函数 $\delta(t)$ 所起的作用，连续时间系统中，$\delta(t)$ 的脉宽为 0，振幅为 ∞，$\delta(t)$ 是一种数学极限，并非现实的信号；而离散时间系统中的 $\delta(n)$，是一个现实的序列，其脉冲振幅为 1(有限值)。

离散冲激的主要性质如下：

筛选特性：$x(n) = \sum\limits_{k=-\infty}^{\infty} x(k)\delta(k-n)$；

乘积特性：$x(k)\delta(k-n) = x(n)\delta(k-n)$。

因此，可以将任意离散序列表示为一系列延时单位函数的加权和，即

$$x(n) = \cdots x(-2)\delta(n+2) + x(-1)\delta(n+1) + x(0)\delta(n) +$$
$$x(1)\delta(n-1) + x(2)\delta(n-2) + \cdots$$
$$= \sum\limits_{k=-\infty}^{\infty} x(n)\delta(k-n)$$

3. 单位阶跃序列

阶跃序列的定义如下：

$$\varepsilon(n - n_0) = \begin{cases} 1 & n \geqslant n_0 \\ 0 & n < n_0 \end{cases} \tag{5.1.5}$$

当 $n_0 = 0$ 时，式(5.1.5)定义为单位阶跃序列，在大于等于 0 的离散时间点上有无穷个幅度值为 1 的数值，类似于连续时间信号中的单位阶跃信号 $\varepsilon(t)$。

单位阶跃序列还可表示为

$$\varepsilon(n) = \delta(n) + \delta(n-1) + \delta(n-2) + \delta(n-3) + \cdots = \sum_{k=0}^{\infty} \delta(n-k)$$

单位阶跃序列可表示为单位冲激序列的求和，而 $\delta(n) = \varepsilon(n) - \varepsilon(n-1)$，即单位冲激序列可以表示为单位阶跃序列的后向差分。

注意：

(1) $\delta(n)$ 序列是一种最基本、最重要的序列，任何一个序列都可以用它来构造。

(2) 与连续系统不同的是，$\delta(n)$ 与 $\varepsilon(n)$ 是差和关系，不再是微积分关系。

在 MATLAB 中，使用 ones()和 zeros()函数，生成冲激信号或冲激序列。用法如下：

(1) Y = ones(n)：返回一个"n * n"的元素均为 1 的矩阵，"n"是一个标量，否则报出错信息。

(2) Y = ones(m, n)或 Y = ones([m n])：返回一个"m * n"的元素均为 1 的矩阵，"m""n"都是标量，否则报出错信息。

(3) Y = ones(m, n, p, ⋯)或 Y = ones([m n p ⋯])：返回一个"m * n * p⋯"的元素均为 1 的矩阵。

(4) zeros()函数与 ones()函数的使用方法相同，返回元素均为 0 的矩阵。

4. 斜变序列

斜变序列的定义如下：

$$x(n) = n\varepsilon(n) \tag{5.1.6}$$

例 5 - 1 - 2　在 MATIAB 中生成单位冲激序列和单位阶跃序列，要求如下：

单位冲激序列：起点"n1"=0，终点"nf"=10，在"n0"=3 处有一单位脉冲("n1"≤"ns"≤"nf")。

单位阶跃序列：起点"n1"=0，终点"nf"=10，在"n0"=3 前为 0，在"n0"=3 后为 1 ("n1"≤"ns"≤"nf")。

解　程序如下：

```
clear, n1=0; nf=10; ns=3;
n1=n1:nf; x1=[zeros(1, ns−n1), 1, zeros(1, nf−ns)];
n2=n1:nf; x2=[zeros(1, ns−n1), ones(1, nf−ns+1)];
subplot(2,1,1), stem(n1, x1); title('单位冲激序列')
axis([0,10,0,1.2]);
subplot(2,1,2), stem(n2, x2); title('单位阶跃序列')axis([0,10,0,1.2]);
```

程序运行后生成的单位冲激序列和单位阶跃序列如图 5 - 1 - 4 所示。

在 MATLAB 中，也可以自定义函数实现单位冲激序列和单位阶跃序列。

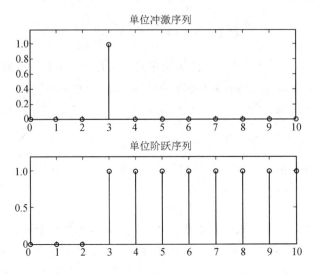

图 5-1-4　单位冲激序列和单位阶跃序列

自定义单位冲激序列函数：

```
function x＝Delta(n,ns)
x＝(n＝＝ns);
detx＝n;
```

在 MATLAB 符号运算中有阶跃函数 heaviside()，也可以自定义单位阶跃序列函数 HeaviFuc()：

```
function u＝HeaviFuc(n,ns)
u＝[n＞＝ns];
un＝n;
```

调用自定义函数：

```
n1＝0;nf＝10;ns＝3;n＝n1:nf;
y1＝Delta(n,ns);subplot(2,1,1),stem(n,y1);title('单位冲激序列')
axis([0,10,0,1.2]);
y2＝HeaviFuc(n,ns);subplot(2,1,2),stem(n,y2);title('单位阶跃序列')
axis([0,10,0,1.2]);
```

程序运行结果与图 5-1-4 相同。

如果将上述程序中"y2＝HeaviFuc(n,ns);"语句改为"y2＝n.＊HeaviFuc(n,ns);"，则可以生成斜变序列，如图 5-1-5 所示。

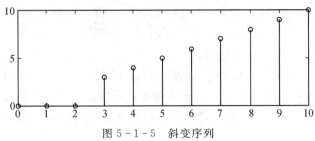

图 5-1-5　斜变序列

5. 矩形序列

矩形序列(门函数)的定义如下:

$$R_N(n) = \begin{cases} 1 & 0 \leqslant n \leqslant N-1 \\ 0 & n < 0, n \geqslant N \end{cases} \tag{5.1.7}$$

此序列从 $n=0$ 开始,含有 N 个幅度值为 1 的数值,其余点上幅度值为零。

冲激序列、阶跃序列和矩形序列彼此间的关系如下:

$$\begin{cases} \varepsilon(n) = \sum_{k=0}^{\infty} \delta(n-k), \quad \varepsilon(n) = \sum_{k=-\infty}^{n} \delta(k) \\ \delta(n) = \varepsilon(n) - \varepsilon(n-1) \\ R_N(n) = \varepsilon(n) - \varepsilon(n-N) \end{cases} \tag{5.1.8}$$

例 5 - 1 - 3　在 MATLAB 中生成矩形序列。

解　实现矩形序列的程序如下:

```
N=5;x=0:10;
x=[(n>=0)&(n<=N-1)];
stem(n,x);axis([-0,10,0,1.2]);
xlabel('(n)');ylabel('Rn(n)');title('x(n)=Rn(n)');
```

程序运行后生成 $N=5$ 的矩形序列,如图 5 - 1 - 6 所示。

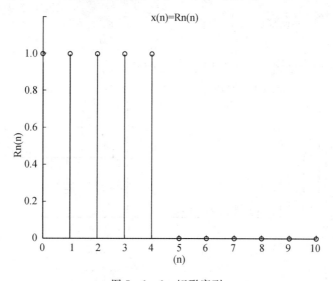

图 5 - 1 - 6　矩形序列

6. 复指数序列

复指数序列的定义如下:

$$x(n) = e^{(\sigma+j\omega)n} = e^{\sigma \cdot n}\cos(n\omega) + je^{\sigma \cdot n}\sin(n\omega) \tag{5.1.9}$$

最常用的一种形式为

$$x(n) = e^{j\omega \cdot n} = \cos(n\omega) + j\sin(n\omega) \tag{5.1.10}$$

复指数序列的频率 ω 的特点:大于零,小于 2π。

复指数序列的极坐标形式为

$$x(n) = |x(n)| e^{j \arg[x(n)]} \qquad\qquad (5.1.11)$$

复指数序列 $e^{j\omega \cdot n}$ 作为序列分解的基本单元，在序列的傅里叶变换中起着重要作用，它类似于连续时间系统中的复指数信号 $e^{j\Omega \cdot t}$。

例 5 - 1 - 4　求 $x(n) = e^{(-0.2+0.5j)n}$ 的复指数序列。

解　程序如下：

```
clear,n1=0;nf=20;
n=n1:nf;x=exp((-0.2+0.5j) * n);
subplot(2,2,1);
stem(n,abs(x));line([0,10],[0,0])
title(' x=exp((-0.2+0.5j) * n)')
ylabel(' abs(x)')
subplot(2,2,2),stem(n,angle(x));
line([0,10],[0,0]),
ylabel(' angle(x)');title('相位');
subplot(2,2,3);
stem(n,real(x));line([0,10],[0,0])
title('实部');
subplot(2,2,4),stem(n,imag(x));line([0,10],[0,0]),
title('虚部');
```

程序运行后生成的复指数序列如图 5 - 1 - 7 所示。

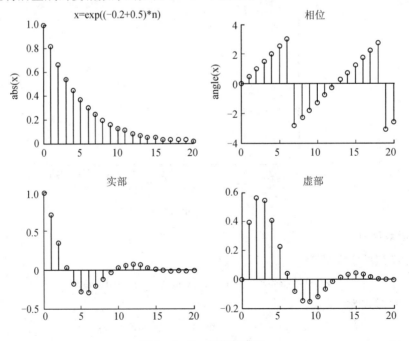

图 5 - 1 - 7　复指数序列

7. 实指数序列

实指数序列的定义如下：

$$x(n) = ca^n \varepsilon(n)$$

即

$$x(n) = \begin{cases} ca^n & n \geqslant 0 \\ 0 & n < 0 \end{cases} \tag{5.1.12}$$

式中，c，a 为实数。

例 5 - 1 - 5　求 $x(n) = a^n \varepsilon(n)$ 的指数序列，a 为实数。

解　程序如下：

```
a1=1.2;a2=0.8;a3=-1.2;a4=-0.8;
n=[-10:20];
u=[n>=0];
x1=(a1.^n).*u;x2=(a2.^n).*u;x3=(a3.^n).*u;x4=(a4.^n).*u;
subplot(2,2,1);
stem(n,x1);title('a1=1.2');
subplot(2,2,2);
stem(n,x2);title('a2=0.8');
subplot(2,2,3);
stem(n,x3);title('a3=-1.2');
subplot(2,2,4);
stem(n,x4);title('a4=-0.8');
```

程序运行后生成的实指数序列如图 5 - 1 - 8 所示。

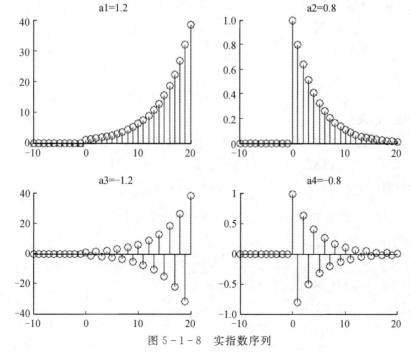

图 5 - 1 - 8　实指数序列

可见，当 $|a|>1$ 时，序列发散；$|a|<1$ 时，序列收敛；$a<0$ 时，序列有正有负，是摆动的。

8. 一般序列的表示方法

设 $\{x(m)\}$ 是一个序列值的集合，其中任意一个值 $x(n)$ 可表示为

$$x(n) = \sum_{m=-\infty}^{\infty} x(m)\delta(n-m) \tag{5.1.13}$$

这表明任一序列，都可表示成各延时单位冲激序列的加权和，这种表示方法在分析线性系统时经常使用。

例如，图 5-1-2 的序列可表示为

$$x(n) = \delta(n-1) + 2\delta(n-2) + 3\delta(n-3) + 4\delta(n-4)$$

5.1.4　离散信号的基本运算

离散信号的基本运算包括：序列的相加(减)、序列的相乘、序列的差分和累加求和。

1. 序列的相加(减)

若 $\{f_1(n)\} \pm \{f_2(n)\} = \{f(n)\}$，则

$$f(n) = f_1(n) \pm f_2(n) \tag{5.1.14}$$

即，两序列同序号元素的数值相加(减)，构成一个新的序列。

2. 序列的相乘

两序列同序号的数值相乘，构成一个新的序列，表示为

$$f(n) = f_1(n) \cdot f_2(n) \tag{5.1.15}$$

例 5-1-6 已知

$$x(n) = \begin{cases} 2^{-n} + 5 & n \geqslant -1 \\ 0 & n < -1 \end{cases}$$

$$y(n) = \begin{cases} n+2 & n \geqslant 0 \\ 3 \cdot 2^n & n < 0 \end{cases}$$

求序列的相加、相乘结果。

解　根据序列的定义域，可分 3 段计算对应序列的相加、相乘。

在 $n \geqslant 0$ 时，序列的相加：$(2^{-n}+5)+(n+2) = 2^{-n}+n+7$。

序列的相乘：$(2^{-n}+5) \cdot (n+2) = n \cdot 2^{-n}+5n+2^{-n+1}+10$。

在 $n=-1$ 时，序列的相加：$(2^{-n}+5)+(3 \cdot 2^n)=7+\dfrac{3}{2}=\dfrac{17}{2}$。

序列的相乘：$(2^{-n}+5) \cdot (3 \cdot 2^n) = 7 \cdot \dfrac{3}{2}=\dfrac{21}{2}$。

在 $n < -1$ 时，序列的相加：$0+(3 \times 2^n) = 3 \times 2^n$。

序列的相乘：$0 \times (3 \times 2^n) = 0$。

即

$$z_1(n) = x(n) + y(n) = \begin{cases} 2^{-n} + n + 7 & n \geqslant 0 \\ \dfrac{17}{2} & n = -1 \\ 3 \cdot 2^n & n < -1 \end{cases}$$

$$z_2(n) = x(n) \cdot y(n) = \begin{cases} n \cdot 2^{-n} + 5n + 2^{-n+1} + 10 & n \geqslant 0 \\ \dfrac{21}{2} & n = -1 \\ 0 & n < -1 \end{cases}$$

MATLAB 程序如下：

```
%序列的相加、相乘
n=[-2:2];
u=[n>=-1];  x=(2.^(-n)+5).*u;x
u=[n>=0];  y1=(n+2).*u;
u=[n<0];  y2=(3*2.^n).*u;
y=y1+y2;y
z1=x+y;z1
z2=x.*y;z2
subplot(2,2,1);
stem(n,x);
axis([-2,2,0,10]);title('x(n)');
subplot(2,2,2);
stem(n,y);
axis([-2,2,0,10]);title('y(n)');
subplot(2,2,3);
stem(n,z1);
axis([-2,2,0,10]);title('x+y');
subplot(2,2,4);
stem(n,z2);
axis([-2,2,0,22]);title('x*y');
```

程序运行后所得出各序列的值如下，所绘制各序列的图形如图 5-1-9 所示。

x=	0	7.0000	6.0000	5.5000	5.2500
y=0.7500	1.5000	2.0000	3.0000	4.0000	
z1=0.7500	8.5000	8.0000	8.5000	9.2500	
z2=0	11.6 000	11.0000	16.5000	21.0000	

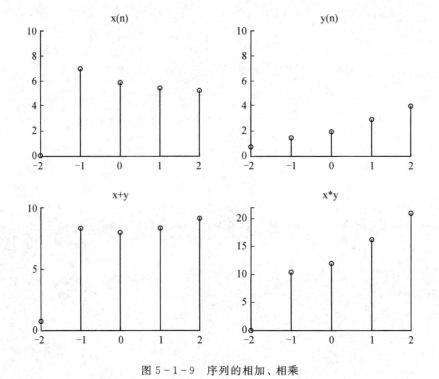

图 5 - 1 - 9　序列的相加、相乘

4. 序列的差分

离散系统中序列的差分，对应于连续信号的微分运算。由连续函数导数的定义：

$$\frac{dy(t)}{dt} = \lim_{\Delta t \to 0} \frac{\Delta y(t)}{\Delta t} \tag{5.1.16}$$

得一阶前向差分：

$$\Delta y(n) = \frac{y(n+1) - y(n)}{(n+1) - n} = y(n+1) - y(n) \tag{5.1.17}$$

一阶后向差分：
$$\nabla y(n) = y(n) - y(n-1) \tag{5.1.18}$$

序列的差分运算结果，仍为序列。一阶前向差分与一阶后向差分的关系：前者是后者左移一位的结果，后者是前者右移一位的结果，即

$$\Delta y(n) = \nabla y(n)\big|_{n \to n+1}, \nabla y(n) = \Delta y(n)\big|_{n \to n-1}$$

二阶前向差分：

$$\begin{aligned}
\Delta^2 y(n) &= \Delta[\Delta y(n)] \\
&= \Delta y(n+1) - \Delta y(n) \\
&= y(n+2) - 2y(n+1) + y(n)
\end{aligned} \tag{5.1.19}$$

二阶后向差分：

$$\begin{aligned}
\nabla^2 y(n) &= \nabla[\nabla y(n)] \\
&= \nabla y(n) - \nabla y(n-1) \\
&= y(n) - 2y(n-1) + y(n-2)
\end{aligned} \tag{5.1.20}$$

8. 序列的累加求和

在离散系统中序列的累加求和，对应于连续信号的积分运算，它表示序列在某一点 n 时的函数值与之前的所有函数值之和。

$$f(n) = \sum_{k=-\infty}^{n} f(k) \qquad (5.1.21)$$

(1) 离散序列的累加求和在 MATLAB 中可用 sum() 函数来实现。

例如：$y(n) = \sum_{k=m1}^{m2} f_k(n)$，其调用形式为

```
n=m1:m2;
y=sum(f);
```

例 5 - 1 - 7　求 $y(n) = \sum_{n=1}^{4} (2n)$ 的值。

解　程序如下：

```
>>n=1:4;
>>y=sum(2 * n)
y=20
```

(2) 在符号运算中使用 symsum() 函数来实现序列的累加求和。

例 5 - 1 - 8　求序列 $\sum_{n=1}^{\infty} \dfrac{1}{n^2}$ 的和 R，以及前 10 项的部分和 $R1$。

解　程序如下：

```
>>syms n
>>R=symsum(1/n^2,1,inf)
>>R1=symsum(1/n^2,1,10)
```

结果为

```
R=1/6 * pi^2
R1=1968329/1170080
```

5.1.5　离散信号的时域变换

离散信号的时域变换包括：序列的反转、序列的移位、序列的时间尺度变换、序列的幅度尺度变换。

1. 序列的反转

将序列 $x(n)$ 中的已知自变量 n 换为 $-n$，即 $f(n) = x(-n)$，其几何含义是将序列 $x(n)$ 以纵坐标为轴反转（或称反褶），如图 5 - 1 - 10 所示。

如果将信号 $x(n)$ 的波形以横轴为轴翻转 $180°$，作为新的信号，即 $y(n) = -x(n)$，这是信号的倒相，与反褶的几何意义是不同的。

由于信号可以表示成一个行向量，在 MATLAB 中可使用 fliplr() 函数将元素左右反转，实现信号的反褶。例如，"y= fliplr(x)" 可实现信号 $x(n)$ 的反褶。而 "N = fliplr(-n); y= fliplr(x)" 可生成信号 $x(n)$ 以纵轴 $n=0$ 为轴的对称镜像信号。

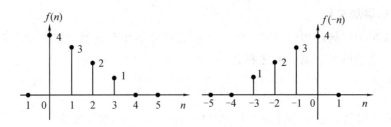

图 5 - 1 - 10　反转

2. 序列的移位

移位也称为平移。已知序列 $f(n)$，若有正整数 k，则序列 $f(n-k)$ 为原序列 $f(n)$ 右移（滞后）k 个单位；$f(n+k)$ 为原序列左移（超前）k 个单位，如图 5 - 1 - 11。

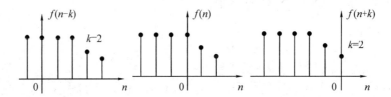

图 5 - 1 - 11　平移

如果将平移与反转相结合，就可以得到序列 $f(-n-k)$ 和 $f(-n+k)$。需要注意，为画出这类序列的图形，最好是先平移 [将 $f(n)$ 平移为 $f(n\pm k)$]，然后再反转 [将 $f(n\pm k)$ 反转为 $f(-n\pm k)$]。如果是先反转后平移，由于这时已知量为 $(-n)$，故平移方向与前述相反。图 5 - 1 - 12 为反转并平移的图形。

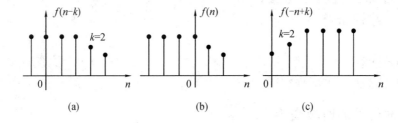

(a)　　　　　　　　　(b)　　　　　　　　　(c)

图 5 - 1 - 12　反转并平移

3. 序列的时间尺度变换（抽取与插值）

当系统工作在多抽样频率情况时，例如各种媒体的传输包括语音、图像、数据，由于本身频率不同，故使用的抽样频率也不同。

在信号处理中，可根据需要进行抽样频率的降低、提高或转换的运算，一般采取以下方法：

• 将抽样序列经过 DAC（数字模拟转换器），转换回模拟信号，再用新的抽样频率经过 ADC（模拟数字转换器）重新抽样，此法误差大，影响精度。

• 从数字域直接抽样，即采用信号时间尺度变换。

序列的时间尺度变换是将 $x(n)$ 波形压缩（或扩展）而构成一个新的序列，即序列的抽取与插值。

抽取：减小抽样频率。

插值：加大抽样频率。

（1）序列的抽取。

给定一个离散序列 $f(n)$，当自变量乘以一个大于 1 的正整数 k 时，得到一个新序列 $f_1(kn)$，即

$$f_1(n) = f(kn) \tag{5.1.22}$$

$f_1(n)$ 由原序列 $f(n)$ 每隔 $k-1$ 点抽取一个值得到。它将原波形进行压缩，因为压缩掉了一些点，所以称为序列的抽取，如图 5-1-13(a)、(b)所示。

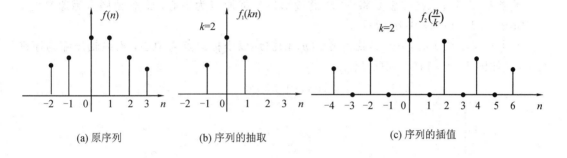

| (a) 原序列 | (b) 序列的抽取 | (c) 序列的插值 |

图 5 - 1 - 13　抽取与插值

对于离散信号，由于 $f(kn)$ 仅在为 kn 为整数时才有意义，进行时间尺度变换时可能会使部分信号丢失，因此序列一般不进行波形的时间尺度变换。

（2）序列的插值。

已知序列 $f(n)$，当自变量除以一个大于 1 的正整数 k 时，得到一个新序列 $f(n/k)$，即

$$f_2(n) = f(n/k) \tag{5.1.23}$$

它将原波形进行扩展，因为在原序列之间插入了一些 0 值，所以称为序列的插值。$f_2(n)$ 由原序列 $f(n)$ 每两个点之间插入 $k-1$ 个 0 值得到，如图 5-1-13(a)、(c)所示。

4. 序列的幅度尺度变换(序列的数乘)

一个标量与序列相乘，等于序列的每个元素与该数值相乘，构成一个新的序列，这称为序列的幅度尺度变换(序列的展缩)。

若 $a\{x(n)\} = \{f(n)\}$，则

$$f(n) = ax(n) \tag{5.1.24}$$

式中 a 为正的实常数。

例如，在 MATLAB 中对序列 $x(n)$ 进行幅度尺度变换：

```
%尺度变换
clear all；
a＝2；
n＝0：4；
```

```
x=[1 3 2 5 6];
subplot(3,1,1);stem(n, x);
axis([-1,5,0,15]);title('(a)　x(n)=[1 3 2 5 6]');
y1=a*x;
subplot(3,1,2);stem(n,y1);
axis([-1,5,0,15]);title('(b)　y(n)=4*x(n)');
b=1/2;
y2=b*x;
subplot(3,1,3);stem(n,y2);
axis([-1,5,0,15]);title('(c)　y(n)=x(n)/2');
```

- 当 $a>1$ 时，$ax(n)$ 就是将 $x(n)$ 的波形以坐标原点为中心，沿纵轴展宽为原来的 a 倍，如图 5-1-14(a)和(b)所示。
- 当 $0<a<1$ 时，$ax(n)$ 就是将 $x(n)$ 的波形以坐标原点为中心，沿纵轴压缩为原来的 $1/a$，如图 5-1-14(a)和(c)所示。

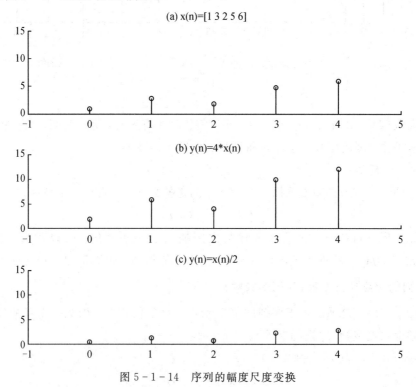

图 5-1-14　序列的幅度尺度变换

例 5-1-10　离散信号的时域变换程序如下：

```
%序列的反褶与移位
a=1.1;b=2;
n=[1:10];
%原信号
x=2*a.^n+1;
```

```
m=n+8;k=n-8;
subplot(321);stem(n,x,'.');
title('(a)原信号 y=x(n)');axis([-11,20,-8,8])
%展缩
y0=b. * x(n);
subplot(323);stem(n,y0,'.');
title('(c)展缩 y=2. * x(n)');axis([-11,20,-2,16])
%反褶
N=fliplr(-n);y1=fliplr(x);
subplot(325);stem(N,y1,'.');
title('(e)反褶 y=x(-n)');axis([-11,20,-8,8])
%右移位
subplot(322);stem(m,x,'.');
title('(b)右移位 y2=x(n-8)');axis([-11,20,-8,8])
%左移位
subplot(324);stem(k,x,'.');
title('(d)左移位 y=x(n+8)');axis([-11,20,-8,8])
%倒相
y2=-x;
subplot(326);stem(n,y2,'.');
title('(f)倒相 y=-x(n)');axis([-11,20,-8,8])
```

离散信号的时域变换程序运行结果如图 5-1-15 所示。

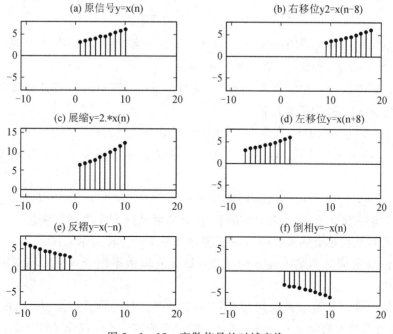

图 5-1-15　离散信号的时域变换

5.2　离散系统的时域分析

离散系统的时域分析与连续系统的时域分析具有相似之处，离散系统的时域分析可以借鉴连续系统的时域分析方法。

一个线性的连续系统总可以用线性微分方程来描述。而对于离散系统，由于其变量 n 是离散整数变量，故只能用差分方程来描述其输入、输出序列之间的运算关系。

5.2.1　离散系统数学模型的建立

为了研究离散系统的性能，需要建立离散系统的数学模型。描述线性时不变离散系统的数学模型是常系数线性差分方程。

离散系统可用差分方程描述，也可以利用 Z 变换将数学模型变换到 z 域进行分析，而差分方程与微分方程的求解方法在很大程度上也是相互对应的。

1. 离散系统的时域模型

在连续系统中，基本的硬件单元是电阻、电容和电感等，其基本运算关系是微分、乘系数和相加。与此对应，在离散系统中，基本运算是移位(延迟)、乘系数和相加，基本的硬件单元是：移位(延迟)器、乘法器(包括标量乘法器)和加法器。

离散系统定义：当系统的输入(激励)信号和输出(响应)信号都是离散信号时，该系统称为离散系统，如图 5-2-1 所示。

$$f(n) \longrightarrow \boxed{\text{离散系统}} \longrightarrow y(n)$$

图 5-2-1　离散系统

在离散系统中，输入(激励)用 $f(n)$ 或 $x(n)$ 表示，输出(响应)用 $y(n)$ 表示，初始状态用 $\{f(n_0)\}$ 或 $\{x(n_0)\}$ 表示，一般情况下 $n_0 = 0$。

如果在离散系统中初始状态为 $\{f(n_0)\}$，且 $y(n) = T[f(n)]$，即此离散系统的输入为 $f(n)$，输出为 $y(n)$，那么有如下条件：

(1) $ay(n) = T[af(n)]$，即输入为 $af(n)$，输出为 $ay(n)$；

(2) $y(n_1) + y(n_2) = T[f(n_1) + f(n_2)]$，即输入为 $f(n_1) + f(n_2)$，输出为 $y(n_1) + y(n_2)$；

(3) $y(n-k) = T[f(n-k)]$，即输入为 $f(n-k)$，输出为 $y(n-k)$。

如果离散系统满足上述(1)和(2)条件，称此离散系统为线性离散系统；

如果离散系统满足上述条件(3)，称此离散系统为时不变离散系统；

如果离散系统同时满足上述 3 个条件，那么此离散系统为线性时不变离散系统，即 LTI 离散系统。

今后，我们提到的离散系统均为 LTI 离散系统。与连续系统类似，离散系统的响应 $y(n)$ 能分解为零输入响应 $y_h(n)$ 或 $y_{zi}(n)$、零状态响应 $y_p(n)$ 或 $y_{zs}(n)$ 之和。

2. 用常系数线性差分方程描述线性时不变离散系统

一般来说，一个线性时不变系统，可以用常系数线性差分方程来描述。差分方程的一般形式为

$$\sum_{i=0}^{N} a_i y(n-i) = \sum_{j=0}^{M} b_j x(n-j) \tag{5.2.1}$$

式中，系数 a_i、b_j 为常数($a_0 = 1$)时，式(5.2.1)称为常系数线性差分方程，差分方程为 N 阶。若系数中含有自变量 n，式(5.2.1)则为变系数线性差分方程。

3. 差分方程的获得

差分方程可由下列途径获得。

(1) 由实际问题直接得到差分方程

例如 $y(n)$ 表示某国家在第 n 年的人口数。a、b 是常数，分别代表出生率和死亡率。设 $x(n)$ 是国外移民的净增数，则该国在第 $n+1$ 年的人口总数为

$$y(n+1) = y(n) + ay(n) - by(n) + x(n) = (a-b+1)y(n) + x(n)$$

(2) 由微分方程导出差分方程

如图 5-2-2 所示的 RC 低通滤波网络，满足下列微分方程：

$$C\frac{\mathrm{d}y(t)}{\mathrm{d}t} = \frac{x(t)-y(t)}{R} \text{ 即 } \frac{\mathrm{d}y(t)}{\mathrm{d}t} = -\frac{1}{RC}y(t) + \frac{1}{RC}x(t)$$

式中，$y(t)$ 为输出信号，$x(t)$ 为输入信号，时间为 t。

对于上述一阶常系数线性微分方程，若用等间隔 T 对 $y(t)$ 采样，在 $t=nT$ 各点的采样值为 $y(nT)$。根据微分的定义，当 T 足够小时，有

$$\frac{\mathrm{d}y(t)}{\mathrm{d}t} = \frac{y[(n+1)T] - y(nT)}{T}$$

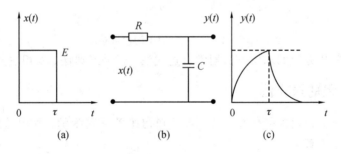

图 5-2-2 RC 低通滤波网络

若用等间隔 T 对 $x(t)$ 采样，在 $t=nT$ 各点的采样值为 $x(nT)$。微分方程可写为

$$\frac{y[(n+1)T] - y(nT)}{T} = -\frac{1}{RC}y(nT) + \frac{1}{RC}x(nT)$$

为计算简单起见，令 $T=1$，则上式为

$$y(n+1) - y(n) = -\frac{1}{RC}y(n) + \frac{1}{RC}x(n)$$

即

$$y(n+1) - ay(n) = bx(n)$$

$y(n)$ 为当前输出, $a = 1 - \dfrac{1}{RC}$, $b = \dfrac{1}{RC}$。

当采样间隔 T 足够小时, 上述一阶常系数线性微分方程可近似为一阶常系数线性差分方程, 计算机正是利用这一原理来求解微分方程的。

（3）由系统框图写差分方程。

根据系统框图中所表示的移位器、乘法器和加法器的关系, 写出差分方程。

图 5-2-3 所示是一个简单的离散系统。其差分方程可写为

$$y(n) = bx(n) + x(n-1)$$

该式是该系统的软件算法, 由移位、数乘和加法运算组成。

4. 差分方程的特点

差分方程的重要特点:

（1）系统当前的输出（即在 k 时刻的输出）$y(k)$, 不仅与激励有关, 而且与系统过去的输出 $y(k-1)$, $y(k-2)$, $\cdots$ $y(k-n)$ 有关, 即系统具有记忆功能。

（2）差分方程的阶数: 差分方程中变量的最高和最低序号差数为阶数。

（3）微分方程可以用差分方程来逼近, 微分方程解是精确解, 差分方程解是近似解, 两者有许多类似之处。

（4）差分方程描述离散系统, 输入序列与输出序列之间的运算关系与系统框图有一一对应关系。

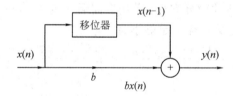

图 5-2-3　一个简单的离散系统

常系数线性差分方程的求解方法通常有迭代法、时域经典法、卷积法及 Z 变换法。

5.2.2　差分方程的迭代法

差分方程本质上是递推的代数方程, 若已知初始条件和激励, 利用递推法（迭代法）可求得差分方程的数值解。

给定输入序列 $x(n)$ 和初始条件 $y(-1)$, $y(-2)$, $\cdots$, $y(-n)$, 就可以由上述各式计算 $n \geqslant 0$ 时的输出 $y(n)$。差分方程的迭代法如下:

从
$$\sum_{i=0}^{N} a_i y(n-i) = \sum_{j=0}^{M} b_j x(n-j) \tag{5.2.2}$$

得
$$y(n) = -\frac{1}{a_0} \sum_{i=1}^{N} a_i y(n-i) + \frac{1}{a_0} \sum_{j=0}^{M} b_j x(n-j) \tag{5.2.3}$$

在上式中, 有

$$\begin{aligned}
y(0) = &-a_1 y(-1) - a_2 y(-2) - \cdots - a_N y(-N) + \\
&b_0 x(0) + b_1 x(-1) + \cdots + b_M x(-M)
\end{aligned} \tag{5.2.4}$$

$$y(1) = -a_1 y(0) - a_2 y(-1) - \cdots - a_N y(-N+1) +$$
$$b_0 x(1) + b_1 x(0) + \cdots + b_M x(-M+1) \tag{5.2.5}$$
$$\vdots$$

$$y(n) = -\sum_{i=1}^{N} a_i y(n-i) + \sum_{j=0}^{M} b_i x(n-j) \tag{5.2.6}$$

依此类推，通过反复迭代，就可以求出任意时刻的响应值。

例 5 - 2 - 1　已知 $y(n) = 3y(n-1) + \varepsilon(n)$ 且 $y(-1) = 0$，求迭代结果。

解

$n = 0$，$y(0) = 3y(0-1) + \varepsilon(0) = 3y(-1) + 1 = 1$；

$n = 1$，$y(1) = 3y(1-1) + \varepsilon(1) = 3y(0) + 1 = 4$；

$n = 2$，$y(2) = 3y(1) + 1 = 13$；

$n = 3$，$y(3) = 3y(2) + 1 = 40$；

$$\vdots$$

$$y(n) = \delta(n) + 4\delta(n-1) + 13\delta(n-2) + 40\delta(n-3) + \cdots$$

例 5 - 2 - 2　已知 $y(n) = ay(n-1) + f(n)$，$f(n) = \delta(n)$，$y(-1) = 0$，求响应 $y(n)$。

解

当 $n = 0$ 时，$y(0) = ay(-1) + \delta(0) = 1$；

当 $n = 1$ 时，$y(1) = ay(0) + \delta(1) = a$；

当 $n = 2$ 时，$y(2) = ay(1) + \delta(2) = a^2$；

当 $n = 3$ 时，$y(3) = ay(2) + \delta(3) = a^3$；

$$\vdots$$

所以，响应序列的函数表达式为 $y(n) = a^n \varepsilon(n)$。

迭代法求解差分方程非常简单，很容易求出方程的数值解，但很难给出闭式解（即解析式）。因此，迭代法一般是用计算机来求解差分方程的。在 MATLAB 中，时域计算有 filter() 函数和 impz() 函数两种：

(1) filter() 函数可求出离散系统的零状态响应。

(2) impz() 函数直接给出系统的单位冲激响应。

5.2.3　差分方程的时域经典法

常系数线性差分方程的求解与微分方程相似，也分为时域和变换域。其中，时域经典法与求解微分方程的步骤相同，先求齐次解和特解，然后代入初始条件求待定系数。

对于 N 阶常系数线性差分方程，其数学模型可表示为

$$y(n) + a_{N-1} y(n-1) + \cdots + a_1 y(n-N+1) + a_0 y(n-N)$$
$$= b_M f(n) + b_{M-1} f(n-1) + \cdots + b_0 f(n-M) \tag{5.2.7}$$

即

$$\sum_{i=0}^{N} a_{N-i} y(n-i) = \sum_{j=0}^{M} a_{M-j} f(n-j) \tag{5.2.8}$$

式中 $a_N = 1$。差分方程的解由齐次解 $y_h(n)$ 和特解 $y_p(n)$ 组成，即

$$y(n) = y_h(n) + y_p(n) \qquad (5.2.9)$$

1. 齐次解

对于 N 阶齐次差分方程：

$$y(n) + a_{N-1}y(n-1) + \cdots + a_1 y(n-N+1) + a_0 y(n-N) = 0 \qquad (5.2.10)$$

其特征方程为

$$\lambda^N + a_{N-1}\lambda^{N-1} + \cdots + a_1 \lambda + a_0 = 0 \qquad (5.2.11)$$

式(5.2.11)有 N 个特征根 $\lambda_i (i = 1, 2, \cdots, N)$。由于特征根的类型不同，各个解 $y(n)$ 也将采取不同的形式，如表 5-1 所示。

表 5-1　离散系统的齐次解

特 征 根	齐次解 $y_h(n)$
单实根 λ	$y_h(n) = C\lambda^n$
n 个单实根 λ_i 各不相同	$y_h(n) = C_1 \lambda_1^n + C_2 \lambda_2^n + \cdots + C_i \lambda_i^n$
r 重的实根 λ	$y_h(n) = C_{r-1} n^{r-1} \lambda^n + C_{r-2} n^{r-2} \lambda^n + \cdots + C_1 n \lambda^n + C_0 \lambda^n$
一对共轭复根 $\lambda_{1,2} = a + jb = \rho e^{\pm j\beta}$	$y_h(n) = \rho^n [C\cos(\beta n) + D\sin(\beta n)]$ 或 $y_h(n) = A\rho^n \cos(\beta n - \theta)$，其中 $Ae^{j\theta} = C + jD$
r 重共轭复根 $\lambda_{1,2,\cdots,r} = a + jb = \rho e^{\pm j\beta}$	$y_h(n) = \rho^n [A_{r-1} n^{r-1} \cos(\beta n - \theta_{r-1}) + A_{r-2} n^{r-2} \cos(\beta n - \theta_{r-2}) + \cdots + A_0 \cos(\beta n - \theta_0)]$

2. 特解

特解的函数形式取决于激励 $f(n)$ 的函数形式，表 5-2 列出了几种典型的激励 $f(n)$ 所对应的特解 $y_p(n)$。选定特解后代入原差分方程，求出其待定系数，就得到差分方程的特解。

表 5-2　特　解

激励 $f(n)$	特解 $y_p(n)$	特征根
n^m	$y_p(n) = P_M n^M + P_{M-1} n^{M-1} + \cdots + P_1 n + P_0$	所有特征根均不等于 1
	$y_p(n) = [P_M n^M + P_{M-1} n^{M-1} + \cdots + P_1 n + P_0] n^r$	有 r 重等于 1 的特征根
a^n	$y_p(n) = Pa^n$	a 不等于特征根
	$y_p(n) = P_1 n a^n + P_0 a^n$	a 是特征单根
	$y_p(n) = P_r n^r a^n + P_{r-1} n^{r-1} a^n + \cdots + P_1 n a^n + P_0 a^n$	a 是 r 重特征根
$\cos(\beta n)$ 或 $\sin(\beta n)$	$y_p(n) = P\cos(\beta n) + Q\sin(\beta n)$ 或 $y_p(n) = A\cos(\beta n - \theta)$，其中 $Ae^{j\theta} = P + jQ$	所有特征根均不等于 $e^{\pm j\beta}$

3. 全解

差分方程的全解就是齐次解与特解之和。如果方程的特征根均为单根，则全解为

$$y(n) = y_h(n) + y_p(n) = \sum_{i=1}^{N} C_i \lambda_i^n + y_p(n) \tag{5.2.12}$$

式中常数 $C_i(i = 1, 2, \cdots, N)$ 由初始条件确定。

通常激励信号 $f(n)$ 是在 $n = 0$ 时接入的，差分方程的解适合于 $n \geq 0$。对于 N 阶差分方程，用给定的 N 个初始条件 $y(0), y(1), \cdots, y(N-1)$ 就可以确定全部待定系数，即可得到差分方程的全解。

例 5 - 2 - 3　某离散系统的差分方程为

$$y(n) - 4y(n-1) + 3y(n-2) = 2^n \varepsilon(n)$$

初始条件 $y(0) = 0$、$y(1) = \dfrac{1}{2}$，试求系统的全解。

解　(1)求齐次差分方程的齐次解。

特征方程为

$$\lambda^2 - 4\lambda + 3 = 0$$

特征根为

$$\lambda_1 = 1, \lambda_2 = 3$$

齐次解为

$$y_h(n) = C_1 + C_2 3^n$$

(2) 求非齐次差分方程的特解。

因为输入序列为 $2^n(n \geq 0)$，$a = 2$ 不等于特征根，根据表 5 - 2，特解设为

$$y_p(n) = P 2^n \quad n \geq 0$$

将上式代入原方程，得

$$P 2^n - 4P 2^{n-1} + 3P 2^{n-2} = 2^n$$

化简得

$$P - 2P + \frac{3}{4}P = 1$$

解得 $P = -4$，则有

$$y_p(n) = -2^{n+2} \quad n \geq 0$$

(3) 求非齐次差分方程在初始条件下的全解。

系统的全解为

$$y(n) = C_1 + C_2 (3)^n - 2^{n+2} \quad n \geq 0$$

将初始条件 $y(0) = 0$、$y(1) = \dfrac{1}{2}$ 代入上式，有

$$\begin{cases} 0 = C_1 + C_2 - 4 \\ \dfrac{1}{2} = C_1 + 3 C_2 - 8 \end{cases}$$

得

$$C_1 = \frac{7}{4}, \; C_2 = \frac{9}{4}$$

所以系统的全解为

$$y(n) = \frac{7}{4} + \frac{9}{4} \, (3)^n - 2^{n+2} \qquad n \geqslant 0$$

5.2.4　零输入响应和零状态响应

离散系统的全响应 $y(n)$ 也可分为零输入响应和零状态响应。

零输入响应是激励为零时，仅由初始状态所引起的系统响应，用 $y_{zi}(n)$ 表示。

零状态响应是系统的初始状态为零时，仅由输入信号 $f(n)$ 所引起的响应，用 $y_{zs}(n)$ 表示。

1. 零输入响应

离散系统求解差分方程时，可分别求出仅由初始状态引起的零输入响应和仅由激励引起的零状态响应，然后叠加求得全响应：

$$y(n) = y_{zi}(n) + y_{zs}(n) \tag{5.2.13}$$

若有某二阶系统的差分方程为

$$y(n) + a_1 y(n-1) + a_0 y(n-2) = f(n) \tag{5.2.14}$$

其初始状态为 $y(-1), y(-2)$。通常情况下激励 $f(n)$ 在 $n = 0$ 时接入系统，在 $n < 0$ 时，激励尚未接入（即此时激励为 0）。因此，系统的初始状态是指 $n < 0$ 时的 $y(n)$ 值，即 $y(-1), y(-2), \cdots, y(-n)$，它们给出了系统以往的全部信息。

对于二阶系统，零输入响应 $y_{zi}(n)$ 是指由初始状态 $y(-1), y(-2)$ 作用所引起的响应。根据零输入响应的定义，二阶系统的零输入响应满足

$$\begin{cases} y_{zi}(n) + a_1 \, y_{zi}(n-1) + a_0 \, y_{zi}(n-2) = 0 \\ y_{zi}(-1) = y(-1), \quad y_{zi}(-2) = y(-2) \end{cases} \tag{5.2.15}$$

设二阶差分方程的特征根为单实根，则其零输入响应为

$$y_{zi}(n) = \sum_{i=1}^{2} C_{zii} \lambda_i^n \tag{5.2.16}$$

式中常数 C_{zii} 根据初始条件 $y_{zi}(0)$、$y_{zi}(1)$ 来确定。初始条件可由初始状态 $y_{zi}(-1)$、$y_{zi}(-2)$ 由迭代法求得。

2. 零状态响应

根据零状态响应的定义，二阶系统的差分方程的零状态响应满足

$$\begin{cases} y_{zs}(n) + a_1 \, y_{zs}(n-1) + a_0 \, y_{zs}(n-2) = f(n) \\ y_{zs}(-1) = y_{zs}(-2) = 0 \end{cases} \tag{5.2.17}$$

上式仍是非齐次差分方程，其零状态响应为

$$y_{zs}(n) = \sum_{i=1}^{2} C_{zsi} \lambda_i^{\,n} + y_p(n) \tag{5.2.18}$$

式中常数 C_{zsi} 根据初始条件 $y_{zs}(0)$、$y_{zs}(1)$ 来确定。初始条件可由初始状态 $y_{zs}(-1) = y_{zs}(-2) = 0$ 由迭代法求得。

例 5 - 2 - 4　设某离散系统的差分方程为

$$y(n) - 4y(n-1) + 3y(n-2) = 2^n \varepsilon(n)$$

初始条件为 $y(-1) = 0$、$y(-2) = \dfrac{1}{2}$，试求系统的零输入响应、零状态响应和全响应。

解　(1) 求零输入响应。

零输入响应满足

$$y_{zi}(n) - 4\,y_{zi}(n-1) + 3\,y_{zi}(n-2) = 0$$

$$\begin{cases} y_{zi}(-1) = y(-1) = 0 \\ y_{zi}(-2) = y(-2) = \dfrac{1}{2} \end{cases}$$

由于差分方程是具有递推关系的代数方程，可将上式写为

$$y_{zi}(n) = 4\,y_{zi}(n-1) - 3\,y_{zi}(n-2)$$

令 $n=0, 1$，并将已知条件 $y_{zi}(-1) = 0$、$y_{zi}(-2) = \dfrac{1}{2}$ 代入，可得

$$y_{zi}(0) = 4\,y_{zi}(-1) - 3\,y_{zi}(-2) = -\frac{3}{2}$$

$$y_{zi}(1) = 4\,y_{zi}(0) - 3\,y_{zi}(-1) = -6$$

特征方程为

$$\lambda^2 - 4\lambda + 3 = 0$$

特征根为 $\lambda_1 = 1, \lambda_2 = 3$，则其零输入响应为

$$y_{zi}(n) = C_{zi1}\,(\lambda_1)^n + C_{zi2}\,(\lambda_2)^n$$
$$= C_{zi1} + C_{zi2} \cdot 3^n$$

代入初始条件得

$$\begin{cases} y_{zi}(0) = -\dfrac{3}{2} = C_{zi1} + C_{zi2} \cdot 3^0 \\ y_{zi}(1) = -6 = C_{zi1} + C_{zi2} \cdot 3^1 \end{cases}$$

解得 $C_{zi1} = \dfrac{3}{4}$，$C_{zi2} = -\dfrac{9}{4}$。所以零输入响应为

$$y_{zi}(n) = \left[\frac{3}{4} - \frac{9}{4} 3^n \right] \varepsilon(n)$$

(2) 求零状态响应。

零状态响应满足

$$y_{zs}(n) - 4\,y_{zs}(n-1) + 3\,y_{zs}(n-2) = 2^n \varepsilon(n)$$

系统零状态响应为

$$y_{zs}(n) = C_{zs1} + C_{zs2} \cdot 3^n - 2^{n+2} \qquad n \geqslant 0 \tag{5.2.19}$$

由于 $y(n) - 4y(n-1) + 3y(n-2) = 2^n \varepsilon(n)$，得

$$y(n) = 2^n \varepsilon(n) + 4y(n-1) - 3y(n-2)$$

由零状态响应定义，可知

$$\begin{cases} y_{zs}(-1) = 0 \\ y_{zs}(-2) = 0 \end{cases}$$

用迭代法求出初始条件 $y_{zs}(0)$、$y_{zs}(1)$ 分别为

$$\begin{cases} y_{zs}(0) = 2^0\varepsilon(0) + 4y(0-1) - 3y(0-2) = 1 \\ y_{zs}(1) = 2^1\varepsilon(1) + 4y(1-1) - 3y(1-2) = 6 \end{cases}$$

将初始条件代入式(5.2.19)，有

$$\begin{cases} y_{zs}(0) = 1 = C_{zs1} + C_{zs2} \cdot 3^0 - 2^2 \\ y_{zs}(1) = 6 = C_{zs1} + C_{zs2} \cdot 3^1 - 2^3 \end{cases}$$

解得

$$C_{zs1} = \frac{1}{2}, \ C_{zs2} = \frac{9}{2}$$

所以零状态响应为

$$y_{zs}(n) = \left[\frac{1}{2} + \frac{9}{2} \cdot 3^n - 2^{n+2}\right]\varepsilon(n)$$

（3）求全响应。

系统的全响应为

$$y(n) = y_{zi}(n) + y_{zs}(n) = \left[\frac{5}{4} + \frac{9}{4} \cdot 3^n - 2^{n+2}\right]\varepsilon(n)$$

离散系统的全响应可分为自由响应和强迫响应，也可分为零输入响应和零状态响应，它们的关系是

$$y(n) = \underbrace{\sum_{i=1}^{N} C_i \lambda_i^n}_{\text{自由响应}} + \underbrace{y_p(n)}_{\text{强迫响应}}$$

$$= \underbrace{\sum_{i=1}^{N} C_{zii} \lambda_i^n}_{\text{零输入响应}} + \underbrace{\sum_{i=1}^{N} C_{zsi} \lambda_i^n + y_p(n)}_{\text{零状态响应}} \tag{5.2.20}$$

其中

$$\sum_{i=1}^{N} C_i\lambda_i^n = \sum_{i=1}^{N} C_{zii}\lambda_i^n + \sum_{i=1}^{N} C_{zsi}\lambda_i^{\ n} \tag{5.2.21}$$

可见，两种分解方式有明显区别。虽然自由响应与零输入响应都是齐次解的形式，但它们的系数并不相同，C_{zii} 仅由系统的初始状态决定，而 C_i 是由初始状态和激励共同决定的。

5.3　单位冲激响应与单位阶跃响应

单位冲激序列 $\delta(n)$ 和单位阶跃序列 $\varepsilon(n)$ 是两种非常重要的离散序列，以它们作为激励得到的零状态响应分别称为单位冲激响应和单位阶跃响应。

5.3.1　单位冲激响应

线性时不变离散系统的激励为单位冲激序列 $\delta(n)$ 时，LSI 系统产生的零状态响应称为单位冲激响应，用符号 $h(n)$ 表示，它的作用与连续时间系统的单位冲激响应 $h(t)$ 相同。

离散时间系统的输入、输出关系可用常系数线性差分方程表示为

$$\sum_{i=0}^{N} a_i y(n-i) = \sum_{j=0}^{M} b_j x(n-j)$$

输入信号分解为冲激序列：

$$x(n) = \sum_{m=-\infty}^{\infty} x(m)\delta(n-m)$$

即，系统单位冲激响应

$$\delta[n] \rightarrow h[n]$$

LSI 系统响应可表示为如下的卷积计算式：

$$y(n) = \sum_{k=-\infty}^{\infty} x(k)h(n-k) = x(n) * h(n) \tag{5.3.1}$$

由于单位冲激序列 $\delta(n)$ 仅在 $n = 0$ 处等于 1，而在 $n > 0$ 时为零，因而在 $n > 0$ 时激励为零，这时系统相当于一个零输入系统，可以理解为 $\delta(n)$ 的作用已经转化为零输入系统等效的初始条件。因此，系统的单位冲激响应 $h(n)$ 的形式必然与零输入响应的形式相同，且其等效的初始条件可以根据差分方程和初始状态 $y(-n) = y(-n+1) = \cdots = y(-1) = 0$ 递推求出。

系统的单位冲激响应与该系统的零输入响应的函数形式相同。这样，就把求单位冲激响应 $h(n)$ 的问题转化为求差分方程齐次解的问题，而 $n = 0$ 处的值 $h(0)$ 可按初始状态由差分方程确定。

在 MATLAB 中，求离散系统冲激响应并绘制其时域波形可使用函数 impz()，也可以根据式(5.3.1)的定义进行卷积运算。

例 5 - 3 - 1　已知系统的差分方程为

$$y(n) - 3y(n-1) + 3y(n-2) - y(n-3) = f(n)$$

求系统的单位冲激响应。

解　根据单位序列的定义，$h(n)$ 满足

$$h(n) - 3h(n-1) + 3h(n-2) - h(n-3) = \delta(n)$$

即

$$h(n) = 3h(n-1) - 3h(n-2) + h(n-3) + \delta(n)$$

将初始条件 $h(-1) = h(-2) = h(-3) = 0$ 代入系统差分方程，得初始值

$$\begin{cases} h(0) = 3h(-1) - 3h(-2) + h(-3) + \delta(0) = 1 \\ h(1) = 3h(0) - 3h(-1) + h(-2) + \delta(1) = 3 \\ h(2) = 3h(1) - 3h(0) + h(-1) + \delta(2) = 6 \end{cases}$$

对于 $n > 0$，$h(n)$ 满足如下齐次方程

$$h(n) - 3h(n-1) + 3h(n-2) - h(n-3) = 0$$

其特征方程为

$$\lambda^3 - 3\lambda^2 + 3\lambda - 1 = (\lambda-1)^3 = 0$$

特征方程的特征根 $\lambda = 1$ 为 3 重实根，所以齐次解包括 λ^n，$n\lambda^n$，$n^2\lambda^n$ 项，即

$$\begin{aligned} h(n) &= C_1\lambda^n + C_2 n\lambda^n + C_3 n^2\lambda^n \\ &= C_1 + C_2 n + C_3 n^2 \quad (n > 0) \end{aligned}$$

代入初始条件得

$$\begin{cases} h(0) = C_1 = 1 \\ h(1) = C_1 + C_2 + C_3 = 3 \\ h(2) = C_1 + 2C_2 + 4C_3 = 6 \end{cases}$$

解得

$$C_1 = 1,\ C_2 = \frac{3}{2},\ C_3 = \frac{1}{2}$$

则该系统的单位冲激响应为

$$h(n) = \left(1 + \frac{3}{2}n + \frac{1}{2}n^2\right)\varepsilon(n)$$

5.3.2　单位阶跃响应

当线性时不变离散系统的激励为单位阶跃序列 $\varepsilon(n)$，系统的零状态响应称为单位阶跃响应，用 $g(n)$ 表示，它的作用与连续系统中的阶跃响应 $g(t)$ 相类似。

对于线性时不变系统而言，其单位阶跃序列和单位冲激响应的关系可表示为

$$\varepsilon(n) = \sum_{i=0}^{\infty} \delta(n-i) \tag{5.3.2}$$

所以，对于线性时不变系统，其单位阶跃响应与单位冲激响应的关系可表示为

$$g(n) = \sum_{i=0}^{\infty} h(n-i) \tag{5.3.3}$$

例 5 - 3 - 2　已知一个因果系统的差分方程为

$$y(n) - \frac{5}{6}y(n-1) + \frac{1}{6}y(n-2) = f(n)$$

(1) 求系统的单位冲激响应；

(2) 求系统的单位阶跃响应。

解　(1) 求系统的单位序列响应。

根据单位冲激响应 $h(n)$ 的定义，它应满足

$$\begin{cases} h(n) - \frac{5}{6}h(n-1) + \frac{1}{6}h(n-2) = \delta(n) \\ h(-1) = h(-2) = 0 \end{cases}$$

根据差分方程，求初始值。令 $n = 0, 1$，并考虑到 $\delta(0) = 1$，可得到单位冲激响应 $h(n)$ 的初始值 $h(0)$、$h(1)$ 为

$$\begin{cases} h(0) = \frac{5}{6}h(-1) - \frac{1}{6}h(-2) + \delta(0) = 1 \\ h(1) = \frac{5}{6}h(0) - \frac{1}{6}h(-1) + \delta(1) = \frac{5}{6} \end{cases}$$

由此解得积分常数 $C_1 = 3$，$C_2 = -2$。

则系统的单位冲激响应为

$$h(n) = \left[3\left(\frac{1}{2}\right)^n - 2\left(\frac{1}{3}\right)^n\right]\varepsilon(n)$$

(2) 求系统的单位阶跃响应。

根据式(5.3.3)有

$$g(n) = \sum_{i=0}^{\infty} h(n-i)$$

$$= \sum_{i=0}^{\infty} \left[3h \left(\frac{1}{2} \right)^{n-i} - 2h \left(\frac{1}{3} \right)^{n-i} \right] \varepsilon(n-i)$$

$$= \sum_{i=0}^{n} \left[3 \cdot \left(\frac{1}{2} \right)^{n-i} - 2 \cdot \left(\frac{1}{3} \right)^{n-i} \right]$$

$$= 3 \cdot \left(\frac{1}{2} \right)^{n} \cdot \sum_{i=0}^{n} (2)^{i} - 2 \cdot \left(\frac{1}{3} \right)^{n} \cdot \sum_{i=0}^{n} (3)^{i}$$

$$= \left[3 \cdot \left(\frac{1}{2} \right)^{n} \cdot \frac{1-(2)^{n+1}}{1-2} - 2 \cdot \left(\frac{1}{3} \right)^{n} \cdot \frac{1-(3)^{n+1}}{1-3} \right] \varepsilon(n)$$

化简得 $g(n) = \left[3 - 3 \cdot \left(\frac{1}{2} \right)^{n} + \left(\frac{1}{3} \right)^{n} \right] \varepsilon(n)$。

5.4　离　散　卷　积

5.4.1　卷积和的定义

在 LTI 连续系统中，把激励信号分解为一系列冲激函数之和，求出各冲激函数单独作用于系统时的冲激响应，然后将这些响应相加就得到系统对于该激励信号的零状态响应，这个相加的过程表现为求卷积积分。在 LSI 系统中，可用与上述方法大致相同的方法进行分析。对于任意离散时间序列 $x(n)$，可以表示为

$$x(n) = \cdots + x(-2)\delta(n+2) + x(-1)\delta(n+1) + x(0)\delta(n) + x(1)\delta(n-1) + \cdots$$

$$= \sum_{k=-\infty}^{\infty} \left[x(k)\delta(n-k) \right] \tag{5.4.1}$$

式(5.4.1)即为离散信号的时域分解。

如果离散系统的单位冲激响应为 $h(n)$，那么，根据线性时不变系统的线性性质和时不变特点可知，系统对 $x(k)\delta(n-k)$ 的零状态响应为 $x(k)h(n-k)$。

式(5.4.1)的序列 $x(n)$ 作用于系统所引起的零状态响应为

$$y_{zs}(n) = \cdots + x(-2)h(n+2) + x(-1)h(n+1) +$$
$$x(0)h(n) + x(1)h(n-1) + x(2)h(n-2) + \cdots$$

$$= \sum_{k=-\infty}^{\infty} \left[x(k)h(n-k) \right]$$

离散卷积的定义如下：

$$y(n) = \sum_{k=-\infty}^{\infty} \left[x(k)h(n-k) \right] = x(n) * h(n) \tag{5.4.2}$$

注意：

式(5.4.2)的定义非常重要，它清楚地表明，当线性时不变系统的单位冲激响应 $h(n)$ 确定时，系统对任何一个输入 $x(n)$ 的响应 $y(n)$ 就确定了，$y(n)$ 可以表示成 $x(n)$ 和 $h(n)$ 之间的一种简单的运算形式：离散卷积。或者说，对线性时不变系统的任何有意义的输入，都可以用卷积的方式来求其输出。

在连续系统中，卷积运算是以积分形式实现的；而在离散系统中，卷积运算是以求和

形式实现的,因此也叫卷积和。

为了区别其他种类的卷积,该离散卷积也称为"线性卷积"或"直接卷积"。

卷积结果的长度(即输出的元素个数)为:length(y)= length(x)+length(h)-1,其中 length()指变量的长度。

离散卷积不仅有理论上的重要意义,更重要的是离散卷积是简单的运算,可以很容易实现,具有明显的实用意义。

一般而言,序列 $x_1(n)$ 与 $x_2(n)$ 的卷积和表示为

$$x_1(n) * x_2(n) = \sum_{k=-\infty}^{\infty} [x_1(k)x_2(n-k)] \tag{5.4.3}$$

若 $x_1(n)$ 为因果序列,即 $n<0$, $x_1(n)=0$,那么式(5.4.3)可改写为

$$x_1(n) * x_2(n) = \sum_{k=0}^{\infty} [x_1(k)x_2(n-k)] \tag{5.4.4}$$

若 $x_2(n)$ 为因果系列,即 $n<0$, $x_2(n)=0$,那么式(5.4.3)可改写为

$$x_1(n) * x_2(n) = \sum_{k=-\infty}^{n} [x_1(k)x_2(n-k)] \tag{5.4.5}$$

若 $x_1(n)$、$x_2(n)$ 均为因果序列,则有

$$x_1(n) * x_2(n) = \sum_{k=0}^{n} [x_1(k)x_2(n-k)] \tag{5.4.6}$$

5.4.2　卷积和的性质

与卷积积分类似,卷积和也满足交换律、结合律、分配律,具有筛选、移位、延时性质。

离散卷积的运算规律、性质与连续卷积相似。但离散卷积存在一些固有的运算规律,这些规律实际上反映了系统的不同结构。

(1)交换律:

$$x(n) * h(n) = h(n) * x(n) \tag{5.4.7}$$

交换律表明,卷积的序列与次序无关。其意义是,互换系统的单位冲激响应 $h(n)$ 和输入 $x(n)$,系统的输出不变。

(2)结合律:

$$[x(n) * h_1(n)] * h_2(n) = [x(n) * h_2(n)] * h_1(n)$$
$$= x(n) * [h_1(n) * h_2(n)] \tag{5.4.8}$$

结合律表明,级联(串联)系统的变换,在输出结果上与级联次序无关。其意义是,互换级联(串联)系统的顺序,或系统级联可以等效为一个系统,系统的输出不变。图 5-4-1 所示的 3 个系统相同。

(3)分配律:

$$x(n) * [h_1(n) + h_2(n)] = x(n) * h_1(n) + x(n) * h_2(n) \tag{5.4.9}$$

分配律表明,并联系统的变换,等于各子系统变换之和,或者说并联系统可以等效为一个系统,系统的输出不变,如图 5-4-2 所示。

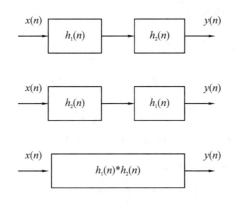

图 5 - 4 - 1　结合律

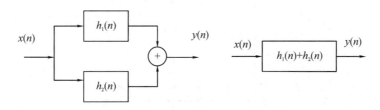

图 5 - 4 - 2　分配律

（4）"筛选"性质。

"筛选"性质，即与 $\delta(n)$ 卷积不变性。其物理意义是，输入信号 $x(n)$ 通过一个零相位的全通系统，输出信号没有变化。

$$x(n) * \delta(n) = x(n) \tag{5.4.10}$$

（5）与 $\delta(n-k)$ 卷积的移位性。

$$x(n) * \delta(n-k) = x(n-k) \tag{5.4.11}$$

其物理意义是，输入信号 $x(n)$ 通过一个线性相位的全通系统，输出信号除了产生一定的移位外，其他没有变化。

（6）延时性质。

若 $x(n) = x_1(n) * x_2(n)$，则

$$x_1(n-k_1) * x_2(n-k_2) = x_1(n-k_2) * x_2(n-k_1)$$
$$= x(n-k_1-k_2) \tag{5.4.12}$$

其中 k_1、k_2 为整数。

离散卷积不存在微分、积分性质。

5.4.3　离散卷积的求解

离散卷积有如下几种解法。

1. 图解法

离散卷积图解法求解步骤：换元→序列反褶→移位→相乘→累加求和，下面以一个实例来说明。

例 5 - 4 - 1　已知输入序列为

$$x(n) = \begin{cases} 1 & 0 \leqslant n \leqslant 4 \\ 0 & \text{其他} \end{cases}$$

系统的单位脉冲响应为

$$h(n) = \begin{cases} 0.5 & 0 \leqslant n \leqslant 5 \\ 0 & \text{其他} \end{cases}$$

$x(n)$、$h(n)$ 的图形形式如图 5 - 4 - 3 所示,求 $x(n) * h(n)$。

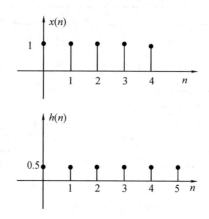

图 5 - 4 - 3　输入的卷积函数

解　离散卷积的求解步骤如下:

(1) 换元、序列反褶:将 $x(n)$、$h(n)$ 的时间变量换成 k,并对 $h(k)$ 围绕纵轴反褶,得 $h(-k)$,如图 5 - 4 - 4 所示。

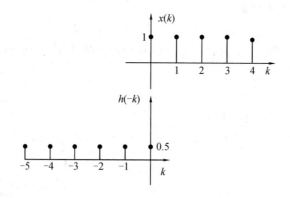

图 5 - 4 - 4　换元、序列反褶

(2) 移位。

对反褶的序列 $h(-k)$ 移位得 $h(n-k)$,当 $n > 0$ 时,$h(-k)$ 右移 n 位;当 $n < 0$ 时,$h(-k)$ 左移 n 位。

(3) 相乘、累加求和。

将对应项 $x(k)$ 和 $h(n-k)$ 相乘,然后将各子项相加得到 $y(n)$。当 $n = 3$ 时,$y(n)$ 的图形,如图 5 - 4 - 5 所示。

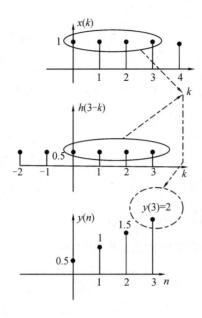

图 5-4-5　当 $n=3$ 时的 $y(n)$ 图形

$$y(0) = \sum_{k=-\infty}^{\infty} x(k)h(-k) = x(0) \times h(0) = 1 \times 0.5 = 0.5$$

$$y(1) = \sum_{k=-\infty}^{\infty} x(k)h(1-k) = x(0) \times h(1) + x(1) \times h(0) = 1 \times 0.5 + 1 \times 0.5 = 1$$

$$y(2) = \sum_{k=-\infty}^{\infty} x(k)h(2-k) = x(0) \times h(2) + x(1) \times h(1) + x(2) \times h(0)$$
$$= 1 \times 0.5 + 1 \times 0.5 + 1 \times 0.5 = 1.5$$

$$y(3) = \sum_{k=-\infty}^{\infty} x(k)h(3-k)$$
$$= x(0) \times h(3) + x(1) \times h(2) + x(2) \times h(1) + x(3) \times h(0)$$
$$= 1 \times 0.5 + 1 \times 0.5 + 1 \times 0.5 + 1 \times 0.5 = 2$$

$$y(4) = \sum_{k=-\infty}^{\infty} x(k)h(4-k)$$
$$= x(0) \times h(4) + x(1) \times h(3) + x(2) \times h(2) + x(3) \times h(1) + x(4) \times h(0)$$
$$= 1 \times 0.5 + 1 \times 0.5 + 1 \times 0.5 + 1 \times 0.5 + 1 \times 0.5 = 2.5$$

$$y(5) = \sum_{k=-\infty}^{\infty} x(k)h(5-k)$$
$$= x(0) \times h(5) + x(1) \times h(4) + x(2) \times h(3) + x(3) \times h(2) +$$
$$x(4) \times h(1) + x(5) \times h(0)$$
$$= 1 \times 0.5 + 1 \times 0.5 + 1 \times 0.5 + 1 \times 0.5 + 1 \times 0.5 + 0 \times 0.5 = 2.5$$

$$y(6) = \sum_{k=-\infty}^{\infty} x(k)h(6-k)$$
$$= x(0) \times h(6) + x(1) \times h(5) + x(2) \times h(4) + x(3) \times h(3) + x(4) \times h(2) +$$

$$x(5) \times h(1) + x(6) \times h(0)$$
$$= 1 \times 0.5 + 1 \times 0.5 + 1 \times 0.5 + 1 \times 0.5 + 1 \times 0.5 + 0 \times 0.5 + 0 \times 0.5 = 2$$
$$\vdots$$
$$y(9) = \sum_{k=-\infty}^{\infty} x(k)h(9-k) = x(4) \times h(5) = 1 \times 0.5 = 0.5$$

（4）重复移位、相乘、累加求和，直到完成，最后得

$$y(n) = \{0.5, 1, 1.5, 2, 2.5, 2.5, 2, 1.5, 1, 0.5\} \quad n=0, 1, \cdots, 9$$

其长度为 $\text{length}(y) = \text{length}(x) + \text{length}(h) - 1 = 10$，其卷积序列图形如图 $5-4-6$ 所示。

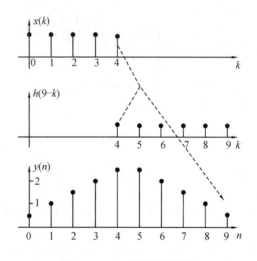

图 $5-4-6$　卷积序列图形

2. 解析法

离散卷积的计算除了图解法外，还有解析法。例 $5-4-1$ 中，根据题意得

$$x(n) = \delta(n) + \delta(n-1) + \delta(n-2) + \delta(n-3) + \delta(n-4)$$
$$h(n) = 0.5\delta(n) + 0.5\delta(n-1) + 0.5\delta(n-2) + 0.5\delta(n-3) + 0.5\delta(n-4) + 0.5\delta(n-5)$$

由式(5.4.10)、式(5.4.11)得

$$x(n) * A\delta(n-k) = Ax(n-k)$$

所以

$$y(n) = x(n) * h(n)$$
$$= \delta(n) * h(n) + \delta(n-1) * h(n) + \delta(n-2) * h(n) + \delta(n-3) * h(n) + \delta(n-4) * h(n)$$
$$= 0.5\delta(n) + 0.5\delta(n-1) + 0.5\delta(n-2) + 0.5\delta(n-3) + 0.5\delta(n-4) + 0.5\delta(n-5) +$$
$$\quad 0.5\delta(n-1) + 0.5\delta(n-2) + 0.5\delta(n-3) + 0.5\delta(n-4) + 0.5\delta(n-5) + 0.5\delta(n-6) +$$
$$\quad 0.5\delta(n-2) + 0.5\delta(n-3) + 0.5\delta(n-4) + 0.5\delta(n-5) + 0.5\delta(n-6) + 0.5\delta(n-7) +$$
$$\quad 0.5\delta(n-3) + 0.5\delta(n-4) + 0.5\delta(n-5) + 0.5\delta(n-6) + 0.5\delta(n-7) + 0.5\delta(n-8) +$$
$$\quad 0.5\delta(n-4) + 0.5\delta(n-5) + 0.5\delta(n-6) + 0.5\delta(n-7) + 0.5\delta(n-8) + 0.5\delta(n-9)$$
$$= 0.5\delta(n) + \delta(n-1) + 1.5\delta(n-2) + 2\delta(n-3) + 2.5\delta(n-4) + 2.5\delta(n-5) +$$
$$\quad 2\delta(n-6) + 1.5\delta(n-7) + \delta(n-8) + 0.5\delta(n-9)$$

上式给出的卷积结果图形与图 5 - 4 - 6 相同。

3. 使用 conv( )函数计算离散卷积

在 MATLAB 中使用 conv( )函数也可以计算两个离散序列卷积和，其调用格式为
$$y = \mathrm{conv}(x, h)$$
式中，"x""h"分别为待卷积的两序列的向量表示，"y"是卷积的结果。如果 $N=\mathrm{length}(x)$、$M=\mathrm{length}(h)$，则输出序列 y 的长度 $\mathrm{length}(y) = N+M-1$。

例如：

```
>>x=[1 1 1 1 1];h=[0.5 0.5 0.5 0.5 0.5 0.5];
>>y=conv(x,h)
>>m=length(y)-1;n=0:m;
>>stem(n,y);axis([-5,15,0,3]);
```

给出的卷积结果图形与图 5 - 4 - 6 相同，结果存放在数组"y"中。

```
>>y
y =    0.5000    1.0000    1.5000    2.0000    2.5000    2.5000
       2.0000    1.5000    1.0000    0.5000
```

注意：conv( )函数默认只能计算从 $n=0$ 开始的右边序列卷积。

如果序列从负值开始，即 $\{x(n), n_{x1} \leqslant n \leqslant n_{x2}\}$，$\{h(n), n_{h1} \leqslant n \leqslant n_{h2}\}$。其中，$n_{x1}$ 或 n_{h1} 小于 0，或两者均小于 0，则卷积结果为
$$\{y(n), (n_{x1}+n_{h1}) \leqslant n \leqslant (n_{x2}+n_{h2})\}$$

例 5 - 4 - 2 已知序列
$$x(n) = \delta(n+1) + 2\delta(n) + \delta(n-1)$$
$$h(n) = 0.5\delta(n+2) + 0.5\delta(n+1) + 0.5\delta(n) + 0.5\delta(n-1)$$
求 $x(n) * h(n)$ 卷积结果。

解　解析法如下：
$$
\begin{aligned}
y(n) &= x(n) * h(n) \\
&= 0.5\delta(n+3) + 0.5\delta(n+2) + 0.5\delta(n+1) + 0.5\delta(n) + \\
&\quad \delta(n+2) + \delta(n+1) + \delta(n) + \delta(n-1) + \\
&\quad 0.5\delta(n+1) + 0.5\delta(n) + 0.5\delta(n-1) + 0.5\delta(n-2) \\
&= 0.5\delta(n+3) + 1.5\delta(n+2) + 2\delta(n+1) + 2\delta(n) + 1.5\delta(n-1) + 0.5\delta(n-2)
\end{aligned}
$$

即 $y=[0.5, 1.5, 2, 2, 1.5, 0.5]$

使用 conv( )函数计算该序列卷积和的程序如下：

```
x=[1 2 1];h=[0.5 0.5 0.5 0.5];
y=conv(x,h);y
nx=-1:1;
nh=-2:1;
n1=nx(1)+nh(1);
```

```
n2＝nx(length(nx))＋nh(length(nh));
n＝[n1:n2];n
subplot(311);stem(nx,x);axis([-4,4,0,2.5]);
title('x(n)＝[1 2 1]')
subplot(311);stem(nh,h);axis([-4,4,0,2.5]);
title('h(n)＝[0.5 0.5 0.5 0.5]')
subplot(313);stem(n,y);axis([-4,4,0,2.5]);
title('y＝conv(x,h)')
```

程序运行结果如下，其序列图形如图 5-4-7 所示。

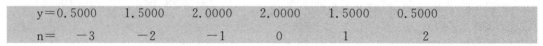

图 5-4-7 程序运行结果

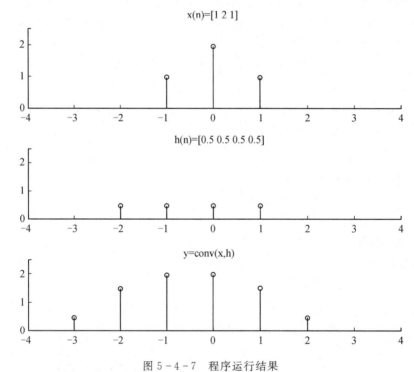

例 5-4-3 设 $f_1(n) = e^{-n}\varepsilon(n)$，$f_2(n) = \varepsilon(n)$，求 $f_1(n) * f_2(n)$。

解   由卷积和的定义得

$$f_1(n) * f_2(n) = \sum_{i=-\infty}^{\infty} e^{-i}\varepsilon(n-i)$$

考虑到 $f_1(n)$、$f_2(n)$ 均为因果序列，可将上式表示为

$$f_1(n) * f_2(n) = \sum_{i=0}^{n} e^{-i} = \left[\frac{1-e^{-(n+1)}}{1-e^{-1}}\right]\varepsilon(n)$$

表 5-3 中列出了计算卷积和时常用的几种数列求和公式。

表 5-3　几种数列的求和公式

序号	公　式	说　明
1	$\displaystyle\sum_{j=0}^{k} a^j = \begin{cases} \dfrac{1-a^{k+1}}{1-a} & a \neq 1 \\ k+1 & a=1 \end{cases}$	$k \geqslant 0$
2	$\displaystyle\sum_{j=k_1}^{k_2} a^j = \begin{cases} \dfrac{a^{k_1}-a^{k_2+1}}{1-a} & a \neq 1 \\ k_2 - k_1 + 1 & a=1 \end{cases}$	k_1，k_2 可为正或负整数，但 $k_2 \geqslant k_1$
3	$\displaystyle\sum_{j=0}^{\infty} a^j = \dfrac{1}{1-a} \quad \lvert a \rvert < 1$	—
4	$\displaystyle\sum_{j=k_1}^{\infty} a^j = \dfrac{a^{k_1}}{1-a} \quad \lvert a \rvert < 1$	k_1 可为正或负整数

5.5　信号的采样

在现代化的信号分析和处理过程中，计算机是进行数字信号处理的主要工具，而计算机只能处理离散、有限长序列，这就决定了有限长序列在数字信号处理中的重要地位。

连续信号经过采样成为离散信号，采样定理在连续信号与离散信号之间架起了一座桥梁，为它们之间的转换提供了理论依据。

5.5.1　时域采样与 Nyquist 采样定理

在数字信号处理过程中，需要采用模数转换将模拟信号转换为数字信号，最后采用数模转换将数字信号还原为模拟信号，而采样是第一环节。

1. 模数(A/D)和数模(D/A)转换

(1) 模数(A/D)转换，也称 ADC，需要经过离散、量化和编码等过程。

① 采样：将模拟信号离散。

② 量化：把采样信号经过舍入变为只有有限个有效数字的数，这一过程称为量化。

③ 编码：将经过量化的值变为二进制数字的过程。

(2) 数模(D/A)转换。

D/A 转换(也称 DAC)是把数字信号转换为模拟的电压或电流信号。数字信号需要经过 D/A 转换为连续信号，再经过低通滤波器转换为模拟信号。

2. 采样过程及其数学描述

实际系统中绝大多数物理过程或物理量，都是在时间上和幅度值上连续的模拟信号，将模拟信号按一定时间间隔进行循环取值，从而得到按时间顺序排列的一串离散信号的过程称为"采样"或"抽样、取样"。

　　所谓"采样"就是利用采样脉冲序列 $p(t)$ 从连续信号 $x(t)$ 中"抽取"一系列离散样本值的过程。这样得到的离散信号称为采样信号（也叫抽样信号、取样信号）。

　　在实际系统中把连续信号变换成一串脉冲序列的部件，称为采样器或抽样器，它可以看成一个电子开关。开关每隔 T 秒闭合一次使输入信号得以采样，得到连续信号输出的采样信号 $x(nT)$。

　　因此采样信号定义为：利用周期性的采样脉冲序列 $p(t)$ 与连续信号 $x(t)$ 相乘，从信号 $x(t)$ 中抽取一系列的离散值，得到离散时间信号，即采样信号，以 $x(nT)$ 表示。

　　采样有理想采样、实际采样。

　　对于理想采样，闭合时间应无穷短，即 $\tau \to 0$ 的极限情况，此时采样脉冲序列 $p(t)$ 变成冲激序列 $\delta_\tau(t)$。各冲激函数准确地出现在采样瞬间上，面积为 1，采样后输出的理想采样信号的面积（即积分幅度）准确地等于输入信号 $x(t)$ 在采样瞬间的幅度。

　　对于实际采样，闭合时间（即脉冲宽度）是 τ 秒，$\tau < T$。但当 $\tau \ll T$ 时，实际采样就可近似看成理想采样。在图 5-5-1(a) 中采样开关的周期性动作，相当于产生一串如图 5-5-1(b) 所示的等强度的单位冲激序列 $p(t) = \delta_\tau(t)$，其效果是相当于 $\delta_\tau(t)$ 与 $x(t)$ 进行调制，因此采样过程实际上就是连续信号 $x(t)$ 与 $\delta_\tau(t)$ 信号的调制过程，如图 5-5-1(c) 所示。

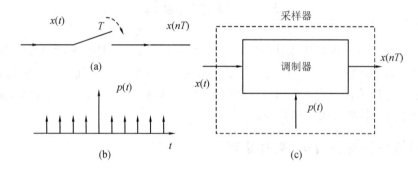

图 5-5-1　信号的采样过程

调制过程在数学上为两者相乘，即调制后的理想采样信号可表示为

$$\hat{x}(t) = x(t) \cdot \delta_\tau(t) = \sum_{n=-\infty}^{\infty} x(t)\delta(t-nT)$$

$$= \sum_{n=-\infty}^{\infty} x(nT)\delta(t-nT) \tag{5.5.1}$$

　　如图 5-5-2 所示，一连续信号 $x(t)$，用采样脉冲序列 $p(t)$ 进行采样，采样间隔为 T_s，$\Omega_s = \dfrac{2\pi}{T_s}$ 称为采样频率。采样信号为

$$x_s(t) = x(t) \cdot p(t) \tag{5.5.2}$$

　　由于 $p(t)$ 为周期信号，可表示为

$$p(t) = \sum_{n=-\infty}^{\infty} P_n e^{jn\Omega_s t}$$

因此可求出其傅里叶系数：$P_n = \dfrac{1}{T_s}\displaystyle\int_{-\frac{\tau}{2}}^{\frac{\tau}{2}} p(t)e^{-jn\Omega_s \cdot t}\mathrm{d}t = \dfrac{\tau}{T_s}\mathrm{Sa}\left(\dfrac{n\Omega_s\tau}{2}\right)$，则

$$p(t) = \sum_{n=-\infty}^{\infty} P_n e^{jn\Omega_s t} = \frac{\tau}{T_s} \sum_{n=-\infty}^{\infty} Sa\left(\frac{n\Omega_s \tau}{2}\right) e^{jn\Omega_s t} \tag{5.5.3}$$

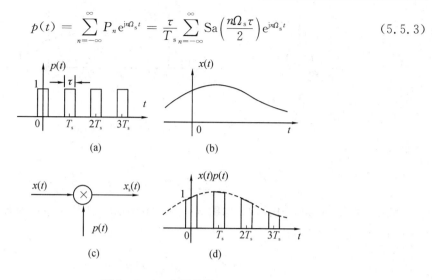

图 5 - 5 - 2 信号采样

若 $p(t)$ 是周期为 T 的单位冲激序列 $\delta_s(t)$，采样频率为 $\Omega_s = \dfrac{2\pi}{T}$，则该采样称为冲激采样：

$$p(t) = \delta_s(t) = \sum_{n=-\infty}^{\infty} \delta(t - nT) \tag{5.5.4}$$

则理想采样信号为

$$x_s(t) = \sum_{n=-\infty}^{\infty} x(t)\delta(t - nT_s)$$

在上式中只有当 $t = nT_s$ 时，才可能有非零值，因此理想采样信号写成

$$x_s(t) = \sum_{n=-\infty}^{\infty} x(nT_s)\delta(t - nT_s) \tag{5.5.5}$$

只要已知各采样值 $x(nT_s)$，就能唯一地确定出原信号 $x(t)$ 的理想采样信号。

由上可知，原连续信号 $x(t)$ 被采样离散后，大部分信号已被丢弃，采样信号 $x_s(t)$ 只是信号 $x(t)$ 的一小部分，如何保证采样信号里包含原信号的全部信息，即从采样信号中完全恢复出原信号的完整内容，Nyquist 采样定理从理论上明确回答了这一问题。

如果 $x(t)$ 是带限信号，即 $x(t)$ 的频谱只在区间 $(-\Omega_m, \Omega_m)$ 为有限值，而其余区间为 0，如图 5 - 5 - 3(a) 和图 5 - 5 - 4(a) 所示。

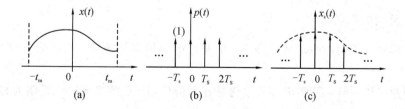

图 5 - 5 - 3 带限信号的采样

图 5 - 5 - 3(b) 所示的采样脉冲序列是以 T 为周期的单位冲激序列 $\delta_\tau(t)$，可展开为傅

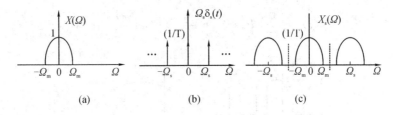

图 5 - 5 - 4　带限采样信号的频谱

里叶级数：

$$\delta_\tau(t) = \sum_{n=-\infty}^{\infty} \delta(t - nT) = \frac{1}{T} \sum_{n=-\infty}^{\infty} e^{jn\frac{2\pi}{T}t} \tag{5.5.6}$$

可见，$\delta_\tau(t)$ 是频域脉冲串，如图 5 - 5 - 4(b) 所示，其脉冲序列的各次谐波的幅度值等于 $1/T$。由式(5.5.5)得

$$x_s(t) = \frac{1}{T} \sum_{n=-\infty}^{\infty} x(nT_s) e^{jn\Omega_s t} \tag{5.5.7}$$

由于 $x_s(t) \longleftrightarrow X_s(\Omega)$，$x(t) \longleftrightarrow X(\Omega)$，则根据傅里叶变换的频移定理，其理想采样信号的频谱为

$$X_s(\Omega) = \frac{1}{T} \sum_{n=-\infty}^{\infty} X[(\Omega - n\Omega_s)] \tag{5.5.8}$$

可以看出：一个连续时间信号经过理想采样后，其采样信号的频谱 $X_s(\Omega)$，完全包含了原信号的频谱 $X(\Omega)$，并将 $X(\Omega)$ 以采样频率 $\Omega_s = \dfrac{2\pi}{T}$ 为间隔而重复，这就是频谱产生的周期延拓，如图 5 - 5 - 4(a)、(c) 所示。

在图 5 - 5 - 4 所示带限采样信号的频谱中，设定 $\Omega_s \geqslant 2\Omega_m$，采样信号的频谱不发生混叠，因此能利用低通滤波器，从 $X_s(\Omega)$ 中抽取出 $X(\Omega)$，即从 $x_s(t)$ 中恢复原信号 $x(t)$。否则采样信号的频谱将发生混叠，而无法恢复原信号。

奈奎斯特(Nyquist)采样定理：要使采样信号能够不失真地还原出原信号，采样频率必须大于等于信号频谱最高频率的两倍，即

$$\Omega_s \geqslant 2\Omega_m \quad \text{或} \quad f_s \geqslant 2f_m \tag{5.5.9}$$

采样定理论述了在一定条件下，一个连续信号完全可以用离散样本值表示，这些样本值包含了该连续信号的全部信息，利用这些样本值就可以恢复原来的连续信号。

通常把最低允许的采样频率（$f_s \geqslant 2f_m$）称为奈奎斯特频率，把最大允许的采样间隔（$T = \dfrac{1}{2f_m}$）称为奈奎斯特间隔。

实际采样脉冲不是冲激函数，而是一定宽度的矩形周期脉冲。实际采样信号频谱的特点如下：

• 与理想采样一样，采样信号的频谱是连续信号频谱的周期延拓，周期为 Ω_s。

• 若满足奈奎斯特采样定理，频谱则不产生混叠失真。

• 与理想采样不同点是，频谱分量的幅度有变化，采样后频谱幅度包络随着频率的增加而下降。

5.5.2　信号恢复与理想低通滤波器

一个频谱在区间 $(-\Omega_\mathrm{m}, \Omega_\mathrm{m})$ 以外为 0 的带限信号 $x(t)$，可唯一地由其在均匀间隔 $T_\mathrm{s} < \dfrac{1}{2f_\mathrm{m}}$ 上的样值点 $x(nT_\mathrm{s})$ 确定。因此要恢复原信号，必须满足两个条件：

（1）$x(t)$ 必须是带限信号。

（2）采样频率不能太低，$f_\mathrm{s} \geqslant 2f_\mathrm{m}$，或者说采样间隔不能太大，$T_\mathrm{s} < \dfrac{1}{2f_\mathrm{m}}$，否则采样信号的频谱将发生混叠。

理想低通滤波器将采样信号恢复为连续信号，这个连续信号近似地逼近原信号。理想低通滤波器特性如下：

$$H(\Omega) = \begin{cases} T & |\Omega| < \dfrac{\Omega_\mathrm{s}}{2} \\ 0 & |\Omega| \geqslant \dfrac{\Omega_\mathrm{s}}{2} \end{cases} \tag{5.5.10}$$

已知一个采样信号的频谱如图 5-5-5 所示，理想低通滤波器是宽度为 Ω_s，高度为 T 的矩形，如图 5-5-6 所示，这样才可以把图 5-5-5(a) 所示的信号完整地还原出来，如图 5-5-6(c) 所示。

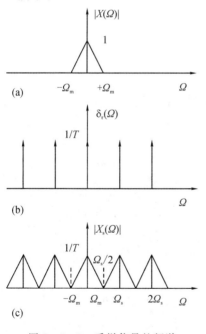

图 5-5-5　采样信号的频谱

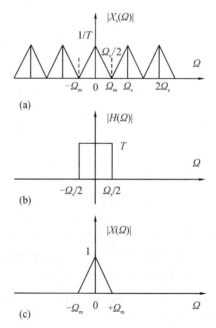

图 5-5-6　理想低通滤波器

理想低通滤波器的时域特性为

$$h(t) = T_\mathrm{s} \frac{\Omega_\mathrm{c}}{\pi} \mathrm{Sa}(\Omega_\mathrm{c} t) \tag{5.5.11}$$

式中 $\Omega_c = \Omega_s/2$，将采样后的信号通过理想低通滤波器，就可得到原信号的频谱：

$$Y(\Omega) = X_s(\Omega)H(\Omega)$$
$$= \frac{1}{T}X(\Omega) \cdot T$$
$$= X(\Omega) \tag{5.5.12}$$

所以输出端即为原模拟信号：$y(t) = x(t)$。

　　这样的理想滤波器在实际中是做不到的，只能是近似的，因此失真是不可避免的。实际中只能选择各种不同种类的滤波器和不同参数的滤波器使输出失真最小，满足工程需要。

　　实际中，$x(t)$ 在许多情况下也不是理想的带限信号，但可以在采样前使用一个滤波器对其整形，使其近似于带限信号。理想低通滤波器虽不可实现，但是在一定精度范围内，可用一个可实现的滤波器来逼近它。

练习与思考

　　5-1　若序列 $f(n)$ 的图形如题 5-1 图所示，请绘出 $f(-n-1)$ 的图形。

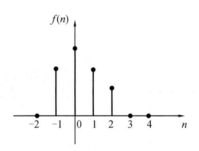

题 5-1 图

　　5-2　已知序列

$$f_1(n) = \begin{cases} 2^n & n < 0 \\ n+1 & n \geqslant 0 \end{cases}, f_2(n) = \begin{cases} 0 & n < 2 \\ 2^n & n \geqslant 2 \end{cases}$$

求 $f_1(n)$ 与 $f_2(n)$ 之和，$f_1(n)$ 与 $f_2(n)$ 之积。

　　5-3　离散系统时域的基本模拟部件有哪几种？

　　5-4　求下列差分方程的齐次解：

$$y(n) - 2y(n-1) + 2y(n-2) - 2y(n-3) + y(n-4) = 0$$

已知初始条件 $y(1)=1$，$y(2)=0$，$y(3)=1$，$y(4)=1$。

　　5-5　描述离散系统的差分方程为

$$y(n) + 2y(n-1) = f(n) - f(n-1)$$

其中，激励函数 $f(n) = n^2$，且已知 $y(-1)=-1$，求差分方程的分解。

　　5-6　序列 $f_1(n)$ 和 $f_2(n)$ 如题 5-6 图所示，试用图解法、解析法求二者的卷积。

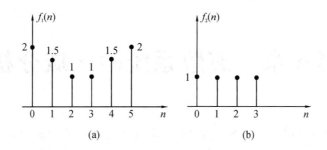

题 5 - 6 图

5 - 7　已知系统的差分方程为

$$y(n) - 3y(n-1) + 3y(n-2) - y(n-3) = f(n)$$

求系统的单位冲激响应和单位阶跃响应。

5 - 8　已知 $f_1(n) = \left(\dfrac{1}{2}\right)^2 \varepsilon(n)$, $f_2(n) = \varepsilon(n) - \varepsilon(n-3)$, 令 $y(n) = f_1(n) * f_2(n)$,
求当 $n = 4$ 时 $y(n)$ 的值。

第 6 章　离散系统的 z 域分析

连续信号的频谱分析主要用连续傅里叶级数和连续傅里叶变换与 s 域分析。离散信号的频谱分析则主要使用 Z 变换法，本章着重讲述 Z 变换的定义及其收敛域、Z 变换的性质、离散系统的 z 域分析。

6.1　Z 变换的定义及其收敛域

6.1.1　Z 变换的定义

在连续系统中，为了避开解微分方程，可以通过拉普拉斯变换把微分方程转换为代数方程。在离散系统中，同样也可以通过一种称为 Z 变换的数学工具，把差分方程转换为代数方程。如果离散序列 $x(n)$ 可以用符号表达，则可以直接用 MATLAB 的 ztrans( ) 函数来求离散序列的单边 Z 变换，用 iztrans( ) 函数来求 Z 逆变换（Z 反变换）。

1. 从拉普拉斯变换到 Z 变换

Z 变换在离散系统中的地位与作用，类似于连续系统中的拉普拉斯变换，都是一种变换域运算。对连续信号进行均匀冲激采样，就得到离散信号。

采用周期为 T 的冲激函数 $\delta_T(t)$ 对 $x(t)$ 进行采样，可获得离散信号：

$$x(n) = x(t)\delta_T(t)$$

对 $\delta_T(t)$ 进行周期展开可得 $\displaystyle\sum_{n=-\infty}^{\infty}\delta(t-nT)$，因此 $x(n)$ 可以写成

$$x(n) = x(t)\sum_{n=-\infty}^{\infty}\delta(t-nT)$$

由冲激函数的性质可得

$$x(n) = \sum_{n=-\infty}^{\infty}x(nT)\delta(t-nT)$$

根据拉普拉斯变换的基本定义式：

$$X(s) = \int_{-\infty}^{\infty}x(t)\mathrm{e}^{-st}\,\mathrm{d}t$$

对离散信号 $x(n)$ 进行双边拉普拉斯变换：

$$X(s) = \int_{-\infty}^{\infty}\left[\sum_{n=-\infty}^{\infty}x(nT)\delta(t-nT)\right]\mathrm{e}^{-st}\,\mathrm{d}t$$

利用积分与冲激函数的性质可得

$$X(s) = \sum_{n=-\infty}^{\infty}x(nT)\mathrm{e}^{-snT}$$

令 $z = \mathrm{e}^{sT}$，上式将成为复变量 z 的函数，用 $X(z)$ 表示，$x(nT) \to x(n)$，则离散序列转变成复频域，即 z 域变换，得

$$X(z) = \sum_{n=-\infty}^{\infty} x(n) z^{-n} \tag{6.1.1}$$

$$X(z) = \sum_{n=0}^{\infty} x(n) z^{-n} \tag{6.1.2}$$

式(6.1.1)为双边 Z 变换，式(6.1.2)为单边 Z 变换，若 $x(n)$ 为因果序列，则单边、双边 Z 变换相等，否则不等。今后在不致混淆的情况下，统称它们为 Z 变换。

通常，$X(z)$ 称为序列 $x(n)$ 的象函数，称 $x(n)$ 为 $X(z)$ 的原函数，$x(n)$ 和 $X(z)$ 构成 Z 变换对：

$$\begin{cases} x(n) = Z^{-1}[X(z)] \\ X(z) = Z[x(n)] \end{cases} \tag{6.1.3}$$

或简记为 $x(n) \xleftrightarrow{Z} X(z)$。

2. 复变量 s 和 z 的关系

复变量 s 和 z 的关系为

$$\begin{cases} z = \mathrm{e}^{sT} \\ s = \dfrac{1}{T} \ln(z) \end{cases} \tag{6.1.4}$$

式中，T 是实常数，为采样周期。将 z 和 s 分别表示为直角坐标、极坐标形式：

$$\begin{cases} z = r \mathrm{e}^{\mathrm{j}\theta} \\ s = \sigma + \mathrm{j}\omega \end{cases} \tag{6.1.5}$$

将式(6.1.5)代入式(6.1.4)得

$$\begin{cases} r = \mathrm{e}^{\sigma T} \\ \theta = \omega T \end{cases} \tag{6.1.6}$$

从式(6.1.4)表述关系可得 s 与 z 平面的映射关系如下：

(1) s 平面的虚轴($\sigma = 0$)映射到 z 平面的单位圆 $\mathrm{e}^{\mathrm{j}\theta}$ 上，s 平面的左半平面($\sigma < 0$)映射到 z 平面单位圆内($r = \mathrm{e}^{\sigma T} < 1$)；$s$ 平面的右半平面($\sigma > 0$)映射到 z 平面单位圆外($r = \mathrm{e}^{\sigma T} > 1$)。

(2) 当 $\omega = 0$ 时，$\theta = 0$，s 平面的实轴映射到 z 平面上的正实轴。s 平面的原点 $s = 0$ 映射到 z 平面单位圆上 $z = 1$ 的点。

(3) 由于 $z = r \mathrm{e}^{\mathrm{j}\theta}$ 是 θ 的周期函数，当 ω 由 $-\dfrac{\pi}{T}$ 到 $\dfrac{\pi}{T}$ 时，θ 由 $-\pi$ 到 π，辐角旋转了一周，映射了整个 z 平面，且 ω 每增加一个采样频率 $\omega_s = \dfrac{2\pi}{T}$，$\theta$ 就重复旋转一周，z 平面重叠一次。s 平面上宽度为 $\dfrac{2\pi}{T}$ 的带状区映射为整个 z 平面，这样 s 平面一条条宽度为 ω_s 的"横带"被重叠映射到整个 z 平面。所以，s 与 z 平面的映射关系不是单值的，如图 6 - 1 - 1 所示。

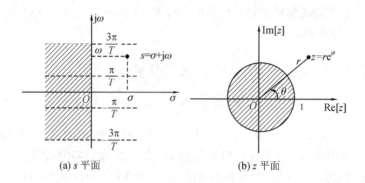

(a) s 平面　　　　　　　　　　　(b) z 平面

图 6-1-1　s 到 z 平面的映射关系

6.1.2　Z 变换的收敛域

Z 变换存在的条件：从 Z 变换的定义上看，其数学本质为一无穷幂级数之和，因此只有当该幂级数收敛，即

$$\sum_{n=-\infty}^{\infty} |x(n)z^{-n}| < \infty \tag{6.1.7}$$

时，其 Z 变换才存在。式(6.1.7)称为绝对可和条件，它是序列 $x(n)$ 的 Z 变换存在的充分且必要条件。

Z 变换收敛域的定义：对于序列 $x(n)$，满足式(6.1.7)，即使得其 Z 变换存在的所有 z 值组成的集合称为 Z 变换 $X(z)$ 的收敛域。

下面通过下列几个例题，对不同类型序列的收敛域进行探究。

例 6-1-1　求有限长序列 $x(k) = \delta(k)$ 的 Z 变换和收敛域。

解　根据离散序列的 Z 变换和冲激序列的性质可知

$$X(z) = \sum_{k=-\infty}^{\infty} \delta(k)z^{-k} = \sum_{k=0}^{\infty} \delta(k)z^{-k} = \delta(0)z^{-0} = 1 \tag{6.1.8}$$

由此可见标准冲激序列的双边 Z 变换与复变量 z 无关，所以其收敛域为整个 z 平面。

例 6-1-2　求因果序列 $x_1(k) = a^k \varepsilon(k) = \begin{cases} 0 & k < 0 \\ a^k & k \geqslant 0 \end{cases}$ 的 Z 变换和收敛域。

解　根据定义：

$$X_1(z) = \sum_{k=0}^{\infty} a^k z^{-k} = \lim_{N \to \infty} \sum_{k=0}^{N} (az^{-1})^k = \lim_{N \to \infty} \frac{1 - (az^{-1})^{N+1}}{1 - az^{-1}} \tag{6.1.9}$$

可以发现，只有当 N 趋近正无穷大时，其极限存在，才能保证因果序列的 Z 变换存在，因此需满足的条件为 $|az^{-1}| < 1$，收敛域为 $|z| > |a|$，此时 $X_1(z) = \dfrac{z}{z-a}$，如图 6-1-2 所示。

例 6-1-3　已知反因果序列 $x_2(k) = \begin{cases} b^k & k < 0 \\ 0 & k \geqslant 0 \end{cases} = b^k \varepsilon(-k-1)$，求其 Z 变换。

解　$$X_2(z) = \sum_{k=-\infty}^{-1} (bz^{-1})^k = \sum_{k=1}^{\infty} (b^{-1}z)^k = \lim_{N \to \infty} \frac{z/b - (z/b)^{N+1}}{1 - (z/b)} \tag{6.1.10}$$

可见：$|z/b| < 1$，即 $|z| < |b|$ 时，其 Z 变换存在，$X_2(z) = \dfrac{-z}{z-b}$，收敛域为 $|z| < |b|$，如图 6-1-3 所示。

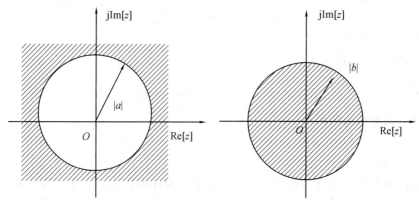

图 6-1-2　因果序列收敛域　　　图 6-1-3　反因果序列收敛域

例 6-1-4　已知双边序列 $x(k) = \begin{cases} b^k & k < 0 \\ a^k & k \geqslant 0 \end{cases}$，求其 Z 变换。

解　由上面两个例子可知，$x(k) = x_1(k) + x_2(k) = a^k + b^k$，则

$$X(z) = X_1(z) + X_2(z) = \frac{z}{z-a} - \frac{z}{z-b} \tag{6.1.11}$$

可见，收敛域为 $|a| < |z| < |b|$，显然要求 $|a| < |b|$，否则无共同收敛域，如图6-1-4所示。

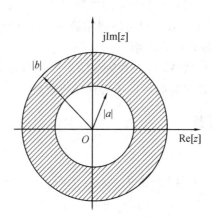

图 6-1-4　双边序列收敛域

例 6-1-5　求下面有限长序列的 Z 变换和收敛域。

$$x(k) = \left\{ 1,\quad 2,\quad \overset{\downarrow k=0}{3},\quad 2,\quad 1 \right\}$$

解　有限长序列可由多个非标准冲激序列构成，即

$$x(k) = \delta(k+2) + 2\delta(k+1) + 3\delta(k) + 2\delta(k-1) + \delta(k-2)$$

根据离散序列的 Z 变换定义，$x(k)$ 的单边 Z 变换为

$$X(z) = \sum_{k=0}^{\infty} x(k)z^{-k} = \sum_{k=0}^{\infty} \big[3\delta(k) + 2\delta(k-1) + \delta(k-2)\big]z^{-k} = 3 + 2z^{-1} + z^{-2}$$

利用冲激序列的移位性质可得

$$X(z) = 3 + 2z^{-1} + z^{-2}$$

由此可见收敛域为 $|z| > 0$。

$x(k)$ 的双边 Z 变换为

$$X(z) = \sum_{k=-\infty}^{\infty} \big[\delta(k+2) + 2\delta(k+1) + 3\delta(k) + 2\delta(k-1) + \delta(k-2)\big]z^{-k}$$

利用冲激序列的移位性质可得

$$X(z) = z^2 + 2z + 3 + 2z^{-1} + z^{-2}$$

由此可见收敛域为 $0 < |z| < \infty$。

　　由于有限长双边序列可以看作由多个非标准冲激序列构成，因此有限长双边序列的双边 Z 变换，从本质上看是对非标准冲激序列进行求解的过程，最终表示形式为有限 z 的幂级数和的形式，其收敛域为 $0 < |z| < \infty$，即 z 有限即可。

　　综上所述，对于不同类型的序列，其收敛域大致有以下几种情况：

　　（1）对于有限长双边序列，其双边 Z 变换的收敛域一般为 $0 < |z| < \infty$，但也可能包括 $z = 0$ 或 $z = \infty$ 点；对于特殊的标准冲激序列 $\delta(k)$，其双边 Z 变换的收敛域为全 z 复平面。

　　（2）对于因果序列，其 Z 变换的收敛域为某个圆外区域。

　　（3）对于反因果序列，其 Z 变换的收敛域为某个圆内区域。

　　（4）对于双边序列，其 Z 变换的收敛域为环状区域。

　　（5）不同序列的双边 Z 变换可能相同，即序列与其双边 Z 变换不是一一对应的。

　　序列的双边 Z 变换连同收敛域一起与序列才是一一对应的。因此，对双边 Z 变换必须表明收敛域，否则其对应的原序列将不唯一。

　　对于单边 Z 变换，其象函数 $X(z)$ 与序列 $x(n)$ 一一对应，收敛域一定是某个圆以外的区域，因此在以后讨论单边 Z 变换时可以不再标注收敛域。

6.1.3　常见序列的 Z 变换

1. 冲激序列

　　冲激序列 $f(k) = \delta(k)$，$f_1(k) = \delta(k-m)$，$f_2(k) = \delta(k+m)$，m 为正整数。参阅例 6-1-1可知

$$F(z) = \sum_{k=-\infty}^{\infty} \delta(k)z^{-k} = 1 \tag{6.1.12}$$

$$F_1(z) = \sum_{k=-\infty}^{\infty} \delta(k-m)z^{-k} = z^{-m} \quad |z| > 0 \tag{6.1.13}$$

$$F_2(z) = \sum_{k=-\infty}^{\infty} \delta(k+m)z^{-k} = z^{m} \quad |z| < \infty \tag{6.1.14}$$

2. 阶跃序列

　　若 $f(k) = \varepsilon(k)$，则

$$F(z) = \sum_{k=-\infty}^{\infty} \epsilon(k) z^{-k} = \frac{z}{z-1} \quad |z| > 1 \tag{6.1.15}$$

若 $f(k) = -\epsilon(-k-1)$，则

$$F(z) = \sum_{k=-\infty}^{\infty} [-\epsilon(-k-1)] z^{-k} = \frac{z}{z-1} \quad |z| < 1 \tag{6.1.16}$$

3. 虚指数序列

若 $f(k) = a^k \epsilon(k)$，a 为实数，则

$$F(z) = \sum_{k=-\infty}^{\infty} a^k \epsilon(k) z^{-k} = \frac{z}{z-a} \quad |z| > a \tag{6.1.17}$$

若 $f(k) = -a^k \epsilon(-k-1)$，$a$ 为实数，则

$$F(z) = \sum_{k=-\infty}^{\infty} [-a^k \epsilon(-k-1)] z^{-k} = \frac{z}{a-z} \quad |z| < a \tag{6.1.18}$$

6.2　Z 变换的性质

由 Z 变换的定义可以直接求得序列的 Z 变换，然而对于较复杂的序列，直接利用定义求解比较复杂。因此利用 Z 变换的定义推导出 Z 变换的性质，从而实现利用一些简单序列的 Z 变换导出复杂序列的 Z 变换，简化计算与分析。

本节讨论 Z 变换的性质，若无特殊说明，它既适用于单边也适用于双边 Z 变换。

6.2.1　线性性质

若

$$f_1(n) \xleftrightarrow{z} F_1(z) \quad \alpha_1 < |z| < \beta_1$$

$$f_2(n) \xleftrightarrow{z} F_2(z), \quad \alpha_2 < |z| < \beta_2$$

则

$$a_1 f_1(n) + a_2 f_2(n) \xleftrightarrow{z} a_1 F_1(z) + a_2 F_2(z) \tag{6.2.1}$$

其中 a_1、a_2 为任意常数。

叠加后新序列的 Z 变换的收敛域一般是原来两个序列 Z 变换收敛域的重叠部分，式 (6.2.1) 中新序列的收敛域为 $\max(\alpha_1, \alpha_2) < |z| < \min(\beta_1, \beta_2)$。

例 6-2-1　已知 $f(k) = \epsilon(k) - 3k\epsilon(-k-1)$，求 $f(k)$ 的双边 Z 变换 $F(z)$ 及其收敛域。

解　分别对两项求其 Z 变换：

$$\epsilon(k) \xleftrightarrow{z} \frac{z}{z-1} \quad |z| > 1$$

$$-3^k \epsilon(-k-1) \xleftrightarrow{z} \frac{z}{z-3} \quad |z| < 3$$

由线性性质可知

$$F(z) = \frac{z}{z-1} + \frac{z}{z-3} = \frac{2z^2 - 4z}{(z-1)(z-3)} \quad 1 < |z| < 3$$

6.2.2 移位性质

1. 双边 Z 变换的移位

若 $x(k) \xleftrightarrow{z} X(z)$，$\alpha < |z| < \beta$，且有整数 $m > 0$，则

$$x(k \pm m) \xleftrightarrow{Z} z^{\pm m} X(z) \quad \alpha < |z| < \beta \tag{6.2.2}$$

证明：

$$Z[x(k+m)] = \sum_{k=-\infty}^{\infty} x(k+m) z^{-k} \overset{n=k+m}{=} \sum_{n=-\infty}^{\infty} x(n) z^{-n} z^m = z^m X(z)$$

例 6 - 2 - 2 求周期为 N 的单位冲激序列 $\sum_{m=0}^{\infty} \delta(k - mN)$ 的 Z 变换。

解 对于常见序列的 Z 变换 $\delta(k) \xleftrightarrow{z} 1$，由 Z 变换的线性性质和移位性质可知

$$\sum_{m=0}^{\infty} \delta(k - mN) \longleftrightarrow \sum_{m=0}^{\infty} z^{-mN} = \frac{1}{1 - z^{-N}} = \frac{z^N}{z^N - 1} \quad |z| > 1$$

例 6 - 2 - 3 已知 $f(k) = 3k[\varepsilon(k+1) - \varepsilon(k-2)]$，求 $f(k)$ 的双边 Z 变换及其收敛域。

解 $f(k)$ 可以表示为

$$f(k) = 3^k \varepsilon(k+1) - 3^k \varepsilon(k-2)$$
$$= 3^{-1} \cdot 3^{k+1} \varepsilon(k+1) - 3^2 \cdot 3^{k-2} \varepsilon(k-2)$$

由于

$$3^k \varepsilon(k) \xleftrightarrow{z} \frac{z}{z-3} \quad |z| > 3$$

根据移位性质，得

$$3^{k+1} \varepsilon(k+1) \xleftrightarrow{z} z \cdot \frac{z}{z-3} = \frac{z^2}{z-3} \quad 3 < |z| < \infty$$

$$3^{k-2} \varepsilon(k-2) \xleftrightarrow{z} z^{-2} \cdot \frac{z}{z-3} = \frac{1}{z(z-3)} \quad |z| > 3$$

根据线性性质，得

$$F(z) = Z[f(k)] = \frac{z^2}{3(z-3)} - \frac{9}{z(z-3)} = \frac{z^3 - 27}{3z(z-3)} = \frac{z^2 + 3z + 9}{3z}$$

2. 单边 Z 变换的移位

若 $x(n) \xleftrightarrow{z} X(z)$，其中 n 为整数且 $n > 0$，收敛域为 $|z| > a$。则序列右移的单边 Z 变换为

$$x(n-1) \xleftrightarrow{z} z^{-1} X(z) + x(-1) \tag{6.2.3}$$
$$x(n-2) \xleftrightarrow{z} z^{-2} X(z) + x(-2) + x(-1) z^{-1} \tag{6.2.4}$$
$$x(n-k) \xleftrightarrow{z} z^{-k} X(z) + \sum_{n=0}^{k-1} x(n-k) z^{-n} \tag{6.2.5}$$

序列左移的单边 Z 变换为

$$x(n+1) \xleftrightarrow{z} zX(z) - x(0)z \tag{6.2.6}$$

$$x(n+2) \xleftrightarrow{z} z^2 X(z) - x(0)z^2 - x(1)z \tag{6.2.7}$$

$$x(n+k) \xleftrightarrow{z} z^k X(z) - \sum_{n=0}^{k-1} x(k)z^{k-n} \tag{6.2.8}$$

证明: $\qquad f(k-m) \longleftrightarrow z^{-m}F(z) + \sum_{k=0}^{m-1} f(k-m)z^{-k}$

$$Z[f(k-m)] = \sum_{k=0}^{\infty} f(k-m)z^{-k} = \sum_{k=0}^{m-1} f(k-m)z^{-k} + \sum_{k=m}^{\infty} f(k-m)z^{-(k-m)}z^{-m}$$

上式第二项中令 $k-m=n$,则

$$Z[f(k-m)] = \sum_{k=0}^{m-1} f(k-m)z^{-k} + \sum_{n=0}^{\infty} f(n)z^{-n}z^{-m} = \sum_{k=0}^{m-1} f(k-m)z^{-k} + z^{-m}F(z)$$

例 6 - 2 - 4 求 $f(n) = \delta(n-2) + 0.5^{n-1}\varepsilon(n-1)$ 的 Z 变换 $F(z)$。

解 由于 $\qquad \delta(n) \xleftrightarrow{z} 1, \ 0.5^n\varepsilon(n) \xleftrightarrow{z} \dfrac{z}{z-0.5}$

根据移位性质,得

$$\delta(n-2) \xleftrightarrow{z} z^{-2}$$

$$0.5^{n-1}\varepsilon(n-1) \xleftrightarrow{z} z^{-1}\frac{z}{z-0.5} = \frac{1}{z-0.5}$$

由线性性质,得

$$Z[f(n)] = z^{-2} + \frac{1}{z-0.5} = \frac{z^2+z-0.5}{z^2(z-0.5)} \qquad |z| > 0.5$$

例 6 - 2 - 5 求图 6 - 2 - 1 所示矩形序列信号 $f(n)$ 的 Z 变换 $F(z)$。

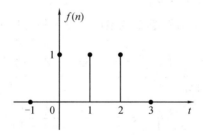

图 6 - 2 - 1 矩形序列信号

解 该序列可表示为

$$f(n) = \varepsilon(n) - \varepsilon(n-3)$$

由于

$$\varepsilon(n) \xleftrightarrow{z} \frac{z}{z-1}$$

根据移位性质,得

$$\varepsilon(n-3) \xleftrightarrow{z} z^{-3}\frac{z}{z-1} = \frac{1}{z^2(z-1)}$$

根据线性性质,得

$$Z[f(n)] = \frac{z}{z-1} - \frac{1}{z^2(z-1)}$$

$$= \frac{1}{z-1}(z - \frac{1}{z^2})$$

$$= \frac{1 + z + z^2}{z^2}$$

$$= 1 + z^{-1} + z^{-2} \qquad |z| > 0$$

该序列也可表示为

$$f(n) = \delta(n) + \delta(n-1) + \delta(n-2)$$

故　　　　　　　　　$$Z[f(n)] = 1 + z^{-1} + z^{-2} \qquad |z| > 0$$

可见两种方法求得的结果相同。

6.2.3　尺度变换

若 $f(n) \xleftrightarrow{z} F(z)$，$\alpha < |z| < \beta$，且有常数 $a \neq 0$，则

$$a^n f(n) \xleftrightarrow{z} F\left(\frac{z}{a}\right) \qquad \alpha|a| < |z| < \beta|a| \qquad (6.2.9)$$

证明：

$$Z[a^n f(n)] = \sum_{n=-\infty}^{\infty} a^n f(n) z^{-n} = \sum_{n=-\infty}^{\infty} f(n)\left(\frac{z}{a}\right)^{-n}$$

$$= F\left(\frac{z}{a}\right) \qquad \alpha|a| < |z| < \beta|a|$$

z 域尺度变换性质表明，时域中序列乘以指数等效于 z 域的尺度压缩或扩展。

例 6 - 2 - 6　求 $a^k \varepsilon(k)$ 的 Z 变换。

解　已知 $\varepsilon(k) \xleftrightarrow{z} \frac{z}{z-1}$，则根据 Z 变换的尺度变换性质可知 $a^k \varepsilon(k) \xleftrightarrow{z} \frac{z}{z-a}$。

例 6 - 2 - 7　求序列 $f(n) = \left(\frac{1}{3}\right)^n [\varepsilon(n) - \varepsilon(n-2)]$ 的 Z 变换 $F(z)$。

解　由线性和移位性质可知

$$Z[\varepsilon(n) - \varepsilon(n-2)] = \frac{z}{z-1} - z^{-2}\frac{z}{z-1} = \frac{z^2-1}{z(z-1)} = \frac{1}{z} + 1 \qquad |z| > 0$$

根据尺度变换性质，得

$$Z\left[\left(\frac{1}{3}\right)^n[\varepsilon(n) - \varepsilon(n-2)]\right] = 1 + \frac{1}{3z} \qquad |z| > 0$$

6.2.4　卷积和定理

若　　　　　　　　$$x_1(n) \xleftrightarrow{z} X_1(z) \qquad \alpha_1 < |z| < \beta_1$$

$$x_2(n) \xleftrightarrow{z} X_2(z) \qquad \alpha_2 < |z| < \beta_2$$

则

$$x_1(n) * x_2(n) \xleftrightarrow{z} X_1(z) \cdot X_2(z) \qquad \max(\alpha_1, \alpha_2) < |z| < \min(\beta_1, \beta_2) \qquad (6.2.10)$$

一般情况下，卷积和的收敛域为两个卷积项收敛域的公共部分，即 $\max(\alpha_1, \alpha_2) < |z| < \min(\beta_1, \beta_2)$，若两个收敛域没有公共部分，则 Z 变换不存在。另外，卷积和有可能

出现零、极点相互抵消的情况，此时其收敛域可能扩大。

例 6 - 2 - 8 已知 $\varepsilon(n) * \varepsilon(n-1) = n\varepsilon(n)$，求 $f(n) = n\varepsilon(n)$ 的 Z 变换。

解 由于 $\varepsilon(n) \xleftrightarrow{z} \dfrac{z}{z-1}$，$\varepsilon(n-1) \xleftrightarrow{z} \dfrac{1}{z-1}$，则

$$f(n) = n\varepsilon(n) = \varepsilon(n) * \varepsilon(n-1) \xleftrightarrow{z} \frac{z}{z-1} \cdot \frac{z^{-1}z}{z-1} = \frac{z}{(z-1)^2} \quad (z>1)$$

6.2.5　微分性质

若 $x(n) \xleftrightarrow{z} X(z)$，$\alpha < |z| < \beta$，则

$$nx(n) \xleftrightarrow{z} -z\frac{\mathrm{d}}{\mathrm{d}z}X(z) \quad \alpha < |z| < \beta \tag{6.2.11}$$

证明：已知 $F(z) = \displaystyle\sum_{k=-\infty}^{\infty} f(k)z^{-k}$，对其求微分有

$$\frac{\mathrm{d}}{\mathrm{d}z}F(z) = \sum_{k=-\infty}^{\infty} f(k)\frac{\mathrm{d}}{\mathrm{d}z}z^{-k} = -z^{-1}\sum_{k=-\infty}^{\infty} kf(k)z^{-k} = -z^{-1}Z[kf(k)]$$

得 $\qquad\qquad\qquad\qquad kf(k) \xleftrightarrow{z} -z\dfrac{\mathrm{d}}{\mathrm{d}z}F(z)$

例 6 - 2 - 9 求斜变序列 $n^2\varepsilon(n)$ 的 Z 变换。

解 由于

$$\varepsilon(n) \xleftrightarrow{z} \frac{z}{z-1}$$

根据微分性质，得

$$Z[n\varepsilon(n)] = -z\frac{\mathrm{d}}{\mathrm{d}z}\left(\frac{z}{z-1}\right) = \frac{z}{(z-1)^2}$$

即

$$n\varepsilon(n) \xleftrightarrow{z} \frac{z}{(z-1)^2} \quad |z| > 1$$

同理

$$n^2\varepsilon(n) \xleftrightarrow{z} -z\frac{\mathrm{d}}{\mathrm{d}z}\frac{z}{(z-1)^2} = \frac{z(z+1)}{(z-1)^3} \quad |z| > 1$$

例 6 - 2 - 10 求 $f(k) = k\varepsilon(k)$ 的 Z 变换 $F(z)$。

解 由常见序列的 Z 变换可知

$$\varepsilon(k) \xleftrightarrow{z} \frac{z}{z-1}$$

依据 Z 变换的微分性质可得

$$k\varepsilon(k) \xleftrightarrow{z} -z\frac{\mathrm{d}}{\mathrm{d}z}\left(\frac{z}{z-1}\right) = -z\frac{(z-1)-z}{(z-1)^2} = \frac{z}{(z-1)^2}$$

该结果与例 6 - 2 - 8 相同。

6.2.6　z 域积分性质

若 $f(n) \xleftrightarrow{z} F(z)$，$\alpha < |z| < \beta$，则

$$\frac{f(n)}{n+m} \xleftrightarrow{z} z^m \int_z^\infty \frac{F(\eta)}{\eta^{m+1}} \mathrm{d}\eta \quad \alpha < |z| <. \beta \tag{6.2.12}$$

式中 m 为整数，且 $n+m > 0$。

例 6-2-11 求序列 $\frac{1}{n+1}\varepsilon(n)$ 的 Z 变换。

解 因为有

$$\varepsilon(n) \xleftrightarrow{z} \frac{z}{z-1} \quad |z| > 1$$

根据 z 域积分性质，有

$$Z\left[\frac{1}{n+1}\varepsilon(n)\right] = z \int_z^\infty \frac{\eta}{(\eta-1)\eta^2}\mathrm{d}\eta = z \int_z^\infty \left(\frac{1}{\eta-1} - \frac{1}{\eta}\right)\mathrm{d}\eta$$

$$= z\ln\left(\frac{\eta-1}{\eta}\right)\Big|_z^\infty$$

$$= z\ln\left(\frac{z}{z-1}\right) \qquad\qquad |z| > 1$$

6.2.7 初值定理与终值定理

1. 初值定理

初值定理适用于右边序列，即适用于 $k < M$(M 为整数)时 $f(k) = 0$ 的序列。它用于由象函数直接求序列的初值 $f(M)$，$f(M+1)$，… 而不必求得原函数。

初值定理：如果序列在 $k < M$ 时，$f(k) = 0$，它与象函数的关系为

$$f(k) \xleftrightarrow{z} F(z) \quad \alpha < |z| < \infty$$

则序列的初值为

$$f(M) = \lim_{z \to \infty} z^M F(z) \tag{6.2.13}$$

对因果序列 $f(k)$，有

$$f(0) = \lim_{z \to \infty} F(z) \tag{6.2.14}$$

证明：

$$F(z) = \sum_{k=-\infty}^\infty f(k)z^{-k} = \sum_M^\infty f(k)z^{-k}$$

$$= f(M)z^{-M} + f(M+1)z^{-(M+1)} + f(M+2)z^{-(M+2)} + \cdots$$

上式两边乘以 z^M，得

$$z^{-M}F(z) = f(M) + f(M+1)z^{-1} + f(M+2)z^{-2} + \cdots$$

由 Z 变换移位性质可知，$f(M) = \lim\limits_{z \to \infty} z^M F(z)$，对因果序列 $f(k)$，有 $f(0) = \lim\limits_{z \to \infty} F(z)$。

2. 终值定理

终值定理适用于右边序列，用于由象函数直接求序列的终值，而不必求得原函数。

终值定理：如果序列在 $k < M$ 时，$f(k) = 0$，它与象函数的关系为 $f(k) \xleftrightarrow{z} F(z)$，$\alpha < |z| < \infty$，且 $0 \leqslant \alpha < 1$，则序列的终值为

$$f(\infty) = \lim_{k \to \infty} f(k) = \lim_{z \to 1} \frac{z-1}{z} F(z) = \lim_{z \to 1}(z-1)F(z) \tag{6.2.15}$$

例 6 - 2 - 12　因果序列 $f(n)$ 的 Z 变换为 $F(z)=\dfrac{z}{z-a}$（ $|z|>|a|$，a 为实数），求 $f(0)$、$f(1)$、$f(2)$ 和 $f(\infty)$。

解　（1）求初值。

由 $f(M)=\lim\limits_{z\to\infty}z^M F(z)$，得

$$f(0)=\lim_{z\to\infty}z^0\cdot\frac{z}{z-a}=1$$

$$f(1)=\lim_{z\to\infty}(zF(z)-zf(0))=\lim_{z\to\infty}\left(z\frac{z}{z-a}-z\right)=a$$

$$f(2)=\lim_{z\to\infty}(z^2 F(z)-z^2 f(0)-zf(1))=\lim_{z\to\infty}\left(z^2\frac{z}{z-a}-z^2-za\right)=a^2$$

上述象函数的原函数为 $a^n\varepsilon(n)$，可见以上结果对任意实数 a 均正确。

（2）求终值。

由终值定理，得

$$f(\infty)=\lim_{z\to1}(1-z^{-1})F(z)=\lim_{z\to1}\frac{(z-1)}{z}\frac{z}{z-a}=\begin{cases}0 & |a|<1\\1 & a=1\\0 & a=-1\\0 & |a|>1\end{cases}$$

当 a 取不同值时，讨论 $F(z)$ 是否收敛，确定终值定理是否成立：

① 当 $|a|<1$ 时，$z=1$ 在 $F(z)$ 的收敛域内，终值定理成立；

② 当 $a=1$ 时，$z=1$ 在 $F(z)$ 的收敛域内，终值定理成立；

③ 当 $a=-1$ 时，$f(n)=(-1)^n\varepsilon(n)$，此时 $\lim\limits_{n\to\infty}(-1)^n\varepsilon(n)$ 不收敛，终值定理不成立；

④ 当 $|a|>1$ 时，$z=1$ 不在 $F(z)$ 的收敛域内，终值定理不成立。

6.2.8　部分和定理

若 $x(n)\overset{z}{\longleftrightarrow}X(z)$，$\alpha<|z|<\beta$，则

$$\sum_{i=-\infty}^{n}x(i)\overset{z}{\longleftrightarrow}\frac{z}{z-1}X(z)\quad\max(\alpha,1)<|z|<\beta \tag{6.2.16}$$

证明：

$$x(n)*\varepsilon(n)=\sum_{i=-\infty}^{\infty}x(i)\varepsilon(n-i)=\sum_{i=-\infty}^{n}x(i)$$

根据卷积和定理有

$$Z[x(n)*\varepsilon(n)]=Z\left[\sum_{i=-\infty}^{n}x(i)\right]=\frac{z}{z-1}X(z)\qquad\max(\alpha,1)<|z|<\beta$$

$$\tag{6.2.17}$$

上式说明序列 $x(n)$ 的部分和等于 $x(n)$ 与 $\varepsilon(n)$ 的卷积和。根据卷积和定理，取式 (6.2.17) 的 Z 变换就可以得到部分和的 Z 变换式。

例 6 - 2 - 13　求序列 $\sum\limits_{k=0}^{n}a^k$（a 为实数）的 Z 变换。

解　由于 $\displaystyle\sum_{k=0}^{n} a^k = \sum_{k=-\infty}^{n} a^k \varepsilon(k)$，而

$$a^k \varepsilon(k) \overset{z}{\longleftrightarrow} \frac{z}{z-a} \qquad |z| > |a|$$

故而由部分和定理可得

$$\sum_{k=0}^{n} a^k \overset{z}{\longleftrightarrow} \frac{z}{z-1} \cdot \frac{z}{z-a} \qquad |z| > \max(|a|,1)$$

6.3　Z 逆 变 换

与连续信号的傅里叶变换和拉普拉斯变换类似，离散信号的 Z 逆变换也可以使用留数法、幂级数展开法和部分分式法，或使用 $MATLAB$ 中符号运算的 iztrans( ) 函数来求 Z 逆变换。

同连续系统一样，在离散系统分析中，常常要求从 Z 域的象函数 $X(z)$ 求出时域的原函数 $x(n)$，这个过程就是逆 Z 变换，也称 Z 逆变换。$X(z)$ 的逆变换记为

$$x(n) = Z^{-1}[X(z)] \tag{6.3.1}$$

由于 Z 变换的定义中，$X(z)$ 为幂级数，因此，可以把 $X(z)$ 展开为幂级数，然后根据幂级数各项的系数求逆变换 $x(n)$。若 $X(z)$ 为有理式，则可以把 $X(z)$ 展开成部分分式，结合常用 Z 变换对求逆变换。

由常用信号的 Z 变换表可知，常用序列的 Z 变换的分子中很多都有 z 项，为此，常将 $\dfrac{F(z)}{z}$ 展开为部分分式之和，再乘以 z，然后根据 Z 变换的收敛域求得原序列 $f(n)$。

6.3.1　留数法

留数又称残数，留数法(反演积分法)是复变函数论中一个重要的概念，如果 $X(z)$ 只含有一阶极点，则 $X(z)$ 可以展开为

$$X(z) = A_0 + \sum_{m=1}^{k} \frac{A_m z}{z - z_m} \tag{6.3.1}$$

即

$$\frac{X(z)}{z} = \frac{A_0}{z} + \sum_{m=1}^{k} \frac{A_m}{z - z_m} \tag{6.3.2}$$

式中，A_0、A_m 分别为 $X(z)/z$ 在 $z=0$，$z=z_m$ 处极点的留数，因此

$$A_0 = \mathrm{Res}\left[\frac{X(z)}{z}, 0\right] = X(0) = \frac{b_0}{a_0}$$

$$A_m = \mathrm{Res}\left[\frac{X(z)}{z}, z_m\right] = \left[(z - z_m)\frac{X(z)}{z}\right]_{z=z_m} \tag{6.3.3}$$

式中，$\mathrm{Res}[\ \cdot\ ]$ 表示取留数。

(1) 如式(6.3.1)的收敛域 $|z| > R_1$，则 $x(n)$ 为因果序列，即

$$x(n) = A_0 \delta(n) + \sum_{m=1}^{k} A_m (z_m)^n \varepsilon(n) \tag{6.3.4}$$

(2) 如果式(6.3.1)的收敛域 $|z| < R_2$，则 $x(n)$ 为左边序列，即

$$x(n) = A_0\delta(n) - \sum_{m=1}^{k} A_m (z_m)^n \varepsilon(-n-1) \tag{6.3.5}$$

(3) 如果式(6.3.1)的收敛域 $R_1 < |z| < R_2$，则 $x(n)$ 为双边序列，可根据具体情况结合上述两种方法求解。

如果 $X(z)$ 只含有高于一阶的极点，则 $X(z)$ 可以降阶修改后用上述办法求解。

例 6 - 3 - 1　已知信号的 z 域频谱函数为 $X(z) = \dfrac{z^3 + 2z^2 + 1}{z(z-1)(z-0.5)}$，$|z| > 1$，求信号 $x(n)$。

解　由于 $X(z)$ 的收敛域为 $|z| > 1$，所以 $x(n)$ 必然为因果序列，即 $n \geqslant 0$。将 $X(z)$ 的分母展开：

```
>>expand(z*(z-1)*(z-0.5))
ans=z^3-3/2*z^2+1/2*z
```

即 $X(z) = \dfrac{z^3 + 2z^2 + 1}{z^3 - 1.5z^2 + 0.5z}$，则根据 $\dfrac{X(z)}{z} = \dfrac{z^3 + 2z^2 + 1}{z^4 - 1.5z^4 + 0.5z^2}$ 用 residue(B,A) 函数求留数，程序如下：

```
A=[1  -1.5  0.5 0 0];
B=[0  1   2  0 1];
[r,p,k]=residue(B,A)
>>r
r=
     8
    -13
     6
     2
>>p
p=
    1.0000
    0.5000
         0
         0
>>k
k=    []
```

则信号为

$$x(n) = r_1 p_1^n \varepsilon(n) + r_2 p_2^n \varepsilon(n) + r_3\delta(n) + r_4\delta(n-1)$$
$$= 8\varepsilon(n) - 13 \times 0.5\varepsilon(n) + 6\delta(n) + 2\delta(n-1)$$
$$= (8 - 13 \times 0.5^n)\varepsilon(n) + 6\delta(n) + 2\delta(n-1)$$

6.3.2　幂级数展开法(长除法)

根据 Z 变换的定义，因果序列和反因果序列的象函数分别是 z^{-1} 和 z 的幂级数，其系数就是相应的序列值，即

$$F(z) = \sum_{n=-\infty}^{\infty} f(n) z^{-n} = \frac{B(z)}{A(z)} \tag{6.3.6}$$

一般情况下，$F(z)$ 是一个有理分式，分子分母都是 z 的多项式，可以直接利用分子多项式除以分母多项式，得到幂级数展开式，从而得到 $f(n)$，因此这种方法也称为长除法。在利用长除法做 Z 逆变换时，同样要根据收敛域判断序列 $f(n)$ 的性质。如果 $F(z)$ 的收敛域为 $|z| > \alpha$，则 $f(n)$ 是因果序列，此时，将 $F(z)$ 的分子、分母按照 z 的降幂(或 z^{-1} 的升幂)进行排列，再进行长除运算；

如果 $F(z)$ 的收敛域为 $|z| < \beta$，则 $f(n)$ 为反因果序列，此时，将 $F(z)$ 的分子、分母按照 z 的升幂(或 z^{-1} 的降幂)进行排列，再进行长除运算。

例 6 - 3 - 2　已知象函数

$$F(z) = \frac{z^2 + z}{(z-1)^2}$$

其收敛域分别为 $|z| > 1$、$|z| < 1$，分别求相对应的原序列 $f(n)$。

解　(1) 由于 $F(z)$ 的收敛域为 $|z| > 1$，故 $f(n)$ 为因果序列。用长除法将 $F(z)$ 的分子、分母按照 z 的降幂排列，即

$$F(z) = \frac{z^2 + z}{z^2 - 2z + 1}$$

再进行长除运算，得

$$
\begin{array}{r}
1 + 3z^{-1} + 5z^{-2} + 7z^{-3} + \cdots \\
z^2 - 2z + 1 \overline{\smash{\big)}\ z^2 + z } \\
\underline{z^2 - 2z + 1 } \\
3z - 1 \\
\underline{3z - 6 + 3z^{-1} } \\
5 - 3z^{-1} \\
\underline{5 - 10z^{-1} + 5z^{-2}} \\
7z^{-1} - 5z^{-2}
\end{array}
$$

最终得

$$F(z) = 1 + 3z^{-1} + 5z^{-2} + 7z^{-3} + \cdots = \sum_{n=0}^{\infty} (2n+1) z^{-n}$$

于是可得原序列 $f(n) = (2n+1)\varepsilon(n)$。

(2) 由于 $F(z)$ 的收敛域为 $|z| < 1$，故 $f(n)$ 为反因果序列。用长除法将 $F(z)$ 的分子、分母按照 z 的升幂排列，即

$$F(z) = \frac{z + z^2}{1 - 2z + z^2}$$

再进行长除运算，得

$$\begin{array}{r}
z+3z^2+5z^3+\cdots \\
\hline
1-2z+z^2 \overline{)z+z^2} \\
\underline{z-2z^2+z^3} \\
3z^2-z^3 \\
\underline{3z^2-6z^2+3z^4} \\
5z^3-3z^4 \\
\underline{5z^3-10z^4+5z^2} \\
7z^4-5z^{-2} \\
\vdots
\end{array}$$

最终得
$$F(z) = \frac{z+z^2}{1-2z+z^2} = z+3z^2+5z^3+\cdots$$

于是可得原序列为

$$f(n) = \{\cdots, 5, 3, 1, \underset{\uparrow}{0}\}$$

注意：若 $F(z)$ 的收敛域为 $R_- < |z| < R_+$，则 $f(n)$ 为双边序列，$F(z)$ 要分解成相应的因果和反因果序列，然后分别按 z 的降幂和升幂进行排列后再用长除法求得 $f(n)$。通常情况下，如果只求序列 $f(n)$ 的前几个值，则用长除法比较方便。

6.3.3 部分分式法

序列的 Z 变换大多数是 z 的有理函数，一般可以表示成有理分式的形式，即

$$F(z) = \frac{B(z)}{A(z)} = \frac{b_0+b_1z^{-1}+\cdots+b_Mz^{-M}}{a_0+a_1z^{-1}+\cdots+a_Nz^{-N}} \tag{6.3.7}$$

当分子多项式的阶次小于分母多项式的阶次，即 $M<N$ 时，Z 逆变换是一种线性变换，可以把它分解成许多常见的部分分式之和，然后查表求得各部分分式的 Z 逆变换，最后把这些 Z 逆变换相加即可。

下面根据 $F(z)$ 极点的不同类型，将 $F(z)/z$ 展开成下述三种情况。

1. $F(z)$ 有单实极点

若 $F(z)$ 有 N 个单实极点，则式(6.3.7)可表示为

$$F(z) = \frac{B(z)}{(z-z_1)(z-z_2)\cdots(z-z_N)} \tag{6.3.8}$$

其中，$z_i(i=1,2,\cdots,N)$ 为 N 个极点，则 $\dfrac{F(z)}{z}$ 可以展开为

$$\frac{F(z)}{z} = \frac{B(z)}{z(z-z_1)(z-z_2)\cdots(z-z_N)}$$

$$= \frac{k_0}{z} + \frac{k_1}{z-z_1} + \frac{k_2}{z-z_2} + \cdots + \frac{k_N}{z-z_N} \tag{6.3.9}$$

式(6.3.9)中各系数为

$$k_i = (z-z_i)\frac{F(z)}{z}\bigg|_{z=z_i} \qquad i=0,1,\cdots,N \tag{6.3.10}$$

其中 $z_0=0$。这样，式(6.3.9)可表示为

$$F(z) = k_0 + \frac{k_1z}{z-z_1} + \frac{k_2z}{z-z_2} + \cdots + \frac{k_Nz}{z-z_N} \tag{6.3.11}$$

根据给定的收敛域，由基本的 Z 变换对求 $F(z)$ 的 Z 逆变换，即可得到 $f(n)$ 的表达式。

例 6 - 3 - 3　求象函数 $F(z) = \dfrac{2z}{(z-1)(z-2)}$，$|z| > 2$ 的原函数 $f(n)$。

解　由 $F(z) = \dfrac{2z}{(z-1)(z-2)}$ 可以看出 $F(z)$ 有两个单实数极点 1、2，将 $\dfrac{F(z)}{z}$ 展开，得

$$\frac{F(z)}{z} = \frac{2}{(z-1)(z-2)} = \frac{k_1}{z-1} + \frac{k_2}{z-2}$$

由式(6.3.10)得

$$k_1 = (z-1)\frac{F(z)}{z}\Big|_{z=1} = \frac{2}{(z-2)}\Big|_{z=1} = -2$$

$$k_2 = (z-2)\frac{F(z)}{z}\Big|_{z=2} = \frac{2}{(z-1)}\Big|_{z=2} = 2$$

故

$$\frac{F(z)}{z} = \frac{2}{(z-1)(z-2)} = \frac{-2}{z-1} + \frac{2}{z-2}$$

$$F(z) = \frac{-2z}{z-1} + \frac{2z}{z-2}$$

因为 $|z| > 2$，$f(n)$ 是因果序列，其原函数为

$$f(n) = -2\varepsilon(n) + 2(2)^n\varepsilon(n) = 2(2^n - 1)\varepsilon(n)$$

2. $F(z)$ 含共轭单极点

$F(z)$ 可分解为 $F_1(z)$ 与 $F_2(z)$ 之和：

$$\begin{aligned}
F(z) &= \frac{B(z)}{[(z+a)^2 + b^2]A_2(z)} \\
&= \frac{B(z)}{(z+a-jb)(z+a+jb)A_2(z)} \\
&= \frac{B_1(z)}{A_1(z)} + \frac{B_2(z)}{A_2(z)} \\
&= \frac{k_1}{z+a-jb} + \frac{k_2}{z+a+jb} + \frac{B_2(z)}{A_2(z)} \\
&= F_1(z) + F_2(z)
\end{aligned} \tag{6.3.12}$$

设 $F_1(z)$ 有一对共轭单极点 $z_{1,2} = a \pm jb$，则 $\dfrac{F_1(z)}{z}$ 可以展开为

$$\frac{F_1(z)}{z} = \frac{B_1(z)}{(z-z_1)(z-z_2)} = \frac{k_1}{z-z_1} + \frac{k_2}{z-z_2} \tag{6.3.13}$$

其中 z_1、z_2 为一对共轭单极点，即

$$z_{1,2} = a \pm jb = \alpha e^{\pm j\beta} \tag{6.3.14}$$

另外，可以证明 k_1、k_2 是一对共轭复数，即

$$\begin{cases} k_1 = |k_1|e^{j\theta} \\ k_2 = k_1^* = |k_1|e^{-j\theta} \end{cases} \tag{6.3.15}$$

将 z_1、z_2 和 k_1、k_2 代入式(6.3.13)得

$$F_1(z) = \frac{|k_1|e^{j\theta}z}{z - \alpha e^{j\beta}} + \frac{|k_1|e^{-j\theta}z}{z - \alpha e^{-j\beta}} \tag{6.3.16}$$

在 $|z| > \alpha$ 时，式(6.3.16)中 $F_1(z)$ 的原函数为

$$f_1(n) = |k_1| \mathrm{e}^{\mathrm{j}\theta} \alpha^n \mathrm{e}^{\mathrm{j}\beta n} + |k_1| \mathrm{e}^{-\mathrm{j}\theta} \alpha^n \mathrm{e}^{-\mathrm{j}\beta n}$$

$$= 2|k_1| \alpha^n \cos(\beta n + \theta) \varepsilon(n) \tag{6.3.17}$$

在 $|z| < \alpha$ 时，式(6.3.16)中 $F_1(z)$ 的原函数为

$$f_1(n) = -2|k_1| \alpha^n \cos(\beta n + \theta) \varepsilon(-n-1) \tag{6.3.18}$$

设 $F_2(z)$ 有单实极点，则依据上述方法求出 $f_2(n)$，故有

$$f(n) = f_1(n) + f_2(n) \tag{6.3.19}$$

例 6 - 3 - 4　已知 $F(z) = \dfrac{z^3 + 6}{(z+1)(z^2+4)}$，$|z| > 2$，求 $F(z)$ 的原函数 $f(n)$。

解　将 $\dfrac{F(z)}{z}$ 展开为

$$\frac{F(z)}{z} = \frac{z^3 + 6}{z(z+1)(z+\mathrm{j}2)(z-\mathrm{j}2)}$$

其极点分别为 $z_1 = 0$，$z_2 = -1$，$z_{3,4} = \pm\mathrm{j}2 = 2\mathrm{e}^{\pm\mathrm{j}\frac{\pi}{2}}$，故上式可展开为

$$\frac{F(z)}{z} = \frac{k_1}{z} + \frac{k_2}{z+1} + \frac{k_3}{z - 2\mathrm{e}^{\mathrm{j}\frac{\pi}{2}}} + \frac{k_4}{z - 2\mathrm{e}^{-\mathrm{j}\frac{\pi}{2}}} \tag{6.3.20}$$

其中的各系数为

$$\begin{cases}
k_1 = z \cdot \dfrac{F(z)}{z} \Big|_{z=0} = \dfrac{z^3+6}{(z+1)(z^2+4)} \Big|_{z=0} = 1.5 \\[3mm]
k_2 = (z+1) \cdot \dfrac{F(z)}{z} \Big|_{z=-1} = \dfrac{z^3+6}{z(z^2+4)} \Big|_{z=-1} = -1 \\[3mm]
k_3 = (z-\mathrm{j}2) \cdot \dfrac{F(z)}{z} \Big|_{z=\mathrm{j}2} = \dfrac{z^3+6}{z(z+1)(z+\mathrm{j}2)} \Big|_{z=\mathrm{j}2} = \dfrac{\sqrt{5}}{4} \mathrm{e}^{\mathrm{j}63.4°} \\[3mm]
k_4 = k_3^* = \dfrac{\sqrt{5}}{4} \mathrm{e}^{-\mathrm{j}63.4°}
\end{cases}$$

将各系数代入式(6.3.20)得

$$F(z) = 1.5 + \frac{-z}{z+1} + \frac{\frac{\sqrt{5}}{4}\mathrm{e}^{\mathrm{j}63.4°}z}{z - 2\mathrm{e}^{\mathrm{j}\frac{\pi}{2}}} + \frac{\frac{\sqrt{5}}{4}\mathrm{e}^{-\mathrm{j}63.4°}z}{z - 2\mathrm{e}^{-\mathrm{j}\frac{\pi}{2}}}$$

由于 $F(z)$ 的收敛域 $|z| > 2$，故 $f(n)$ 为因果序列，其原函数为

$$f(n) = \left[1.5\delta(n) - (-1)^n + \frac{\sqrt{5}}{2}(2)^n \cos\left(\frac{n\pi}{2} + 63.4°\right) \right] \varepsilon(n)$$

3. $F(z)$ 有重极点

设 $F(z)$ 仅在 $z = a$ 处含有 $r(r > 1)$ 重极点，则

$$\frac{F(z)}{z} = \frac{B(z)}{(z-a)^r}$$

$$= \frac{k_{11}}{(z-a)^r} + \frac{k_{12}}{(z-a)^{r-1}} + \cdots + \frac{k_{1r}}{z-a} \tag{6.3.21}$$

其中的各系数为

$$k_{1i} = \frac{1}{(i-1)!} \frac{\mathrm{d}^{i-1}}{\mathrm{d}z^{i-1}} \left[(z-a)^r \frac{F(z)}{z} \right] \Big|_{z=a} \tag{6.3.22}$$

则 $F(z)$ 为

$$F(z) = \frac{k_{11} z}{(z-a)^r} + \frac{k_{12} z}{(z-a)^{r-1}} + \cdots + \frac{k_{1r} z}{z-a} \tag{6.3.23}$$

当 $|z| > a$ 时，原序列为因果序列，有

$$Z^{-1}\left[\frac{z}{(z-a)^r} \right] = \frac{n(n-1)\cdots(n-r+2)}{(r-1)!} a^{n-r+1} \varepsilon(n) \tag{6.3.24}$$

常用的有

$$\begin{cases} Z^{-1}\left[\dfrac{z}{z-a} \right] = a^n \varepsilon(n) \\ Z^{-1}\left[\dfrac{z}{(z-a)^2} \right] = na^{n-1} \varepsilon(n) \\ Z^{-1}\left[\dfrac{z}{(z-a)^3} \right] = \dfrac{1}{2} n(n-1) a^{n-2} \varepsilon(n) \end{cases} \tag{6.3.25}$$

当 $|z| < a$ 序列，原序列为反因果序列，有

$$Z^{-1}\left[\frac{z}{(z-a)^r} \right] = -\frac{n(n-1)\cdots(n-r+2)}{(r-1)!} a^{n-r+1} \varepsilon(-n-1) \tag{6.3.26}$$

例 6 - 3 - 5　已知 $F(z) = \dfrac{z^3 + z^2}{(z-1)^3}$，$|z| > 1$，求 $F(z)$ 的原函数 $f(n)$。

解　将 $\dfrac{F(z)}{z}$ 的部分分式展开为

$$\frac{F(z)}{z} = \frac{z^2 + z}{(z-1)^3} = \frac{k_{11}}{(z-1)^3} + \frac{k_{12}}{(z-1)^2} + \frac{k_{13}}{z-1}$$

由式(6.3.22)得

$$k_{11} = (z-1)^3 \frac{F(z)}{z} \Big|_{z=1} = 2$$

$$k_{12} = \frac{1}{1!} \frac{\mathrm{d}}{\mathrm{d}z}\left[(z-1)^3 \frac{F(z)}{z} \right]\Big|_{z=1} = 3$$

$$k_{13} = \frac{1}{2!} \frac{\mathrm{d}^2}{\mathrm{d}z^2}\left[(z-1)^3 \frac{F(z)}{z} \right]\Big|_{z=1} = 1$$

则有

$$\frac{F(z)}{z} = \frac{z^2 + z}{(z-1)^3} = \frac{2}{(z-1)^3} + \frac{3}{(z-1)^2} + \frac{1}{z-1}$$

故

$$F(z) = \frac{2z}{(z-1)^3} + \frac{3z}{(z-1)^2} + \frac{z}{z-1}$$

由于 $F(z)$ 的收敛域为 $|z| > 1$，故 $f(n)$ 为因果序列，即

$$f(n) = \left[2 \cdot \frac{1}{2} n(n-1) + 3n + 1 \right] \varepsilon(n)$$

$$= [n(n-1) + 3n + 1] \varepsilon(n)$$

$$= (n+1)^2 \varepsilon(n)$$

例 6 - 3 - 6　已知 $F(z) = \dfrac{z}{(z-2)(z-1)^2}$，$|z| > 2$，求 $F(z)$ 的原函数 $f(n)$。

解　$\dfrac{F(z)}{z}$ 的部分分式展开式为

$$\frac{F(z)}{z} = \frac{1}{(z-2)(z-1)^2}$$

$$= \frac{k_{11}}{(z-1)^2} + \frac{k_{12}}{z-1} + \frac{k_2}{z-2}$$

$\dfrac{F(z)}{z}$ 有单实数极点，也有重极点，由式 (6.3.10) 和式 (6.3.22) 求得系数：

$$k_2 = (z-2) \frac{F(z)}{z}\Big|_{z=2} = \frac{1}{(z-1)^2}\Big|_{z=2} = 1$$

$$k_{11} = (z-1)^2 \frac{F(z)}{z}\Big|_{z=1} = \frac{1}{z-2}\Big|_{z=1} = -1$$

$$k_{12} = \frac{1}{1!} \frac{\mathrm{d}}{\mathrm{d}z}\Big[(z-1)^2 \frac{F(z)}{z}\Big]\Big|_{z=1} = \frac{\mathrm{d}}{\mathrm{d}z}\Big[\frac{1}{(z-2)}\Big]\Big|_{z=1} = -1$$

则有

$$\frac{F(z)}{z} = \frac{1}{(z-2)(z-1)^2} = \frac{1}{z-2} + \frac{-1}{(z-1)^2} + \frac{-1}{z-1}$$

故

$$F(z) = \frac{z}{(z-2)(z-1)^2} = \frac{z}{z-2} + \frac{-z}{(z-1)^2} + \frac{-z}{z-1}$$

由于 $F(z)$ 的收敛域为 $|z| > 2$，故 $f(n)$ 为因果序列，即

$$f(n) = (2^n - n - 1)\varepsilon(n)$$

4. 不同的收敛域

在求原函数时要考虑收敛域因素，同一个象函数，因不同的收敛域有不同的结果，应根据 Z 变换的收敛域求得原函数 $f(n)$。

例 6 - 3 - 7　已知象函数

$$F(z) = \frac{z^2}{(z+1)(z-2)} = \frac{z^2}{z^2 - z - 2}$$

其收敛域分别为 $|z| > 2$、$|z| < 1$ 及 $1 < |z| < 2$，分别求相对应的原函数 $f(n)$。

解　(1) 由于 $F(z)$ 的收敛域为 $|z| > 2$，故 $f(n)$ 为因果序列，则

$$F(z) = \frac{z^2}{(z+1)(z-2)} = \frac{\frac{1}{3}z}{(z+1)} + \frac{\frac{2}{3}z}{(z-2)} \quad |z| > 2$$

$$F_1(z) = \frac{\frac{1}{3}z}{(z+1)} \quad |z| > 1$$

$$F_2(z) = \frac{\frac{2}{3}z}{(z-2)} \quad |z| > 2$$

$$f_1(n) = \frac{1}{3}(-1)^n \varepsilon(n), \qquad\qquad f_2(n) = \frac{2}{3}(2)^n \varepsilon(n)$$

故而，其原函数为

$$f(n) = f_1(n) + f_2(n)$$
$$= \frac{1}{3}(-1)^n \varepsilon(n) + \frac{2}{3}(2)^n \varepsilon(n)$$

(2) 由于 $F(z)$ 的收敛域为 $|z| < 1$，故 $f(n)$ 为反因果序列，则有

$$F(z) = \frac{z^2}{(z+1)(z-2)} = \frac{\frac{1}{3}z}{(z+1)} + \frac{\frac{2}{3}z}{(z-2)} \quad |z| < 1$$

$$F_1(z) = \frac{\frac{1}{3}z}{(z+1)} \quad |z| < 1$$

$$F_2(z) = \frac{\frac{2}{3}z}{(z-2)} \quad |z| < 2$$

$$f_1(n) = -\frac{1}{3}(-1)^n \varepsilon(-n-1), \qquad f_2(n) = -\frac{2}{3}(2)^n \varepsilon(-n-1)$$

故而，其原函数为

$$f(n) = f_1(n) + f_2(n)$$
$$= -\frac{1}{3}(-1)^n \varepsilon(-n-1) - \frac{2}{3}(2)^n \varepsilon(-n-1)$$

(3) 由于 $F(z)$ 的收敛域为 $1 < |z| < 2$，其 $f(n)$ 为双边序列，且第一项为因果序列（收敛域为 $|z| > 1$），第二项为反因果序列（收敛域为 $|z| < 2$）。

$$F(z) = \frac{z^2}{(z+1)(z-2)} = \frac{\frac{1}{3}z}{(z+1)} + \frac{\frac{2}{3}z}{(z-2)} \quad 1 < |z| < 2$$

$$F_1(z) = \frac{\frac{1}{3}z}{(z+1)} \quad |z| > 1$$

$$F_2(z) = \frac{\frac{2}{3}z}{(z-2)} \quad |z| < 2$$

$$f_1(n) = \frac{1}{3}(-1)^n \varepsilon(n), \qquad f_2(n) = -\frac{2}{3}(2)^n \varepsilon(-n-1)$$

故而，其原函数为

$$f(n) = f_1(n) + f_2(n)$$
$$= \frac{1}{3}(-1)^n \varepsilon(n) - \frac{2}{3}(2)^n \varepsilon(-n-1)$$

5. 多项式为假分数

若式(6.3.7)出现 $N \leqslant M$ 的情况，可以利用长除法得到一个 z 的多项式和一个有理分式，即

$$F(z) = \frac{B(z)}{A(z)} = C_0 + C_1 z + \cdots + C_{M-N} z^{M-N} + \frac{Q(z)}{A(z)} \tag{6.3.27}$$

令 $C(z) = C_0 + C_1 z + \cdots + C_{M-N} z^{M-N}$，它是 z 的有理多项式，其 Z 逆变换为单位序列 $\delta(n)$ 及其移位，即

$$Z^{-1}\left[C(z)\right] = C_0\delta(n) + C_1\delta(n+1) + \cdots + C_{M-N}\delta(n+M-N) \tag{6.3.28}$$

有

$$f(n) = Z^{-1}\left[C(z)\right] + Z^{-1}\left[\frac{Q(z)}{A(z)}\right] \tag{6.3.29}$$

其中 $Z^{-1}\left[\dfrac{Q(z)}{A(z)}\right]$ 可由部分分式展开法求得。

6.3.4　MATLAB 求解 Z 变换

1. Z 变换函数 ztrans( )

Z 变换是傅里叶变换的推广，傅里叶变换是 Z 变换的特例，即单位圆上的 Z 变换。在 MATLAB 中，一个离散序列 $x(n)$ 的 Z 变换定义为式(6.1.1)，即

$$X(z) = Z\left[x(n)\right] = \sum_{n=-\infty}^{\infty} x(n)z^{-n}$$

其中 z 为复变量，是一个以实部为横坐标，虚部为纵坐标构成的平面上的变量，这个平面也称 z 平面。这种变换也称为双边 Z 变换，与此相应还有单边 Z 变换，单边 Z 变换只是对单边序列（$n \geqslant 0$ 部分）进行变换的 Z 变换，其定义为(6.1.2)式，即

$$X(z) = \sum_{n=0}^{\infty} x(n)z^{-n}$$

如果离散序列 $x(n)$ 可以用符号表达式表示，则可以直接用 MATLAB 的 ztrans( )函数来求离散序列的单边 Z 变换 $X(z)$。用法如下：

（1）F = ztrans(f)：计算符号表达式"f"的 Z 变换，默认"f"是变量 n 的函数，返回的值"F"是 z 的函数。

（2）F = ztrans(f,w)：计算 Z 变换，"F"作为"w"的函数，而不是默认的变量 z。

（3）F = ztrans(f,k,w)：计算 Z 变换，指定"f"是"k"的函数，"F"是"w"的函数。

例 6 - 3 - 8　已知信号 $f(n) = e^{-an}$，$x(n) = a^n \varepsilon(n)$，分别求其 Z 变换。

解　实现 Z 变换的程序如下：

```
>>syms n a z;
>>f=exp(-a * n);
>>simplify(ztrans(f))
ans=1/(z * exp(a)-1)+1
```

即

$$F(z) = Z\left[e^{-an}\right] = \frac{1}{ze^a - 1} + 1 = \frac{z}{z - e^{-a}}$$

$x(n)$ 的 Z 变换程序如下：

```
>>X=ztrans(a^n)
    X=-z/(a-z)
```

即指数序列 $a^n \varepsilon(n)$ 的 Z 变换为

$$X(z) = Z\left[a^n \varepsilon(n)\right] = \frac{z}{z-a} \qquad |z| > |a|$$

2. Z 逆变换函数 iztrans( )

Z 逆变换使用 iztrans()函数,用法如下:

(1) f = iztrans(F):计算符号表达式"F"的 Z 逆变换,默认"F"是变量 z 的函数,返回的值"f"是 n 的函数,定义为

$$f(n) = \frac{1}{2\pi j} \oint_{|z|=R} F(z) z^{n-1} dz$$

其中 R 是一个正数,这样函数 $F(z)$ 在 $|z|=R$ 圆上和外面都是解析的。

(2) f = iztrans(F,k):计算 Z 逆变换,"f"作为变量"k"的函数,而不是默认的变量 n。

例 6-3-9 已知信号的 z 频谱函数为 $X(z) = \dfrac{5z}{z - 3z^2 - 2} \left(\dfrac{1}{3} < |z| < 2 \right)$,求信号 $x(n) = ?$

解 原式可分解为 $X(z) = \dfrac{z}{z - \dfrac{1}{3}} - \dfrac{z}{z-2}$,第 1 项为右边序列,第 2 项为左边序列。

查表知

$$Z^{-1}\left[\frac{z}{z-a}\right] = \begin{cases} a^n \varepsilon(n) & |z| > R_1 \\ -a^n \varepsilon(-n-1) & |z| < R_2 \end{cases}$$

$$x(n) = \left(\frac{1}{3}\right)^n \varepsilon(n) - [-2^n \varepsilon(-n-1)]$$

$$= \left(\frac{1}{3}\right)^n \varepsilon(n) + 2^n \varepsilon(-n-1)$$

用 MATLAB 的 iztrans()函数来求 Z 逆变换,程序如下:

```
>>syms n a z;
>>F=z/(z-1/3)-z/(z-2);
>>iztrans(F)
ans=(1/3)^n-2^n
```

6.4 离散系统的 z 域分析

常系数线性差分方程的求解方法有:时域经典法、递推法、卷积法、Z 变换法。前面章节讨论了前三种方法,下面我们将探索离散系统的 z 域分析问题。

与连续系统的拉普拉斯变换分析类似,利用 Z 变换可以将差分方程变换为 z 域代数方程。单边 Z 变换将系统的初始状态包含于象函数方程中,可直接求得差分方程的全解,也可以分别求得离散系统的零输入响应、零状态响应和全响应。

6.4.1 离散系统差分方程的 z 域解法

一个线性的连续时间系统总可以用线性微分方程来描述。而对于离散时间系统,由于其变量 n 是离散整数变量,故只能用差分方程来反映其输入输出序列之间的运算关系。一般来说,一个线性时不变系统,可以用常系数线性差分方程来描述。差分方程的一般形式为

$$\sum_{i=0}^{N} a_i y(n-i) = \sum_{j=0}^{M} b_j x(n-j) \tag{6.4.1}$$

式中，a_i、b_j 为常数（$a_0=1$），上式称为常系数线性差分方程，差分方程为 N 阶。若系数中含有自变量 n，则上式为变系数线性差分方程。

差分方程的 z 域解法是离散系统时域分析的一种间接求解法或变换域求解法，即先通过 Z 变换将差分方程转换为代数方程进行分析计算，然后通过反变换求得时域的解。

单边 Z 变换将系统的初始条件自然地包含于其代数方程中，可求得零输入、零状态响应和全响应。

式（6.4.1）两端进行 Z 变换，根据 Z 变换右移性质，则

$$\sum_{i=0}^{N} a_i z^{-i} \left[Y(z) + \sum_{k=-i}^{-1} z^{-k} y(k) \right] = \sum_{j=0}^{M} b_j z^{-j} \left[X(z) + \sum_{m=-j}^{-1} z^{-m} x(m) \right] \tag{6.4.2}$$

将上式展开后得

$$\sum_{i=0}^{N} a_i z^{-i} Y(z) + \sum_{i=0}^{N} a_i z^{-i} \sum_{k=-i}^{-1} z^{-k} y(k) = \sum_{j=0}^{M} b_j z^{-j} \left[X(z) + \sum_{m=-j}^{-1} z^{-m} x(m) \right] \tag{6.4.3}$$

整理后得

$$Y(z) = -\frac{\displaystyle\sum_{i=0}^{N} a_i z^{-i} \sum_{k=-i}^{-1} z^{-k} y(k)}{\displaystyle\sum_{i=0}^{N} a_i z^{-i}} + \frac{\displaystyle\sum_{j=0}^{M} b_j z^{-j} \left[X(z) + \sum_{m=-j}^{-1} z^{-m} x(m) \right]}{\displaystyle\sum_{i=0}^{N} a_i z^{-i}} \tag{6.4.4}$$

式（6.4.4）中等号右端的第 1 项仅与系统的初始状态有关，而与系统的激励信号无关，因此它是系统零输入响应 $y_{zi}(n)$ 的 Z 变换表示式，即

$$Y_{zi}(z) = -\frac{\displaystyle\sum_{i=0}^{N} a_i z^{-i} \sum_{k=-i}^{-1} z^{-k} y(k)}{\displaystyle\sum_{i=0}^{N} a_i z^{-i}} \tag{6.4.5}$$

将（6.4.1）式两边进行 Z 变换，如果输入 $x(n)$ 为因果序列，得到系统的零状态响应的 Z 变换为

$$Y_{zs}(z) = \frac{\displaystyle\sum_{j=0}^{M} b_j z^{-j} X(z)}{\displaystyle\sum_{i=0}^{N} a_i z^{-i}} \tag{6.4.6}$$

将 $Y_{zs}(z)$ 进行逆变换即可得到系统的零状态响应：

$$y_{zs}(n) = Z^{-1} [Y_{zs}(z)] \tag{6.4.7}$$

例 6 - 4 - 1 已知二阶离散系统的差分方程为

$$y(n) - 5y(n-1) + 6y(n-2) = f(n-1)$$

其中，

$$f(n) = 2^n \varepsilon(n), \ y(-1) = 1, \ y(-2) = 1$$

求系统的零输入响应 $y_{zi}(n)$、零状态响应 $y_{zs}(n)$ 和全响应 $y(n)$。

解　令 $Y(z) = Z[y(n)]$，$F(z) = Z[f(n)]$，对系统差分方程两端取单边 Z 变换，得

$$Y(z) - 5[z^{-1} Y(z) + y(-1)] + 6[z^{-2} Y(z) + y(-2) + y(-1) z^{-1}] = z^{-1} F(z)$$

$$\tag{6.4.8}$$

整理，得

$$Y(z) = \frac{(5-6z^{-1})y(-1)-6y(-2)}{1-5z^{-1}+6z^{-2}} + \frac{z^{-1}}{1-5z^{-1}+6z^{-2}}F(z)$$

$$= Y_{zi}(z) + Y_{zs}(z)$$

将初始状态 $y(-1)=1$、$y(-2)=1$ 代入零输入响应函数 $Y_{zi}(z)$ 得

$$Y_{zi}(z) = \frac{(5-6z^{-1})y(-1)-6y(-2)}{1-5z^{-1}+6z^{-2}} = \frac{-1-6z^{-1}}{1-5z^{-1}+6z^{-2}}$$

$$= \frac{-z^2-6z}{z^2-5z+6} = \frac{-z^2-6z}{(z-2)(z-3)}$$

$$= \frac{8z}{z-2} - \frac{9z}{z-3}$$

零输入响应为

$$y_{zi}(n) = (2^{n+3} - 3^{n+2})\varepsilon(n)$$

将 $F(z) = Z[2^n\varepsilon(k)] = \dfrac{z}{z-2}$ 代入零状态响应函数 $Y_{zs}(z)$，得

$$Y_{zs}(z) = \frac{z^{-1}}{1-5z^{-1}+6z^{-2}}F(z) = \frac{z^{-1}}{1-5z^{-1}+6z^{-2}}\frac{z}{z-2}$$

$$= \frac{z}{z^2-5z+6}\frac{z}{z-2} = \frac{z^2}{(z-2)^2(z-3)}$$

$$= -\frac{2z}{(z-2)^2} - \frac{3z}{z-2} + \frac{3z}{z-3}$$

零状态响应为

$$y_{zs}(n) = [-n2^n - 3\times 2^n + 3\times 3^n]\varepsilon(n)$$

$$= [3^{n+1} - (3+n)2^n]\varepsilon(n)$$

系统的全响应为

$$y(n) = y_{zi}(n) + y_{zs}(n)$$

$$= [(5-n)\cdot 2^n - 6\cdot 3^n]\varepsilon(n)$$

例 6 - 4 - 2　已知离散系统的差分方程为 $y(n)-by(n-1)=x(n)$。求 $x(n)=a^n\varepsilon(n)$，$y(-1)=0$ 时的系统响应 $y(n)$。

解

(1) 将差分方程两边进行 Z 变换：$Z[y(n)-by(n-1)] = Z[x(n)]$，得

$$Y(z) - bz^{-1}Y(z) = X(z), \quad 即\ Y(z) = \frac{X(z)}{1-bz^{-1}}$$

(2) 已知输入序列 $x(n) = a^n\varepsilon(n)$，求出 Z 变换：

```
>>syms n a b z y x;
>>Xz=ztrans(a^n)
Xz=-z/(a-z)
```

即

$$X(z) = Z[a^n\varepsilon(n)] = \frac{z}{z-a} \qquad |z| > |a|$$

（3）将上述结果代入解（1）中所求结果，得

$$Y(z) = \frac{\dfrac{z}{z-a}}{1-bz^{-1}} = \frac{z^2}{(z-a)(z-b)} = \frac{1}{a-b}\left(\frac{az}{z-a} - \frac{bz}{z-b}\right)$$

（4）将 $Y(z)$ 进行反变换即可得到系统的响应：

```
>>syms n a b z;
>>Y=(a*z/(z-a)-b*z/(z-b))/(a-b);
>>y=iztrans(Y)
y=(-b*b^n+a*a^n)/(-b+a)
```

即

$$y(n) = \frac{1}{a-b}(a^{n+1} - b^{n+1})\varepsilon(n)$$

例 6 - 4 - 3　某系统，已知当输入 $x(k) = \left(-\dfrac{1}{2}\right)^k \varepsilon(k)$ 时，其零状态响应为

$$y(k) = \left[\frac{3}{2}\left(\frac{1}{2}\right)^k + 4\left(-\frac{1}{3}\right)^k - \frac{9}{2}\left(-\frac{1}{2}\right)^k\right]\varepsilon(k)$$

求系统的单位冲激响应 $h(k)$ 和描述系统的差分方程。

解　程序如下：

```
>>symsk z;
>>Yz=ztrans(3*(1/2)^k/2+4*(-1/3)^k-9*(-1/2)^k/2)*heaviside(k);
>>Xz=ztrans((-1/2)^k)*heaviside(k);
>>Hz=simplify(Yz/Xz)
Hz=(13*z+1)/((2*z-1)*(3*z+1))+1
```

整理得

$$H(z) = \frac{Y(z)}{X(z)} = \frac{z^2 + 2z}{z^2 - \dfrac{1}{6}z - \dfrac{1}{6}} = \frac{1 + 2z^{-1}}{1 - \dfrac{1}{6}z^{-1} - \dfrac{1}{6}z^{-2}}$$

对 $H(z)$ 进行逆变换：

```
>>h=iztrans(Hz)
h=3*(1/2)^k-2*((-1/3))^k
```

由此得单位冲激响应：

$$h(k) = \left[3\left(\frac{1}{2}\right)^k - 2\left(-\frac{1}{3}\right)^k\right]\varepsilon(k)$$

由于 $a = \{1, -1/6, -1/6\}$，$b = \{1, 2, 0\}$，根据式（6.4.1）得到差分方程：

$$y(k) - \frac{1}{6}y(k-1) - \frac{1}{6}y(k-2) = x(k) + 2x(k-1)$$

6.4.2 离散系统频域分析

离散系统的频域分析主要使用 Z 变换、离散傅里叶变换法，也可以使用 FFT 进行快速计算。

1. 离散系统的频率响应

1) 利用系统函数直接计算离散系统的频率响应

若连续系统的 $H(s)$ 收敛域含虚轴，则连续系统频率响应为 $H(\Omega) = H(s)\big|_{s=j\Omega}$。由于 $z = e^{sT}$，$s = \sigma + j\Omega$，若离散系统 $H(z)$ 收敛域含单位圆，则 $H(z)\big|_{z=e^{j\Omega T}}$ 存在。

令 $\omega = \Omega T$，称为数字角频率。

离散系统频率响应定义为

$$H(e^{j\omega}) = \big|\,H(e^{j\omega})\,\big|\,e^{j\theta(\omega)}$$

式中 $\big|\,H(e^{j\omega})\,\big|$ 称为幅频响应或幅频特性，为偶函数，$\theta(\omega)$ 称为相频响应或相频特性。

只有 $H(z)$ 收敛域含单位圆，频率响应才存在，稳定离散系统的频率响应就是系统函数在单位圆上的取值，因此计算离散系统的频率响应，将离散系统函数中的 z 变量用 $e^{j\omega}$ 代入即可得到。

例 6 - 4 - 4 已知系统函数 $H(z) = \dfrac{0.3z^3 + 0.06z^2}{z^3 - 1.1z^2 + 0.55z - 0.125}$，计算离散系统的频率响应并图示。

解 由题意可知"b=[0.3,0.06,0,0]""a=[1,−1.1,0.55,−0.125]"。将离散系统函数中的 z 变量用 $e^{j\omega}$ 代入即可得到频率响应，程序如下：

```
N=100;
w=[0:(N−1)] * pi/N;   %确定频点
z=exp(j * w);   %求频点对应的 z 点
b=[0.3,0.06,0,0];
a=[1,−1.1,0.55,−0.125];
Hz=polyval(b,z)./polyval(a,z);      %求各频点的频响
subplot(2,1,1),plot(w/pi,abs(Hz))   %绘制幅频曲线
xlabel('w * pi'),ylabel('abs(Hz)')
grid;
title('幅频特性');
subplot(2,1,2),plot(w/pi,angle(Hz))   %绘制相频曲线
xlabel('w * pi');
ylabel('angle(Hz)')
grid;
title('相频特性');
```

"./"表示点除，绘制的频响曲线如图 6-4-1 所示，可知该系统有低通效果，且通带内有较好的线性相位。

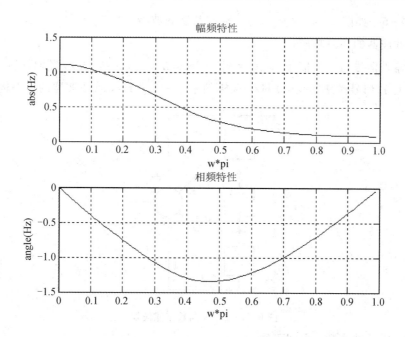

图 6 - 4 - 1　绘制离散系统的频响曲线

2）使用函数 freqz( )计算离散系统的频率响应

MATLAB 提供了专门由系统函数求解频率响应的函数 freqz( )，调用格式如下：

（1）［H，w］＝freqz(b,a,n)：返回频率响应向量"H"和对应的角频率"w"，"b""a"为分子分母系数向量，"n"为"H""w"的长度，缺省值为 512。

（2）［H，w］＝freqz(b,a,n,'whole')：使用"n"个采样点在整个单位圆上计算频率响应，"w"的长度为"n"，值为 0～2π。

在上例中，以下代码可以得到同样结果，但程序更加简便。

```
b＝[0.3  0.06  0  0];a＝[1  －1.1  0.55  －0.125];
freqz(b,a);％直接绘出频响曲线
```

2. 离散系统输出的频域计算

在频域上计算离散时间系统的输出，实际上就是利用 Z 变换或离散傅里叶变换，将时域的卷积运算变换到频域的相乘运算，再将频域运算结果反变换到时域，从而得到最终结果。

离散系统频域分析常用的方法有以下几种：

・Z 变换法是手工计算的常用方法，特别适合于输入序列的 Z 变换能写成闭合形式的情形。

・当输入序列不能写成闭合形式的数据时，用 Z 变换法计算就很不方便，此时可改用离散傅里叶变换实现系统响应的频域计算。

・离散傅里叶变换在工程上得到了广泛应用，由于有快速算法 FFT，实际中使用 FFT 取代离散傅里叶变换和其他各种计算离散时间系统输出的算法。

例 6-4-5　如图 6-4-2 所示为一横向数字滤波器。

（1）求滤波器的频率响应；

（2）若输入信号为连续信号：$x(t) = 1 + 2\cos(\Omega t) + 3\cos(2\Omega t)$，经取样得到的离散序列为 $x(n)$，已知信号频率 $f = 100$ Hz，取样频率 $f_s = 600$ Hz，求滤波器的稳态输出 $y_{ss}(n)$。

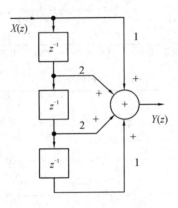

图 6-4-2　横向数字滤波器

解　（1）求系统函数。由图可知

$$Y(z) = X(z) + 2z^{-1}X(z) + 2z^{-2}X(z) + z^{-3}X(z)$$

所以系统函数为

$$H(z) = \frac{Y(z)}{X(z)} = 1 + 2z^{-1} + 2z^{-2} + z^{-3} \qquad |z| > 0$$

令 $\omega = \Omega T$，将离散系统函数中的 z 变量用 $e^{j\omega}$ 代入即可得到频率响应：

$$H(e^{j\omega}) = 1 + 2e^{-j\omega} + 2e^{-2j\omega} + e^{-3j\omega} = e^{-j1.5\omega}[2\cos(1.5\omega) + 4\cos(0.5\omega)]$$

（2）已知信号频率 $f = 100$ Hz，取样频率 $f_s = 600$ Hz，则 $\Omega = 2\pi f$，$T = 1/f_s$。

若输入信号为连续信号 $x(t) = 1 + 2\cos(\Omega t) + 3\cos(2\Omega t)$，经取样得到的离散序列为

$$x(n) = x(nT) = 1 + 2\cos(n\omega) + 3\cos(2n\omega)$$

则

$$\omega_1 = 0, \omega_2 = \Omega T = \frac{\pi}{3}, \omega_3 = 2\Omega T = \frac{2\pi}{3}$$

所以根据其频率响应得

$$H(e^{j\omega_1}) = 6, H(e^{j\omega_2}) = 3.46e^{-j\pi/2}, H(e^{j\omega_3}) = 0$$

稳态响应为

$$y_{ss}(n) = H(e^{j\omega_1}) + 2|H(e^{j\omega_2})|\cos[n\omega + \theta(\omega_2)] + 3|H(e^{j\omega_3})|\cos[2n\omega + \theta(\omega_3)]$$
$$= 6 + 6.92\cos(n\pi/3 - \pi/2)$$

可见输出信号中滤除了输入序列的二次谐波。

练习与思考

6-1　求下列离散信号的 Z 变换，并注明收敛域。

(a) $\delta(n-2)$;　　　　　　　　　(b) $a^{-n}\varepsilon(n)$;

(c) $0.5^{n-1}\varepsilon(n-1)$;　　　　　　(d) $(0.5^n + 0.25^n)\varepsilon(n)$。

6-2　求下列 $F(z)$ 的逆变换 $f(n)$。

(a) $F(z) = \dfrac{1-0.5z^{-1}}{1+\dfrac{3}{4}z^{-1}+\dfrac{1}{8}z^{-2}}$; (b) $F(z) = \dfrac{1-2z^{-1}}{z^{-1}+2}$; (c) $F(z) = \dfrac{2z}{(z-1)(z-2)}$;

(d) $F(z) = \dfrac{3z^2+z}{(z-0.2)(z+0.4)}$;　　(e) $F(z) = \dfrac{z}{(z-2)(z-1)^2}$。

6-3　试证明初值定理 $f(0) = \lim\limits_{z \to \infty} F(z)$。

6-4　试用 Z 变换的性质求以下序列的 Z 变换。

(a) $f(n) = (n-3)\varepsilon(n-3)$;　　　　(b) $f(n) = \varepsilon(n) - \varepsilon(n-N)$。

6-5　试用卷积和定理证明以下关系：

(a) $f(n) * \delta(n-m) = f(n-m)$;　　(b) $\varepsilon(n) * \varepsilon(n) = (n+1)\varepsilon(n)$。

6-6　已知 $\varepsilon(n) * \varepsilon(n) = (n+1)\varepsilon(n)$，试求 $n\varepsilon(n)$ 的 Z 变换。

6-7　已知因果序列的 Z 变换为 $F(z)$，试分别求下列原序列的初值 $f(0)$。

(1) $F(z) = \dfrac{1}{(1-0.5z^{-1})(1+0.5z^{-1})}$;　　(2) $F(z) = \dfrac{z^{-1}}{1-1.5z^{-1}+0.5z^{-2}}$。

6-8　已知系统的差分方程、输入和初始状态如下，试用 Z 变换法求系统的全响应。

$$y(n) - \frac{1}{2}y(n-1) = f(n) - \frac{1}{2}f(n-1), \; f(n) = \varepsilon(n), \; y(-1) = 1$$

6-9　设系统差分方程为 $y(n) - 5y(n-1) + 6y(n-2) = f(n)$，初始状态 $y(-1) = 3$，$y(-2) = 2$，当 $f(n) = z\varepsilon(n)$ 时，求系统的响应 $y(n)$。

6-10　设一系统的输入 $f(n) = \delta(n) - 4\delta(n-1) + 2\delta(n-2)$，系统函数为 $H(z) = \dfrac{1}{(1-z^{-1})(1-0.5z^{-1})}$，试求系统的零状态响应。

第7章 系统函数的零、极点分析

LTI 系统的系统函数 $H(\cdot)$ 在系统分析中有重要地位,系统函数决定了系统在时域和频域的一些基本特性。系统的时域、频域特性都集中地以其系统函数或系统函数的零、极点分布表现出来。

7.1 系 统 函 数

在讨论和分析电路(或称网络)问题时,系统函数又常称为网络函数。网络函数有明确的电路含义,但在系统理论中,常常不予区分,统称系统函数。

7.1.1 连续系统的系统函数的定义

在零状态条件下,系统零状态响应的单边拉普拉斯变换 $Y(s)$ 与系统输入的单边拉普拉斯变换 $X(s)$ 之比为

$$H(s) = \frac{Y(s)}{X(s)} \tag{7.1.1}$$

一般称 $H(s)$ 为连续系统的系统函数,也称为转移函数、传递函数或网络函数,是连续系统的复频域描述,表征系统的复频域特性。

连续系统的系统函数 $H(s)$,在系统分析中具有重要意义。通过 $H(s)$ 可求出在信号 $x(t)$ 的激励下,系统的输出函数 $Y(s)$:

$$Y(s) = H(s)X(s) \tag{7.1.2}$$

由于 $X(s) = 1 \xleftarrow{\mathcal{L}} x(t) = \delta(t)$,当输入信号是单位冲激信号时,有

$$Y(s) = H(s), \quad y(t) = h(t)$$

即,单位冲激响应与转移函数间的关系如下:

(1) 系统在单位冲激信号的激励下,其输出 $y(t)$ 就等于系统的单位冲激响应 $h(t)$。

(2) 系统的单位冲激响应 $h(t)$ 的拉普拉斯变换 $\mathcal{L}[h(t)]$,即为连续系统 s 域的系统函数 $H(s)$。

系统函数与系统的单位冲激响应是一对 s 变换,即

$$\begin{cases} h(t) = \dfrac{1}{2\pi \mathrm{j}} \displaystyle\int_{\sigma-\mathrm{j}\omega}^{\sigma+\mathrm{j}\omega} H(s)\mathrm{e}^{st}\,\mathrm{d}s = \mathcal{L}^{-1}[H(s)] \\ H(s) = \displaystyle\int_{0_-}^{\infty} h(t)\mathrm{e}^{-st}\,\mathrm{d}t = \mathcal{L}[h(t)] \end{cases} \tag{7.1.3}$$

系统函数 $H(s)$ 只取决于系统本身的特性(它只与系统的结构、元件参数有关);而与系统的输入无关(即与系统的激励、初始状态无关)。

对于给定的系统,根据系统的激励和响应变量的不同,系统函数所代表的物理意义也不同,如系统函数可以是电压增益、电流增益、转移阻抗等。

系统函数一般以多项式形式出现：

$$H(s) = \frac{b_m s^m + b_{m-1} s^{m-1} + \cdots + b_1 s + b_0}{a_n s^n + a_{n-1} s^{n-1} + \cdots + a_1 s + a_0} = \frac{\sum_{j=0}^{m} b_j s^j}{\sum_{i=0}^{n} a_i s^i} = \frac{B(s)}{A(s)} \tag{7.1.4}$$

式中，a_n、b_m 分别为分母和分子多项式的系数，$\boldsymbol{A}$、$\boldsymbol{B}$ 分别为分母和分子多项式的系数向量。

例 7 - 1 - 1 已知描述某系统的数学模型为

$$y''(t) + 3y'(t) + 2y(t) = 2x'(t) + 6x(t)$$

试求该系统的系统函数 $H(s)$。

解 在零状态下对常微分方程两边取拉普拉斯变换，得

$$s^2 Y(s) + 3sY(s) + 2Y(s) = 2sX(s) + 6X(s)$$

则该系统的系统函数为

$$H(s) = \frac{Y(s)}{X(s)} = \frac{2s + 6}{s^2 + 3s + 2}$$

例 7 - 1 - 2 如图 7 - 1 - 1(a)所示，RLC 网络，若以 $i_s(t)$ 为输入，以 $u_1(t)$ 为输出，试求系统函数（网络函数）。

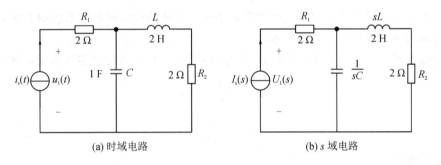

(a) 时域电路　　　　　　　　　　　　　(b) s 域电路

图 7 - 1 - 1　RLC 网络

解 设系统为零状态，画出 s 域电路模型，如图 7 - 1 - 1 (b)所示。根据基尔霍夫电压定律，可得

$$U_1(s) = R_1 I_s(s) + \frac{(Ls + R_2)\dfrac{1}{Cs}}{Ls + R_2 + \dfrac{1}{Cs}} I_s(s)$$

$$H(s) = \frac{U_1(s)}{I_s(s)} = R_1 + \frac{(Ls + R_2)\dfrac{1}{Cs}}{Ls + R_2 + \dfrac{1}{Cs}}$$

$$= 2 + \frac{(2s + 2)\dfrac{1}{s}}{2s + 2 + \dfrac{1}{s}}$$

$$= 2 + \frac{s + 1}{s^2 + s + \dfrac{1}{2}}$$

7.1.2　离散系统的系统函数的定义

离散系统的时域特性用单位冲激响应 $h(n)$ 表示，对 $h(n)$ 进行傅里叶变换，得到

$$\sum_{n=-\infty}^{\infty} h(n)\mathrm{e}^{-\mathrm{j}\omega n} = H(\mathrm{e}^{\mathrm{j}\omega}) \tag{7.1.5}$$

$H(\mathrm{e}^{\mathrm{j}\omega})$ 称为系统的传输函数，表征系统的频率响应特性，所以又称为系统的频率响应函数。将 $h(n)$ 进行 Z 变换，得到

$$H(z) = \sum_{n=-\infty}^{\infty} h(n)z^{-n} \tag{7.1.6}$$

一般称 $H(z)$ 为离散系统的系统函数，它表征系统的复频域特性。根据 Z 变换的时域卷积定理，可知系统函数与系统的单位冲激响应是一对 Z 变换，即

$$h(n) = \frac{1}{2\pi\mathrm{j}}\oint_c H(z)z^{n-1}\mathrm{d}z \tag{7.1.7}$$

如果 $H(z)$ 的收敛域包含单位圆 $|z|=1$，则

$$H(z)\mid_{z=\mathrm{e}^{\mathrm{j}\omega}} = \sum_{n=-\infty}^{\infty} h(n)\mathrm{e}^{-\mathrm{j}\omega n} = H(\mathrm{e}^{\mathrm{j}\omega}) \tag{7.1.8}$$

因此在 z 平面单位圆上计算的系统函数就是系统的频率响应，或者说系统的传输函数是系统单位冲激响应在单位圆上的 Z 变换。

对于线性时不变系统，如果激励 $x(n)$ 为因果序列，得到系统的零状态响应的 Z 变换为

$$Y(z) = \frac{\displaystyle\sum_{j=0}^{m} b_j z^{-j} X(z)}{\displaystyle\sum_{i=0}^{n} a_i z^{-i}} \tag{7.1.9}$$

由此定义系统函数为

$$H(z) = \frac{Y(z)}{X(z)} = \frac{\displaystyle\sum_{j=0}^{m} b_j z^{-j}}{\displaystyle\sum_{i=0}^{n} a_i z^{-i}} \tag{7.1.10}$$

式中 $Y(z)$ 是系统的零状态响应的 Z 变换，$X(z)$ 是输入序列的 Z 变换，则有

$$Y(z) = H(z)X(z) \tag{7.1.11}$$

系统函数 $H(z)$ 只与系统的差分方程的系数、结构有关，$H(z)$ 描述了系统的特性。

注意：

系统函数按 z 的降幂排列时，系数向量应由最高次项系数开始，直到常数项，缺项补 0。

系统函数按 z 的升幂排列时，分子、分母多项式应保证维数相同，缺项补 0。

例如，

$$H(z) = \frac{3z^3 - 5z^2 + 11z}{z^4 + 2z^3 - 3z^2 + 7z + 5}$$

则 $\boldsymbol{A} = [1, 2, -3, 7, 5]$；$\boldsymbol{B} = [3, -5, 11, 0]$。

又如，
$$H(z) = \frac{1 - 5z^{-1}}{2 - 5z^{-1} + 7z^{-2}}$$

则 $A=[2, -5, 7]$；$B=[1, -5, 0]$。

*7.1.3　MATLAB 的 tf( )函数求系统函数

在 MATLAB 中，使用 tf( )函数可以求连续或离散系统的系统函数。

1. 使用 tf( )函数获得连续系统的系统函数

LTI 系统的系统函数可使用 tf( )函数获得。tf( )函数的算法是将 MATLAB 多项式转换为零、极点和增益形式，然后再转换为状态空间求出系统函数。tf( )函数的调用方式如下：

（1）tf( )：用于生成实数或复数形式的系统函数（TF 对象），或把状态空间，或零、极点形式转换为系统函数。

（2）sys=tf(b,a)、sys = tf(num,den)：num 代表连续系统函数的分子多项式系数，den 代表系统函数的分母多项式系数。"b""a"分别是微分方程右端（输出）和左端（输入）的系数向量。TF 对象存储在输出参数 sys 中。

对于 SISO 系统，num、den 是 s 的降幂多项式，其长度不一定相同。对于 MIMO 系统，应分别为每一个 SISO 指定分子、分母系数。

2. 使用 tf( )函数获得 s 或 z 的有理表达式

使用 tf( )函数可获得实数或复数值的 s 或 z 的有理表达式，用法如下：

（1）s = tf('s')：指定以 Laplace 变量 s 表达的 TF 模型。例如

```
>>s=tf('s');
>>H=s/(s^2+2*s+10)
Transfer function：

         s
    ───────────────
    s^2+2s+10
```

该结果与 h=tf([1 0],[1 2 10])结果相同。

（2）z = tf('z',Ts)：指定以离散时间变量 z 表达的 TF 模型，"Ts"是采样时间。

3. 使用 tf( )函数获得多项式形式的系统函数

LSI 系统的系统函数也可使用 tf( )函数获得。其调用方式如下：

sys = tf(num,den,Ts)：将连续系统函数采样生成离散系统函数，"Ts"为采样周期（单位是 s），num、den 是连续时间系数，必须按 z 的降幂多项式列出。例如

```
>>Hz=tf([1 1],[1 2 3],0.1)
```

结果为

Transfer function:

z+1

----

z^2+2z+3

Sampling time:0.1

7.1.4 系统的零、极点

系统函数的零、极点分布可以决定系统的性质,例如可以由极点分布求系统单位样值响应、由极点分布确定系统稳定性,由零、极点分布确定系统频率特性,等等。另外,也能按给定的要求通过 $H(\cdot)$ 求得系统的结构和参数,LTI 系统的设计问题实际上就是如何获取一个具有预期特性的系统函数。具体来说,研究系统零、极点具有以下意义:

(1) 可预测系统的时域特性。

(2) 确定系统函数 $H(s)$ 、 $H(z)$ 。在 MATLAB 中,可以用函数 $[r,p,k]=$ residuez(num,den)完成部分分式展开计算系统函数的留数、极点和增益;可以用函数 sos= zp2sos(z,p,k)完成将高阶系统分解为 2 阶系统的串联。

(3) 描述系统的频响特性。从系统的零、极点分布可以求得系统的频率响应特性,从而可以分析系统的正弦稳态响应特性。在 MATLAB 中,使用 h=freqz(num,den,w)函数可求系统的频率响应。

(4) 说明系统正弦稳态特性。

(5) 研究系统的稳定性。从系统函数的极点分布可以了解系统的固有频率,进而了解系统冲激响应的模式,也就是说可以知道系统的冲激响应是指数型、衰减振荡型、等幅振荡型还是几者的组合,从而可以了解系统的响应特性及系统是否稳定。

1. 连续系统的零、极点

由一阶微分方程描述的系统称为一阶系统。其传递函数的特征方程是 s 的一次方程。

若一阶系统的微分方程为

$$T\frac{\mathrm{d}y(t)}{\mathrm{d}t}+y(t)=x(t)$$

则其闭环传递函数为

$$H(s)=\frac{Y(s)}{X(s)}=\frac{1}{Ts+1}$$

式中,T 为时间常数。

系统函数一般以多项式形式出现,分子多项式和分母多项式都可以分解成线性因子的乘积,即连续系统的系统函数:

$$H(s)=\frac{b_m s^m+b_{m-1}s^{m-1}+\cdots+b_1 s+b_0}{a_n s^n+a_{n-1}s^{n-1}+\cdots+a_1 s+a_0}$$

$$=\frac{B(s)}{A(s)}=k\frac{\prod\limits_{j=1}^{m}(s-z_j)}{\prod\limits_{i=1}^{n}(s-p_i)} \tag{7.1.12}$$

式中，a_n、b_m 分别为分母和分子多项式的系数，$m \leqslant n$；p_i、z_j、k 分别为系统函数的极点、零点和增益，其意义如下：

零点：当系统输入幅度不为 0，若输入频率使系统输出为 0 时，该频率值即为零点，即分子多项式 $B(s) = 0$ 的解为零点 z_j，每个零点 z_j 都会使 $H(s)$ 变为 0。

极点：当系统输入幅度不为零，若输入频率使系统输出为无穷大（系统稳定性遭到破坏，发生振荡）时，此频率值即为极点，即分母多项式 $A(s) = 0$ 的解为极点 p_i，每个极点 p_i 都会使 $H(s)$ 变为无穷大。

增益：$k = \dfrac{b_m}{a_n}$，为常数，如果分子阶数比分母小（$m < n$），则 k 为空向量。

对于实际的物理系统，极点和零点必为实数或共轭复数，极点决定时域的模态，零点影响各模态的幅度和振荡模态的相位。

2. 离散系统函数的零、极点

离散系统的系统函数的多项式形式为

$$H(z) = \frac{B(z)}{A(z)} = \frac{\displaystyle\sum_{j=0}^{M} b_j z^{-j}}{\displaystyle\sum_{i=0}^{N} a_i z^{-i}} = \frac{b_0 + b_1 z^{-1} + \cdots + b_M z^{-M}}{a_0 + a_1 z^{-1} + \cdots + a_N z^{-N}}$$

将系统函数 $H(z)$ 进行因式分解，可采用根的形式表示多项式，即

$$H(z) = \frac{Y(z)}{X(z)} = k \frac{\displaystyle\prod_{m=1}^{M} (1 - b_m z^{-m})}{\displaystyle\prod_{n=1}^{N} (1 - a_n z^{-n})} \qquad (7.1.13)$$

式中 b_m 为分子多项式的根，称为系统函数的零点；a_n 为分母多项式的根，称为系统函数的极点；k 为比例常数。

k 仅决定幅度大小，不影响频率特性的实质。系统函数的零、极点分布都会影响系统的频率响应特性，而影响系统的因果性和稳定性的是极点分布。

$h(n)$ 和 $H(z)$ 为一对 Z 变换对：

$$Z[h(n)] = H(z), \quad h(n) = Z^{-1}[H(z)]$$

（1）当所有的 a_n 都为 0 时，$H(z)$ 为一个多项式：

$$H(z) = \sum_{m=-\infty}^{\infty} b_m z^{-m} \qquad (7.1.14)$$

此时，系统的输出只与输入有关，该系统称为 MA 系统。由于系统函数只有零点没有极点（原点处的极点除外），该系统也叫全零点系统。

由此可求出系统的 $h(n)$：

$$h(n) = b_m \quad m = 0, 1, 2, \cdots, M$$

该 $h(n)$ 为有限长度序列，所以这类系统称为有限长单位脉冲响应系统（FIR）。

（2）当所有的 b_m 都为 0 时（$b_0 = 1$），$H(z)$ 为一个多项式：

$$H(z) = \frac{1}{1 - \displaystyle\sum_{n=1}^{N} a_n z^{-n}} \qquad (7.1.15)$$

此时，系统的输出只与当前的输入和过去的输出有关，该系统称为 AR 系统。此时由于系统函数只有极点(原点处的零点除外)，该系统也叫全极点系统。此时 $h(n)$ 为无限长度序列，所以这类系统称为无限长单位脉冲响应系统(IIR)。

(3) 一般情况下，a_n、b_m 都不为 0，$H(z)$ 为一个有理多项式，有零点也有极点，系统称为 ARMA 系统，或零极点系统。系统的 $h(n)$ 为无限长度序列，所以这类系统仍为 IIR 系统。

7.2　系统的零、极点分布与时域特性

系统的零、极点决定系统时域特性。极点决定系统的固有频率或自然频率，零点的分布情况只影响时域函数的幅度和相移，不影响振荡频率。

7.2.1　连续系统的零、极点分布与时域特性

对于实际的物理系统，极点和零点必为实数或共轭复数，极点决定时域的模态，零点影响各模态的幅度和振荡模态的相位。

1. 系统函数的极点

在连续系统的系统函数中，极点分布情况如下：

(1) 设 $m \leqslant n$，且 $H(s)$ 的极点 p_i 全部为单极点(n 个单极点)，则 $H(s)$ 可展开为

$$H(s) = \sum_{i=1}^{n} \frac{r_i}{s - p_i} \tag{7.2.1}$$

其拉普拉斯反变换，即时域响应(不考虑重极点)的基本形式为

$$\begin{aligned} h(t) &= \mathcal{L}^{-1}[H(s)] \\ &= \sum_{i=1}^{n} r_i e^{p_i t} \varepsilon(t) \\ &= \sum_{i=1}^{n} h_i(t) \end{aligned} \tag{7.2.2}$$

系统函数 $H(s)$ 的极点决定了冲激响应 $h(t)$ 的基本形式，每一个极点 p_i 对应着 $h(t)$ 中的一个响应模式 $h_i(t)$，而零点和极点共同确定了冲激响应 $h(t)$ 的幅度值 r_i。

(2) $H(s)$ 的极点为共轭复根时，设一对共轭复根为 $\alpha \pm j\omega$，则 $h(t)$ 写成复根因子的形式(复函数的形式)：

$$h(t) = [r_1 e^{(\alpha+j\omega)t} + r_2 e^{(\alpha-j\omega)t}]\varepsilon(t) \tag{7.2.3}$$

这时，r_1、r_2 为一对共轭复数。$h(t)$ 写成实函数解的形式：

$$h(t) = [r_1 \cos(\omega t)\varepsilon(t) + r_2 \sin(\omega t)]e^{\alpha t} \varepsilon(t) \tag{7.2.4}$$

这时 r_1、r_2 为两实数。

(3) 设 $H(s)$ 的 p_1 有 k 重根，其他皆为单根，则 $h(t)$ 为

$$h(t) = (r_1 + r_2 t + \cdots + r_k t^{k-1})e^{p_1 t}\varepsilon(t) + \sum_{i=k+1}^{n} r_i e^{p_i t}\varepsilon(t) \tag{7.2.5}$$

例如，一个系统函数 $H(s)$ 具有如下形式：

$$H(s) = \frac{1}{s} + \frac{1}{s+\alpha} + \frac{\omega}{s^2 + \omega^2} + \frac{\omega}{(s+\alpha)^2 + \omega^2}$$

则其对应的冲激响应 $h(t)$ 为

$$h(t) = \varepsilon(t) + e^{-at}\varepsilon(t) + \sin(\omega t)\varepsilon(t) + e^{-at}\sin(\omega t)\varepsilon(t)$$

2. 极点分布与时域特性

将零、极点画在 s 复平面上可得到零、极点分布图。系统函数 $H(s)$ 按其极点在 s 平面上的位置可分为在左半开平面、虚轴和右半开平面三种情况。

LTI 连续系统的冲激响应的函数形式 $h(t)$ 由 $H(s)$ 的极点确定。系统函数的极点分布与冲激响应的关系如下：

（1）左半开平面的极点，决定了冲激响应 $h(t)$ 的衰减分量。

若 $H(s)$ 的极点位于 s 平面上的左半平面，则冲激响应的模式为：指数衰减或振荡衰减，当 $t \to \infty$ 时，它们趋于零，系统属于稳定系统。

（2）右半开平面的极点，决定了冲激响应 $h(t)$ 随时间增长的分量。

若 $H(s)$ 的极点位于 s 平面上的右半平面，则冲激响应的模式为：指数增长或振荡增长，当 $t \to \infty$ 时，它们趋于无限大，系统属于不稳定系统。

（3）虚轴上的极点，决定了冲激响应 $h(t)$ 的稳态分量。

若 $H(s)$ 的单极点位于 s 平面上的虚轴（包括原点），则冲激响应的模式为等幅振荡或阶跃函数，系统属于临界稳定系统。

（4）若位于虚轴（包括原点）的极点为 n 重极点（$n \geqslant 2$），则冲激响应的模式为增长形式，系统也属于不稳定系统。

连续系统 $H(s)$ 的一阶极点与原函数 $h(t)$ 对应关系如表 7-1 和图 7-2-1 所示，即分为以下几种情况：

（1）$H(s)$ 的极点位于 s 平面的坐标原点。此时 $p_i = 0$，则 $H_i(s) = \dfrac{k_i}{s}$，其对应的冲激响应为 $h(t) = k_i\varepsilon(t)$，这是一个阶跃函数。

（2）$H(s)$ 的极点位于 s 平面的实轴上。此时 $p_1 = -a$（a 为实数），则 $H(s) = \dfrac{1}{s+a}$，其对应的冲激响应为 $h(t) = re^{-at}\varepsilon(t)$。

① 当 $a > 0$ 时，极点位于 s 平面的正实轴上，冲激响应为随时间衰减的指数函数；

② 当 $a < 0$ 时，极点位于 s 平面的负实轴上，冲激响应为随时间增长的指数函数。

（3）$H(s)$ 的极点位于 s 平面的虚轴上（不包括原点）。此时，极点一定是一对共轭虚极点，即 $p_{1,2} = \pm j\omega$（ω 为实数）。其对应的冲激响应 $h(t) = r\sin(\omega t) \cdot \varepsilon(t)$，是一个等幅振荡的正弦函数，振荡角频率为 ω。

（4）$H(s)$ 的极点位于除实轴和虚轴之外的区域。此时，极点是共轭复数（不包括纯虚数），$p_{1,2} = -a \pm j\omega$，其对应的冲激响应 $h(t) = re^{-at}\sin(\omega t) \cdot \varepsilon(t)$。

① 当 $a < 0$ 时，极点位于 s 平面的右半平面上，冲激响应为增幅振荡的正弦函数；

② 当 $a > 0$ 时，极点位于 s 平面的左半平面上，冲激响应为衰减振荡的正弦函数。

表 7-1 一阶极点与原函数对应关系

系统函数	极点位置	时域响应
$H(s) = \dfrac{1}{s}$	$p_1 = 0$，在原点	$h(t) = \mathcal{L}^{-1}[H(s)] = \varepsilon(t)$
$H(s) = \dfrac{1}{s+a}$	$p_1 = -a$	$h(t) = re^{-at}\varepsilon(t)$
	$a > 0$，正实轴上	指数衰减
	$a < 0$，负实轴上	指数增长
$H(s) = \dfrac{\omega}{s^2 + \omega^2}$	$p_{1,2} = \pm j\omega$，在虚轴上	$h(t) = r\sin(\omega t) \cdot \varepsilon(t)$，等幅振荡
$H(s) = \dfrac{\omega}{(s+a)^2 + \omega^2}$ $= \dfrac{\omega}{s^2 + 2as + (a^2 + \omega^2)}$	$p_1 = -a + j\omega$, $p_2 = -a - j\omega$，共轭根	$h(t) = re^{-at}\sin(\omega t) \cdot \varepsilon(t)$
	当 $a > 0$，极点在左半平面	衰减振荡
	当 $a < 0$，极点在右半平面	增幅振荡

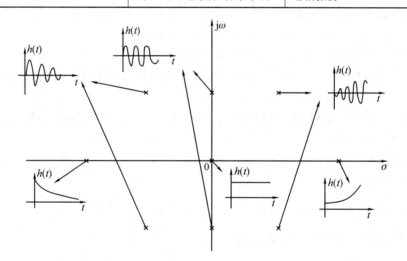

图 7-2-1 连续系统 $H(s)$ 的一阶极点分布与 $h(t)$ 的关系

二阶极点与原函数对应关系如表 7-2 所示。

表 7-2 二阶极点与原函数对应关系

系统函数	极点位置	时域响应
$H(s) = \dfrac{1}{s^2}$	$p_1 = 0$，在原点	$h(t) = t\varepsilon(t)$, $t \to \infty$, $h(t) \to \infty$
$H(s) = \dfrac{1}{(s+a)^2}$ $= \dfrac{1}{s^2 + 2as + a^2}$	$p_1 = -a$，在实轴上	$h(t) = te^{-at}\varepsilon(t)$, $a > 0$, $t \to \infty$, $h(t) \to 0$
$H(s) = \dfrac{2\omega s}{(s^2 + \omega^2)^2}$ $H(s) = \dfrac{2s}{(s^2 + \omega^2)^2}$	$p_1 = j\omega$，在虚轴上	$h(t) = t\sin(t)\varepsilon(t)$, $t \to \infty$, $h(t)$ 增幅振荡

例 7 - 2 - 1　已知系统函数 $H(s) = \dfrac{2(s+2)}{(s+1)^2(s^2+1)}$，求零、极点分布图。

解　先求出其零、极点，再绘制分布图，如图 7 - 2 - 2 所示。

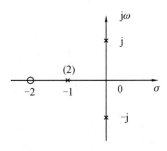

图 7 - 2 - 2　零、极点分布图

例 7 - 2 - 2　已知 $H(s)$ 的零、极点分布如图 7 - 2 - 3 所示，并且 $h(0_+)=2$。求 $H(s)$ 的表达式。

解　由分布图可得

$$H(s) = \frac{Ks}{(s+1)^2+4} = \frac{Ks}{s^2+2s+5}$$

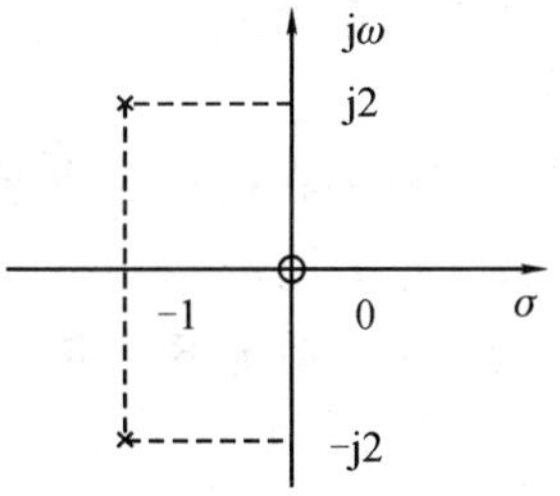

jω

× ----- j2

　　　　　　　　　　　　　 ⊙
-1　　　0　　　σ

× ----- -j2

图 7 - 2 - 3　零、极点分布图

根据初值定理，有

$$h(0_+) = \lim_{s\to\infty} sH(s) = \lim_{s\to\infty} \frac{Ks^2}{s^2+2s+5} = \lim_{s\to\infty} \frac{K}{1+2/s+5/s^2} = K = 2$$

故，$H(s) = \dfrac{2s}{s^2+2s+5}$。

3. 连续系统的零、点分布与时域特性

通过上述分析可知，系统函数 $H(s)$ 的零、极点位置可反映时域响应，包括冲激响应 $h(t)$、单位冲激响应、自由响应的形式。

连续系统零、极点分布与时域特性的关系总结如下：

(1) 零、极点决定系统的时域特性。

(2) 极点决定系统的固有频率或自然频率。

(3) 零点的分布只影响时域函数的幅度和相移，不影响振荡频率，对 t 平面波形的形式没有影响。

7.2.2　离散系统的零、极点分布与时域特性

在离散系统中，极点分布决定系统单位样值响应(假设无重根)。对式(7.1.13)进行 Z 逆变换得

$$h(n) = Z^{-1}\big[H(z)\big] = Z^{-1}\left[k\,\frac{\displaystyle\prod_{m=1}^{M}(1-b_m z^{-m})}{\displaystyle\prod_{n=1}^{N}(1-a_n z^{-n})}\right]$$

$$= Z^{-1}\left[k_0 + \sum_{n=1}^{N}\frac{r_n z}{z-p_n}\right]$$

$$= k_0\delta(n) + \sum_{n=1}^{N} r_n(p_n)^n\varepsilon(n) \tag{7.2.6}$$

式中 p_n 是 $H(z)$ 的极点，可以是不同的实数或共轭复数，一般为复数，它在 z 平面的分布决定了系统 $h(n)$ 的特性。$h(n)$ 可能是指数衰减、上升，或为减幅、增幅、等幅振荡。

$k_0 = \dfrac{b_0}{a_0}$、k_0、k_n 与 $H(z)$ 的零点、极点分布都有关。

离散系统零、极点分布对幅频特性的影响如下：

(1) 极点。

- 极点影响幅频特性的峰值，峰值频率在极点的附近；
- 极点越靠近单位圆，峰值越高，越尖锐；
- 极点在单位圆上，峰值幅度为无穷，系统不稳定。

(2) 零点。

- 零点影响幅频特性的谷值，谷值频率在零点的附近；
- 零点越靠近单位圆，谷值越接近零；
- 零点在单位圆上，谷值为零。

(3) 处于坐标原点的零极点不影响幅频特性。

根据 z 与 s 平面的映射关系 $z = \mathrm{e}^{sT}$，连续系统与离散系统极点分布对幅频特性的影响比较，如表 7-3 所示。

表 7-3　连续系统与离散系统极点分布对幅频特性的影响比较

s 平面		z 平面	
极点位置	$h(t)$ 特点	极点位置	$h(n)$ 特点
虚轴上	等幅	单位圆上	等幅
原点	$\varepsilon(t) \xleftrightarrow{\mathscr{L}} \dfrac{1}{s}$	$\theta = 0$ $z = 1$	$\varepsilon(n) \xleftrightarrow{z} \dfrac{1}{1-z^{-1}}$
左半平面	减幅	单位圆内	减幅
右半平面	增幅	单位圆外	增幅

7.3　系统的零、极点分布与频域特性

系统的零、极点分布完全决定了系统函数的形式，即包含了系统的频率响应特性，包括幅频特性和相频特性。

7.3.1　连续系统的零、极点分布与频域特性

连续系统的零、极点分布完全决定了系统函数 $H(s)$ 的形式，即包含了连续系统的频率响应特性(频响特性)，包括幅频特性和相频特性。

所谓"频响特性"是指系统在正弦信号激励下稳态响应随频率的变化情况，用 $H(\omega)$ 表示：

$$
\begin{aligned}
H(\omega) = H(s) &= \frac{b_m s^m + b_{m-1} s^{m-1} + \cdots + b_1 s + b_0}{a_n s^n + a_{n-1} s^{n-1} + \cdots + a_1 s + a_0} \\
&= \frac{B(s)}{A(s)} = b_m \frac{\prod\limits_{j=1}^{m}(s - r_j)}{\prod\limits_{i=1}^{n}(s - p_i)} = b_m \frac{\prod\limits_{j=1}^{m}(\mathrm{j}\omega - r_j)}{\prod\limits_{i=1}^{n}(\mathrm{j}\omega - p_i)}
\end{aligned}
\tag{7.3.1}
$$

由此可写出系统的幅频特性为

$$
\mid H(\omega) \mid = b_m \frac{\prod\limits_{j=1}^{m} \mid (\mathrm{j}\omega - r_j) \mid}{\prod\limits_{i=1}^{n} \mid (\mathrm{j}\omega - p_i) \mid}
\tag{7.3.2}
$$

系统的相频特性为

$$
\begin{aligned}
\varphi(\mathrm{j}\omega) &= \sum_{j=1}^{m} \alpha_j(\mathrm{j}\omega) - \sum_{i=1}^{n} \beta_i(\mathrm{j}\omega) \\
&= \sum_{j=1}^{m} \arg(\mathrm{j}\omega - r_j) - \sum_{i=1}^{n} \arg(\mathrm{j}\omega - p_i)
\end{aligned}
\tag{7.3.3}
$$

绘制连续系统的幅频特性和相频特性曲线的步骤如下：

(1) 定义系统函数的分子和分母系数向量，即分子和分母多项式的系数 a_n、b_m。

(2) 定义系统函数的频率响应的频率范围，即 $f_1 \sim f_2$ 和采样间隔 $\mathrm{d}f$，由此定义出等分点的频率向量 f。

(3) 求出系统所有的零、极点到这些等分点的距离。

(4) 绘制出在频率范围，即 $f_1 \sim f_2$ 内的幅频特性和相频特性曲线。

若把 $H(\cdot)$ 的零点、极点绘制在 s 或 z 平面上，则称为系统函数的零、极点分布图，在图中零点用"○"表示，极点用"×"表示。

以系统的零、极点、频率 f_1、f_2 和采样间隔 $\mathrm{d}f$ 这 5 个量作为输入参数，定义出求解连续系统的零、极点分布与频域特性的自定义函数，程序如下：

```
function s_texing(f1,f2,df,ps,zs,bm)
    ps=ps';zs=zs';
    f=f1:df:f2;
    w=2 * pi * f;y=i * w;
    n=length(ps);m=length(zs);
    if n==0
        yz=ones(m,1). * y;
        yzs=yz-zs * ones(1,length(w));
        Hj=abs(yzs);
        alfa=180 * angle(yzs)/pi;
        Hi=1;
        beta=0;
    elseif m==0
        yp=ones(n,1). * y;
        yps=yp-ps * ones(1,length(w));
        Hi=abs(yps);
        beta=180 * angle(yps)/pi;
        Hj=1;
      alfa=0;
    else
        yz=ones(m,1) * y;
        yzs=yz-zs * ones(1,length(w));
        Hj=abs(yzs);
        alfa=180 * angle(yzs)/pi;
        yp=ones(n,1) * y;
        yps=yp-ps * ones(1,length(w));
        Hi=abs(yps);
        beta=180 * angle(yps)/pi;
    end
    subplot(211);
    Hw=bm * prod(Hj,1). /prod(Hi,1);%
    plot(f,Hw);
    title('连续系统的幅频特性曲线')
    ylabel(' H(jw)');xlabel(' f(Hz)');
    subplot(212);
    anglew=sum(alfa,1)-sum(beta,1);
    plot(f,anglew);
    title('连续系统的相频特性曲线')
    ylabel(' Angle(jw)');xlabel(' f(Hz)');
```

例 7 - 3 - 1   已知一个电路的转移函数为

$$H(s) = \frac{50s}{s^2 + 150s + 5000} = \frac{50s}{(s+50)(s+100)}$$

求其零、极点分布与频域特性。

解   在 MATLAB 中使用 pole() 和 zero() 函数求出零、极点图，如图 7 - 3 - 1 所示。然后调用自定义函数 s_texing(f1,f2,df,ps,zs,bm) 绘制频域特性图，如图 7 - 3 - 2 所示。程序如下：

```
a=[1 150 5000];b=[0 50 0];
sysH=tf(b,a);
ps=pole(sysH);
zs=zero(sysH);
ps=ps';zs=zs';
x=max(abs([ps zs]));
y=x;hold on;
axis([-x x -y y]);axis('square');
plot([-x x],[0 0]);plot([0 0],[-y y]);
plot(real(ps),imag(ps),'X');plot(real(zs),imag(zs),'O');
title('连续系统的零极点分布图')
hold off;
figure;
   f1=0;f2=100;df=0.01;bm=50;
   s_texing(f1,f2,df,ps,zs,bm)
```

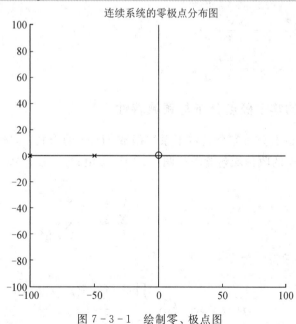

图 7 - 3 - 1   绘制零、极点图

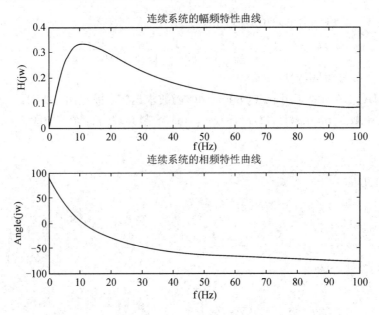

图 7 - 3 - 2　绘制频域特性图

可以看出,该系统具有带通特性,随着频率的升高,幅度逐渐衰减。

　　典型的二阶网络具有带通特性(如 RLC 并联电路)、低通特性、高通特性和带阻特性。其系统函数的形式分别如下:

　　带通函数: $H(s) = \dfrac{b_1 s}{s^2 + a_1 s + a_0}$。

　　低通函数: $H(s) = \dfrac{b_0}{s^2 + a_1 s + a_0}$。

　　高通函数: $H(s) = \dfrac{b_2 s^2}{s^2 + a_1 s + a_0}$。

　　带阻函数: $H(s) = \dfrac{b_2 s^2 + b_0}{s^2 + a_1 s + a_0}$。

7.3.2　离散系统的零、极点分布与频域特性

　　离散系统的零、极点分布完全决定了系统函数 $H(z)$ 的形式,即包含了离散系统的频率响应特性。若 $H(z)$ 的收敛域包含单位圆 $|z| = 1$,由式(7.1.10)定义系统函数为

$$H(e^{j\omega}) = H(z)\mid_{z = e^{j\omega}} = \frac{Y(z)}{X(z)} = \frac{\displaystyle\sum_{j=0}^{m} b_j z^{-j}}{\displaystyle\sum_{i=0}^{n} a_i z^{-i}} \tag{7.3.4}$$

由此可写出系统的幅频特性为

$$|H(z)|\mid_{z = e^{j\omega}} = K\frac{\displaystyle\prod_{j=1}^{m} |(1 - r_j z^{-1})|}{\displaystyle\prod_{i=1}^{n} |(1 - p_i z^{-1})|} \tag{7.3.5}$$

式中 K 为常数；r_j、p_i 为零、极点。

系统的相频特性为

$$\theta(\omega) = \sum_{j=1}^{m} \arg(1 - r_j \mathrm{e}^{-\mathrm{j}\omega}) - \sum_{i=1}^{n} \arg(1 - p_i \mathrm{e}^{-\mathrm{j}\omega}) \tag{7.3.6}$$

*7.3.3　MATLAB 求系统的零、极点

1. MATLAB 求系统的零、极点

(1) 使用 tf2zp() 函数求零、极点。

在 MATLAB 中，使用 [z,p,k]＝tf2zp(b,a)，可求出连续系统、离散系统的系统函数的零点、极点和增益。

(2) 使用 roots() 函数求零、极点。

在 MATLAB 中，可以使用多项式的 roots() 函数分别求出多项式 $B(s) = 0$ 和 $A(s) = 0$ 的根，从而获得系统函数的极点、零点。

(3) 用 zero() 和 pole() 函数计算零、极点。

在 MATLAB 中，也可以用 zero(sys) 和 pole(sys) 函数直接计算零、极点，sys 表示系统函数，用法如下：

① z ＝ zero(sys)：返回 LTI 的系统函数的零点 z 的列向量。

② [z,gain] ＝ zero(sys)：同时返回增益 gain。

③ pole(sys) 函数计算极点，使用方法同 zero(sys)。

2. MATLAB 绘制系统的零、极点分布图

MATLAB 提供了函数 pzmap() 来绘制系统的零、极点分布图，其用法如下：

① [p,z] ＝ pzmap(sys)：可以直接计算连续系统或离散系统的极点"p"和零点"z"，sys 含义同上。

② [p,z]＝pzmap(a,b,c,d)：返回状态空间描述系统的极点矢量和零点矢量，而不在屏幕上绘制出零、极点分布图。

③ [p,z]＝pzmap(num,den)：返回多项式形式的传递函数描述系统的极点矢量和零点矢量，而不在屏幕上绘制出零、极点分布图。

④ pzmap(p,z)：根据系统已知的零、极点列向量或行向量直接在 s 复平面上绘制出对应的零、极点分布图。

上述各形式若不带返回值，则直接在 s 复平面上绘制出系统对应的零、极点分布图。

例 7-3-2　图 7-3-3 所示为一个 RLC 并联电路，求其电路的阻抗函数和零点、极点，以及零点、极点分布图。

解　(1) 该电路的阻抗函数(系统函数)为

$$H(s) = \frac{U(s)}{I(s)} = \cfrac{1}{\cfrac{1}{R} + \cfrac{1}{sL} + sC}$$

$$= \frac{1}{C} \frac{s}{s^2 + \dfrac{1}{RC}s + \dfrac{1}{LC}}$$

$$= \frac{b_1 s}{s^2 + a_1 s + a_0}$$

式中，$a_1 = \dfrac{1}{RC}$，$a_0 = \dfrac{1}{LC}$，$b_1 = \dfrac{1}{C}$。

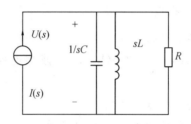

图 7-3-3　*RLC* 并联电路

(2) 令 $R = 100$ kΩ，$C = 200$ pF，$L = 20$ mH，则

$$a_1 = \frac{1}{RC} = 5 \times 10^4, \quad a_0 = \frac{1}{LC} = 2.5 \times 10^{11}, \quad b_1 = \frac{1}{C} = 5 \times 10^9$$

程序如下：

```
clear all;
a=[1 5 * 10^4 2.5 * 10^11];b=[0 5 * 10^9 0];
[zs,ps,k]=tf2zp(b,a)
ps=ps ';zs=zs ';
x=max(abs([ps zs]));
x=x+1;y=x;hold on;
plot([-x x],[0 0]);plot([0 0],[-y y]);
plot(real(ps),imag(ps),'X');plot(real(zs),imag(zs),'O');
title('RLC 并联电路零极点分布图')
```

运行程序，得出零点、极点分别为

```
k=5.0000e+009
zs=0
ps=   1.0e+005 *
  -0.2500+4.9937i
  -0.2500-4.9937i
```

绘制的零点、极点分布图如图 7-3-4 所示。零点位于 $s=0$ 处，阻抗为 0，两个极点分布于左半平面、实轴两侧，极点处阻抗为无穷大。

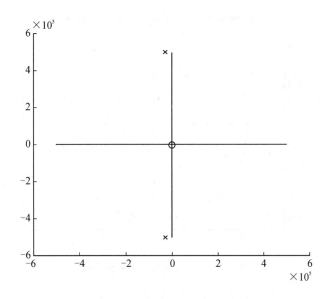

图 7 - 3 - 4　*RLC* 并联电路的零点、极点分布图

zplane()函数用于绘制离散系统的零、极点分布图,用法如下:

(1) zplane(z,p):使用已知的零、极点绘制零极点分布图,并显示单位圆。

(2) zplane(b,a):直接使用系统函数的分子向量"b"和分母向量"a"绘制零、极点分布图。

(3) zplane(Hd):根据 dfilt 滤波器对象 Hd,在 fvtool 窗口绘制零、极点分布图。

例 7 - 3 - 3　已知离散系统的差分方程为

$$y(n) - by(n-1) = ax(n), \ y(-1) = 0$$

求系统函数和零、极点,绘制零、极点分布图。

解　将差分方程两端取单边 Z 变换得

$$Y(z) - bz^{-1}Y(z) - by(-1) = aX(z)$$

将 y(-1)=0 代入上式得 $(1 - bz^{-1})Y(z) = aX(z)$,即系统函数为

$$H(z) = \frac{Y(z)}{X(z)} = \frac{a}{1 - bz^{-1}}$$

设 $b=0.5$, $a=2$,其实现程序如下:

```
b=0.5;a=2;
A=[1−b];
B=[a 0]; [z,p,k]=tf2zpk(B,A)
zplane(B,A)
```

程序运行后,绘制的零、极点分布图如图 7 - 3 - 5 所示,横坐标为实数部分,纵坐标为虚数部分。结果如下:

```
z=      0
p=      0.5000
k=      2
```

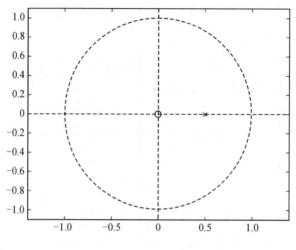

图 7 - 3 - 5　绘制零、极点分布图

7.4　零、极点分布与 LTI 系统的稳定性

稳定性是线性系统的一个属性,只与系统本身的结构参数有关,与初始条件无关,与外来输入信号也无关,即只与系统函数的极点有关,与零点无关。任何系统要正确处理输入信号,都必须以系统稳定为先决条件。所以,系统的稳定性判断是十分重要的。稳定性也是控制系统的重要性能,是控制系统能够正常运行的首要条件。

7.4.1　连续系统的稳定条件

1. 连续系统稳定的定义和稳定条件

连续系统稳定的定义如下:

对于一个有界信号 $x(t)$,若系统产生的零状态响应 $y(t)$ 也是有界的,则该系统是稳定的系统,否则是不稳定的。

对于一般系统,该定义可概括、等效为下列条件:

(1) 时域:连续系统稳定的充分必要条件是冲激响应 $h(t)$ 绝对可积,即

$$\int_{-\infty}^{\infty} | h(t) | \, \mathrm{d}t < \infty \tag{7.4.1}$$

(2) 频域:系统函数 $H(s)$ 的所有极点都分布在 s 平面的左半平面,系统是稳定的。

这两个条件是等价的,我们只要考察系统的零、极点分布,就可以判断系统的稳定性。

2. 零、极点对系统的影响

系统的稳定性由极点在 s 平面上的分布决定,而零点不影响稳定性。极点决定了冲激响应的形式,而各系数则由零、极点共同决定:

(1) 若极点位于 s 平面的左半平面,则冲激响应的模式为指数衰减或振荡衰减,当 $t \to \infty$ 时,冲激响应趋于 0,系统属于稳定系统。

（2）若极点位于 s 平面的右半平面，系统属于不稳定系统。若位于虚轴（包括原点）的极点为 n 重极点（$n \geqslant 2$），系统也属于不稳定系统。

（3）若单极点位于虚轴上（包括原点），系统属于临界稳定系统。

在 MATLAB 中，可用函数 pzmap(num,den) 或 pzmap(a,b,c,d)绘出零、极点在 s 平面上的位置，并以图形可视方式显示系统的稳定性。

例 7.4.1　图 7-4-1(a)所示为某放大器电路，图(b)为其等效电路，电阻 $R = 1\ \Omega$，$C = 1\ \text{F}$。

（1）求系统函数 $H(s)$。

（2）欲使该电路为一个稳定系统，求 K 的取值范围。

（3）求电路的单位冲激响应 $h(t)$。

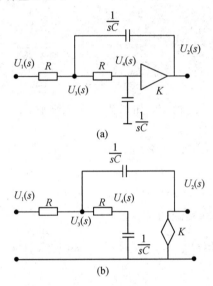

图 7-4-1　放大器电路

解

（1）由 s 域电路模型和已知条件，可列方程为

$$\begin{cases} (2+s)U_3(s) - U_1(s) - sU_2(s) - U_4(s) = 0 \\ (1+s)U_4(s) - U_3(s) = 0 \\ U_2(s) = KU_4(s) \end{cases}$$

所以

$$H(s) = \frac{U_2(s)}{U_1(s)} = \frac{K}{s^2 + (3-K)s + 1}$$

（2）欲使该电路为一个临界稳定系统，则 $3-K=0$，即临界稳定条件为 $K=3$；系统稳定条件为 $3-K>0$，即 K 取值范围为 $K<3$。

（3）当 $K=2$ 时，求出留数 r、极点 p，程序如下：

```
clear all;
b=[0 0 2];a=[1 1 1];
[r,p,k]=residue(b,a)
pzmap(b,a);  figure(2);
impulse(b,a);
```

结果为

```
r=
    0-1.1547i
    0+1.1547i
p=
  -0.5000+0.8660i
  -0.5000-0.8660i
k=[]
```

可见极点 p 位于左半平面，系统稳定，如图 $7-4-2$ 所示。留数是一对共轭复数根 r_1、r_2。单位冲激响应写成复函数的形式：

$$h(t) = [r_1 \mathrm{e}^{(\alpha+j\omega)t} + r_2 \mathrm{e}^{(\alpha-j\omega)t}]\varepsilon(t)$$
$$= -1.1547\mathrm{j}[\mathrm{e}^{0.8660\mathrm{j}} - \mathrm{e}^{-0.8660\mathrm{j}}]\mathrm{e}^{-0.5t}\varepsilon(t)$$
$$= 2 \times 1.1547\sin(0.8660t)\mathrm{e}^{-0.5t}\varepsilon(t)$$

即单位冲激响应为按指数规律衰减的正弦波：

$$h(t) = 2 \times 1.1547\mathrm{e}^{-t/2}\sin\left(\frac{\sqrt{3}}{2}t\right)\varepsilon(t)$$

其波形如图 $7-4-3$ 所示。

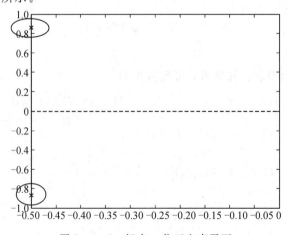

图 $7-4-2$　极点 p 位于左半平面

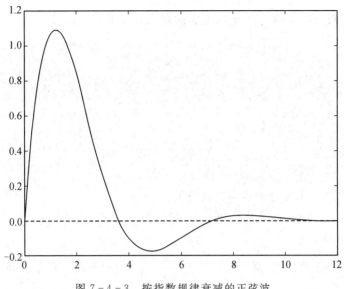

图 7 - 4 - 3　按指数规律衰减的正弦波

当 $K=1$ 时，求出的留数 r、极点 p 如下：

```
r=   0
     1
p=
    -1
    -1
k=  []
```

系统具有 2 重极点 $p=-1$，极点位于左半平面，系统稳定。此时单位冲激响应为

$$h(t) = (0 + 1 \times t)e^{-t}\varepsilon(t) = te^{-t}\varepsilon(t)$$

即单位冲激响应为指数衰减波，如图 7 - 4 - 4 所示。

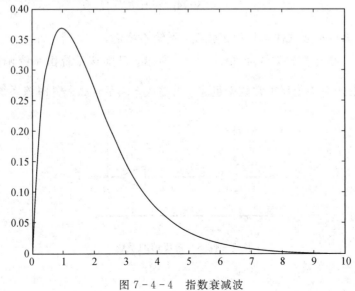

图 7 - 4 - 4　指数衰减波

当 $K=3$ 时，$H(s)=\dfrac{3}{s^2+1}$，运用前面的程序有如下结果：

```
r=
  0-1.5000i
  0+1.5000i
p=
  0+1.0000i
  0-1.0000i
k=[]
```

可知极点位于虚轴上，单位冲激响应为正弦波：
$$h(t) = 2 \times 1.5\sin(t) \cdot U(t) = 3\sin(t) \cdot U(t)$$
系统为临界稳定系统。

当 $K>3$ 时，例如 $K=4$，则 $H(s)=\dfrac{4}{s^2-s+1}$，运用前面的程序有如下结果：

```
r=
  0-2.3094i
  0+2.3094i
p=
  0.5000+0.8660i
  0.5000-0.8660i
k=[]
```

可知极点位于右半平面上，具有共轭极点，即极点 $p_{1,2} = 0.5000 \pm 0.8660\mathrm{j} = \dfrac{1}{2} \pm \dfrac{\sqrt{3}}{2}\mathrm{j}$，其单位冲激响应为

$$h(t) = 2 \times 2.3094\mathrm{e}^{t/2}\sin\left(\frac{\sqrt{3}}{2}t\right)\varepsilon(t)$$

即单位冲激响应为按指数规律增长的正弦波，系统不稳定。

例 7 - 4 - 2　带反馈的系统如图 7 - 4 - 5 所示，已知该系统由系统函数为 $H_1(s) = \dfrac{1}{(s+1)(s+2)}$ 的子系统与反馈常数 k 组成。当常数 k 满足什么条件时该系统稳定？

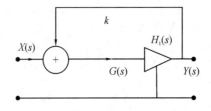

图 7 - 4 - 5　带反馈的系统

解　设一个中间变量 $G(s)$，则

$$G(s) = kY(s) + X(s)$$

由于 $Y(s) = G(s) \cdot H_1(s)$，于是有

$$Y(s) = G(s) \cdot H_1(s) = kH_1(s)Y(s) + H_1(s)X(s)$$

整理得

$$[1 - kH_1(s)]Y(s) = H_1(s)X(s)$$

所以，系统函数为

$$H(s) = \frac{Y(s)}{X(s)} = \frac{H_1(s)}{1 - kH_1(s)} = \frac{1}{s^2 + 3s + 2 - k}$$

可求出极点为

$$p_{1,2} = -\frac{3}{2} \pm \sqrt{\left(\frac{3}{2}\right)^2 - 2 + k}$$

要使系统稳定，极点应在 s 平面的左半平面，则

$$-\frac{3}{2} > \sqrt{\left(\frac{3}{2}\right)^2 - 2 + k}$$

即当 $\left(\frac{3}{2}\right)^2 - 2 + k < \left(\frac{3}{2}\right)^2$，即 $k < 2$ 时，系统稳定。

7.4.2　离散系统的稳定条件

在离散系统中，系统的稳定条件同样分为时域和频域：

（1）时域：离散系统稳定的充分必要条件是冲激响应 $h(n)$ 绝对可和，即

$$\sum_{n=-\infty}^{\infty} |h(n)| < \infty \tag{7.4.2}$$

（2）频域：当 $H(z)$ 的收敛域包括单位圆（$|z| = 1$）时，则系统稳定，即如果系统是稳定的因果系统，则系统函数 $H(z)$ 的收敛域为

$$r \leqslant |z| \leqslant \infty \qquad 0 < r < 1 \tag{7.4.3}$$

系统稳定时，系统函数的收敛域在圆外区域，并一定包含单位圆，系统函数的极点不能位于单位圆上。因此因果系统稳定的条件是：系统函数的极点应集中在单位圆内。对于非因果系统，收敛域并不在圆外区域，极点不限于单位圆内。

注意：不论是在时域或频域，这两个条件是等价的，系统的稳定性由极点的分布决定，而零点不影响稳定性。我们只要考察系统的零、极点分布，就可以判断系统的稳定性。

连续系统和离散系统稳定性的比较如表 7-4 所示。

综上所述，对于一般系统，系统稳定性可概括、等效为下列时域或频域条件：

（1）对于连续系统，如果闭环极点全部在 s 平面的左半平面，或者说系统特征方程的根（即传递函数的极点）全为负实数或具有负实部的共轭复根，则系统是稳定的。

（2）对于离散系统，如果系统全部极点都位于 z 平面的单位圆内，则系统是稳定的。

表 7 - 4　连续系统和离散系统稳定性的比较

	连续系统	离散系统
系统稳定的充分必要条件	$\int_{-\infty}^{\infty} \lvert h(t) \rvert \, dt < \infty$	$\sum_{n=-\infty}^{\infty} \lvert h(n) \rvert < \infty$
极点	$H(s)$ 的极点全部在 s 平面的左半平面	$H(z)$ 的极点全部在单位圆内
收敛域	含虚轴的 s 平面的右半平面	含单位圆的圆外区域
临界稳定的极点	位于虚轴	

例 7 - 4 - 3　因果系统的系统函数如下，试说明这些系统是否稳定？

(1) $H(z) = \dfrac{z+2}{8z^2 - 2z - 3}$;　　(2) $H(z) = \dfrac{8(1 - z^{-1} - z^{-2})}{2 + 5z^{-1} + 2z^{-2}}$。

解

(1) 将系统函数转变为标准形式，即

$$H(z) = \frac{z+2}{8z^2 - 2z - 3} = \frac{z^{-1} + 2z^{-2}}{8 - 2z^{-1} - 3z^{-2}}$$

零、极点分布图实现程序如下：

```
>>B=[0 1 2];
>>A=[8 -2  -3];
>>[z,p,k]=tf2zpk(B,A)
>>zplane(B,A)
```

运行结果如下：

```
z=-2
p=
    0.7500
   -0.5000
k=0.1250
```

即极点 $p_1 = 0.75$，$p_2 = -0.5$，都在单位圆内，故系统稳定。零、极点分布如图 7 - 4 - 6 所示。

(2) 系统函数可整理为 z 的降幂形式，零、极点分布图实现程序如下：

```
>>B=[8 -8 -8];
>>A=[2  5  2];
>>[z,p,k]=tf2zpk(B,A)
zplane(B,A)
```

运行结果如下：

```
z=
    -0.6180
     1.6180
p=
    -2.0000
    -0.5000
k=4
```

　　求出的极点为 $p_1 = -0.5$，$p_2 = -2$，有一个极点在单位圆外，所以系统不稳定，如图 $7 - 4 - 7$ 所示。

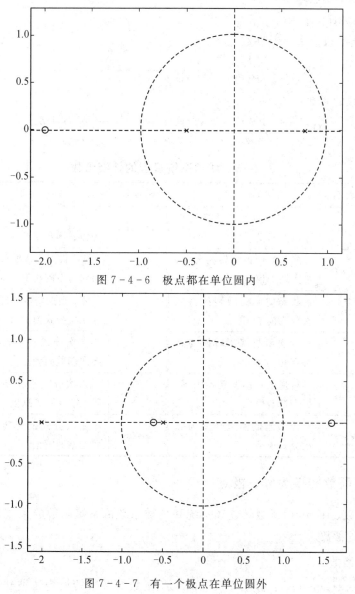

图 $7 - 4 - 6$　极点都在单位圆内

图 $7 - 4 - 7$　有一个极点在单位圆外

*7.5　系统函数与零、极点转换

系统函数的各种模型可以互相转换,也可以与零、极点形式互相转换。各种转换函数如表 7-5 所示。

7.5.1　零、极点转换为系统函数

在 MATLAB 中,zp2tf()函数可将一个系统,如滤波器的零、极点和增益参数转换为系统函数的系数,用法如下:

[b,a] = zp2tf(z,p,k)

即将滤波器的零、极点和增益参数:

$$H(s) = \frac{Z(s)}{P(s)} = k\,\frac{(s-z_1)(s-z_2)\cdots(s-z_m)}{(s-p_1)(s-p_2)\cdots(s-p_n)}$$

转换为系统函数的系数:

$$H(s) = \frac{B(s)}{A(s)} = \frac{b_1 s^{n-1} + b_2 s^{n-2} + \cdots + b_{n-1} s + b_n}{a_1 s^{m-1} + a_2 s^{m-2} + \cdots + a_{m-1} s + a_m}$$

表 7-5　线性系统模型的转换函数

函数名	功能说明	函数名	功能说明
ss2tf	状态空间模型转换为传递函数模型	zp2tf	零、极点增益模型转换为传递函数模型
ss2zp	状态空间模型转换为零、极点增益模型	zp2ss	零、极点增益模型转换为状态空间模型
ss2sos	状态空间模型转换为二次分式模型	zp2sos	零、极点增益模型转换为二次分式模型
tf2ss	传递函数模型转换为状态空间模型	sos2tf	二次分式模型转换为传递函数模型
tf2zp	传递函数模型转换为零、极点增益模型	sos2zp	二次分式模型转换为零、极点增益模型
tf2sos	传递函数模型转换为二次分式模型	sos2ss	二次分式模型转换为状态空间模型

7.5.2　系统函数转换为零、极点

tf2zp()函数、tf2zpk()函数将连续系统和离散系统的系统函数的系数转换为滤波器的零、极点和增益参数。

1. tf2zp()函数

[z,p,k] = tf2zp(b,a):将连续系统的系统函数的系数转换为滤波器的零、极点和增益参数。

tf2zp()函数可以使用正的幂指数($b_1 s^{n-1} + b_2 s^{n-2} + \cdots + b_{n-1} s + b_n$),例如连续时间系统的转移函数;也可以使用负的幂指数($b_1 + b_2 s^{-1} + \cdots + b_{n+1} s^{-n}$)。一个更加有用的类似的函数是 tf2zpk()。

对于连续系统:$m \leqslant n$。对于离散系统:$m = n$。如果分子与分母的长度不相等,可使用 $[b,a] = \text{eqtflength}(num,den)$ 函数转换为相等。或者在较短的向量后面补 0,使长度相等。

2. tf2zpk()函数

$[z,p,k] = \text{tf2zpk}(b,a)$:将离散系统函数的系数转换为滤波器的零、极点和增益参数。根据离散系统转移函数的分子系数向量 b 和分母系数向量 a,返回零点 z,极点 p 和与之关联的增益 k。

下面给出一个单输入、多输出(SIMO)的离散系统的多项式形式转移函数:

$$H(z) = \frac{B(z)}{A(z)} = \frac{b_0 + b_1 z^{-1} + \cdots + b_n z^{-n}}{a_0 + a_1 z^{-1} + \cdots + a_m z^{-m}}$$

可求出该系统函数的零、极点形式:

$$H(z) = \frac{Z(z)}{P(z)} = k \frac{(z - z_0)(z - z_1) \cdots (z - z_n)}{(z - p_0)(z - p_1) \cdots (z - p_m)}$$

7.6　系统的串联和并联

一个完整的系统是由许多子系统组成的,子系统的连接方式一般有串联(级联)、并联、混联和反馈连接 4 种。

在 MATLAB 中描述系统的模型不仅有数学表达式,还有应用在 SIMULINK 仿真环境中的动态方框图。只要按照一定的规则画出系统模型图,然后用实际系统的数据进行设置,就可以对其实现仿真。通过不同的连接方式,可实现方框图模型的化简。

7.6.1　系统串联与 series()函数

用 series()函数可串联连接两个 LTI 系统模型。此函数接受任何类型的 LTI 系统模型。这两个系统必须是两个连续或两个采样时间完全相同的离散系统。

(1) sys = series(sys1,sys2):串联连接两个 LTI 系统模型 sys1 和 sys2,如图 7-6-1 所示。

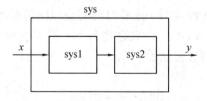

图 7-6-1　串联连接两个 LTI 系统模型

该串联连接的系统函数相当于两个子系统函数直接相乘:sys = sys2 · sys1。

例 7-6-1　系统结构图如图 7-6-1 所示,$\text{sys}_1(s) = \dfrac{1}{2s+1}$,$\text{sys}_2(s) = \dfrac{10}{(s^2 + 2s + 1)}$,求该系统的数学模型。

解　实现程序如下：

```
n1=[0 1];d1=[2 1];
n2=[0 0 10];d2=[1 2 1];
[n,d]=series(n1,d1,n2,d2);
printsys(n,d)
```

结果为

```
num/den=
           10
—————————————————————————
   2 s^3 + 5 s^2 + 4 s + 1
```

（2）sys = series(sys1,sys2,outputs1,inputs2)：多串联连接形式。outputs1 指定 sys1 要连接的输出端，inputs2 指定 sys2 要连接的输入端，如图 7 - 6 - 2 所示。

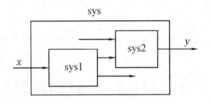

图 7 - 6 - 2　多串联连接形式

例 7 - 6 - 2　一个状态空间系统模型 sys1 有 5 个输入和 4 个输出，另一个状态空间系统模型 sys2 有 2 输入和 3 输出。将 sys1 的输出端 2、4 连接到 sys2 的输入端 1、2。求该系统的数学模型。

解　程序如下：

```
outputs1=[2 4];
inputs2=[1 2];
sys=series(sys1,sys2,outputs1,inputs2)
```

7.6.2　系统并联与 parallel() 函数

用 parallel() 函数可并联连接两个 LTI 系统模型。此函数接受任何类型的 LTI 系统模型。这两个系统必须是两个连续或两个采样时间完全相同的离散系统。

（1）sys = parallel(sys1,sys2)：并联连接两个 LTI 系统模型 sys1 和 sys2，如图 7 - 6 - 3 所示。该连接相当于两个系统直接相加：sys = sys2 + sys1。

例如：

① [num,den]=parallel(num1,den1,num2,den2)：系统 1 和系统 2 均为传递函数时，左变量为返回的闭环系统参数；右变量中，num1、den1 为系统 1 的参数变量，num2、den2 为系统 2 的参数变量。

② [A,B,C,D]=parallel(A1,B1,C1,D1,A2,B2,C2,D2)：系统 1 与系统 2 均为状态空间模型时的使用格式。

（2）sys = parallel(sys1,sys2,inp1,inp2,out1,out2)：多并联连接形式，out1、out2 指定 sys1、 sys2 要连接的输出端，inp1、inp2 指定 sys1、sys2 要连接的输入端，如图 7 - 6 - 4 所示。

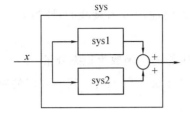

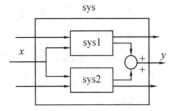

图 7 - 6 - 3　并联连接两个 LTI 系统模型　　　图 7 - 6 - 4　多并联连接形式

（3）sys = parallel(sys1, sys2, 'name')：使用匹配的 I/O 名字连接 sys1、sys2。

例如：

```
sys1=ss(eye(3),'InputName',{'C','B','A'},'OutputName',{'Z','Y','X'});
sys2=ss(eye(3),'InputName',{'A','C','B'},'OutputName',{'X','Y','Z'});
parallel(sys1,sys2,'name')
```

例 7 - 6 - 3　系统结构图如图 7 - 6 - 3 所示，$\text{sys}_1(s) = \dfrac{1}{s+4}$，$\text{sys}_2(s) = \dfrac{10}{s+10}$，求并联系统的数学模型。

解　实现程序如下：

```
n1=[0 1];d1=[1 4];
n2=[0 10];d2=[1 10];
[n,d]=parallel(n1,d1,n2,d2);
printsys(n,d)
```

结果为

```
num/den=

     11 s+50

————————————————

s^2 + 14 s+40
```

练习与思考

7 - 1　系统函数 $H(s) = \dfrac{2(s+2)}{(s+1)^2(s^2+1)}$，下列选项中，属于其零点的是（　　）。

　　A. -1　　　　　　　　　　B. -2

　　C. $-j$　　　　　　　　　　D. j

7 - 2　系统函数 $H(s) = \dfrac{2s(s+2)}{(s+1)(s-2)}$，下列选项中，属于其极点的是（　　）。

　　A. 1　　　　　　　　　　　B. 2

　　C. 0　　　　　　　　　　　D. -2

7-3　下列说法不正确的是(　　　)。

　　A. $H(s)$在左半平面的极点所对应的响应函数为衰减的,即当 $t \to \infty$ 时,响应均趋于 0

　　B. $H(s)$在虚轴上的一阶极点所对应的响应函数为稳态分量

　　C. $H(s)$在虚轴上的高阶极点或右半平面上的极点,其所对应的响应函数都是递增的

　　D. $H(s)$的零点在左半平面所对应的响应函数为衰减的,即当 $t \to \infty$ 时,响应均趋于 0

7-4　下列说法不正确的是(　　　)。

　　A. $H(z)$在单位圆内的极点所对应的响应序列为衰减的,即当 $k \to \infty$ 时,响应均趋于 0

　　B. $H(z)$在单位圆上的一阶极点所对应的响应序列为稳态响应

　　C. $H(z)$在单位圆上的高阶极点或单位圆外的极点,所对应的响应序列都是递增的,即当 $k \to \infty$ 时,响应均趋于∞

　　D. $H(z)$的零点在单位圆内所对应的响应序列为衰减的,即当 $k \to \infty$ 时,响应均趋于 0

7-5　序列的收敛域描述错误的是(　　　)。

　　A. 对于有限长的序列,其双边 Z 变换在整个平面

　　B. 对于因果序列,其 Z 变换的收敛域为某个圆外区域

　　C. 对于反因果序列,其 Z 变换的收敛域为某个圆外区域

　　D. 对于双边序列,其 Z 变换的收敛域为环状区域

7-6　某系统函数 $H(s)$ 的零、极点分布如题 7-6 图所示,且 $H_0 = 5$,试写出 $H(s)$ 的表达式。

7-7　已知某系统函数 $H(s)$ 的零、极点分布如题 7-7 图所示,若冲激响应的初始值 $h(0_+) = 2$,求系统函数 $H(s)$,并求出 $h(t)$。

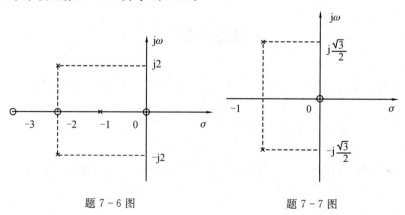

题 7-6 图　　　　　　　　　　　题 7-7 图

7-8　已知 $H(s)$ 的零、极点分布如题 7-8 图所示,并且 $h(0_+) = 2$,求 $H(s)$ 和 $h(t)$

的表达式。

　　7-9　已知 $H(s)$ 的零、极点分布如题7-9图所示，并且 $h(0_+)=2$，求 $H(s)$ 和 $h(t)$ 的表达式。

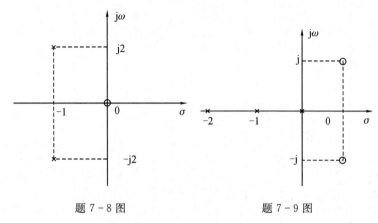

题 7-8 图　　　　　　　　　题 7-9 图

7-10　已知某数字滤波器的差分方程为

$$y(n)-0.7y(n-1)+0.12y(n-2)=2f(n)-f(n-1)$$

（1）求系统函数 $H(z)$；　　（2）求单位冲激响应 $h(n)$。

附录　本书常用表

附表 1　连续傅里叶变换性质及其对偶关系

连续傅里叶变换对 $f(t) = \dfrac{1}{2\pi}\displaystyle\int_{-\infty}^{+\infty} F(\omega)e^{j\omega t}\,d\omega,\ f(0) = \dfrac{1}{2\pi}\displaystyle\int_{-\infty}^{+\infty} F(\omega)\,d\omega$			相对偶的连续傅里叶变换对 $F(\omega) = \displaystyle\int_{-\infty}^{+\infty} f(t)e^{-j\omega t}\,dt,\ F(0) = \displaystyle\int_{-\infty}^{+\infty} f(t)\,dt$		
名称	连续时间函数 $f(t)$	傅里叶变换 $F(\omega)$	名称	连续时间函数 $f(t)$	傅里叶变换 $F(\omega)$
线性	$\alpha f_1(t) + \beta f_2(t)$	$\alpha F_1(\omega) + \beta F_2(\omega)$	—	—	—
尺度变换	$f(at),\ a\neq 0$	$\dfrac{1}{|a|}F\left(\dfrac{\omega}{a}\right)$	—	—	—
对偶性	$f(t)$	$g(\omega)$	—	$g(t)$	$2\pi f(-\omega)$
时移	$f(t-t_0)$	$F(\omega)e^{-j\omega t_0}$	频移	$f(t)e^{j\omega_0 t}$	$F(\omega-\omega_0)$
时域微分性质	$\dfrac{d}{dt}f(t)$	$j\omega F(\omega)$	频域微分性质	$-jtf(t)$	$\dfrac{d}{d\omega}F(\omega)$
时域积分性质	$\displaystyle\int_{-\infty}^{t} f(\tau)\,d\tau$	$\dfrac{F(\omega)}{j\omega} + \pi F(0)\delta(\omega)$	频域积分性质	$\dfrac{f(t)}{-jt} + \pi f(0)\delta(t)$	$\displaystyle\int_{-\infty}^{\omega} F(\sigma)\,d\sigma$
时域卷积性质	$f(t)*h(t)$	$F(\omega)H(\omega)$	频域卷积性质	$f(t)p(t)$	$\dfrac{1}{2\pi}F(\omega)*P(\omega)$
对称性	$f(-t)$ $f^*(t)$ $f^*(-t)$	$F(-\omega)$ $F^*(-\omega)$ $F^*(\omega)$	奇偶虚实性质	$f(t)$ 是实函数 $f_o(t) = Od\{f(t)\}$ $f_e(t) = Ev\{f(t)\}$	$jIm\{F(\omega)\}$ $Re\{F(\omega)\}$
希尔伯特变换	$f(t) = f(t)\varepsilon(t)$	$F(\omega) = R(\omega) + jI(\omega)$ $R(\omega) = I(\omega)\cdot\dfrac{1}{\pi\omega}$	—	—	—
时域抽样	$\displaystyle\sum_{n=-\infty}^{+\infty} f(t)\delta(t-nT)$	$\dfrac{1}{T}\displaystyle\sum_{k=-\infty}^{+\infty} F\left(\omega - k\dfrac{2\pi}{T}\right)$	频域抽样	$\dfrac{1}{\omega_0}\displaystyle\sum_{n=-\infty}^{+\infty} f\left(t - n\dfrac{2\pi}{\omega_0}\right)$	$F(\omega)\displaystyle\sum_{k=-\infty}^{+\infty} \delta(\omega - k\omega_0)$

附表 2　几种典型波形的傅里叶变换表

名称	波形函数 $f(t)$	波形图	频谱函数 $F(\omega)$	频谱图
矩形脉冲	$\begin{cases} E & \|t\| < \dfrac{\tau}{2} \\ 0 & \|t\| \geqslant \dfrac{\tau}{2} \end{cases}$		$E\tau\,\dfrac{\sin\left(\dfrac{\omega\tau}{2}\right)}{\dfrac{\omega\tau}{2}}$	
三角形脉冲	$\begin{cases} E\left(1 - \dfrac{2\|t\|}{\tau}\right) & \|t\| < \dfrac{\tau}{2} \\ 0 & \|t\| \geqslant \dfrac{\tau}{2} \end{cases}$		$\dfrac{E\tau}{2}\left[\dfrac{\sin\left(\dfrac{\omega\tau}{4}\right)}{\dfrac{\omega\tau}{4}}\right]^{2}$	
余弦脉冲	$\begin{cases} E\cos\left(\dfrac{\pi}{\tau}t\right) & \|t\| < \dfrac{\tau}{2} \\ 0 & \|t\| \geqslant \dfrac{\tau}{2} \end{cases}$		$\dfrac{2E\tau}{\pi}\,\dfrac{\cos\left(\dfrac{\omega\tau}{2}\right)}{1 - \left(\dfrac{\omega\tau}{\pi}\right)^{2}}$	

续表一

名称	波形函数 $f(t)$	波形图	频谱函数 $F(\omega)$	频谱图
梯形脉冲	$f(t)=\begin{cases}0 & \|t\|\geq\dfrac{\tau}{2}\\[4pt] \dfrac{2E}{\tau-\tau_1}\left(\dfrac{\tau}{2}+t\right) & -\dfrac{\tau}{2}<t<-\dfrac{\tau_1}{2}\\[4pt] E & -\dfrac{\tau_1}{2}<t<\dfrac{\tau_1}{2}\\[4pt] \dfrac{2E}{\tau-\tau_1}\left(\dfrac{\tau}{2}-t\right) & \dfrac{\tau_1}{2}<t<\dfrac{\tau}{2}\end{cases}$		$\dfrac{E(\tau+\tau_1)}{2}\cdot\dfrac{\sin\left(\dfrac{\omega(\tau+\tau_1)}{4}\right)}{\dfrac{\omega(\tau+\tau_1)}{4}}$	
指数尖脉冲	$\begin{cases}Ee^{-\alpha t} & t\geq0 \quad(\alpha>0)\\ 0 & t<0\end{cases}$		$\dfrac{E}{\alpha+j\omega}$	
阶跃脉冲	$\begin{cases}0 & t<0\\ 1 & t\geq0\end{cases}$		$F(\omega)=\dfrac{1}{j\omega}$	
指数脉冲	$\begin{cases}\dfrac{E}{\beta-\alpha}(e^{-\alpha t}-e^{-\beta t}) & t\geq0 \quad(\alpha\neq\beta)\\ 0 & t<0\end{cases}$		$\dfrac{E}{(\alpha+j\omega)(\beta+j\omega)}$	

续表二

名称	波形函数 $f(t)$	波形图	频谱函数 $F(\omega)$	频谱图
衰减正弦振荡	$\begin{cases} Ee^{-\alpha t}\sin(\omega_0 t) & t \geqslant 0 \\ 0 & t < 0 \end{cases}\quad \alpha > 0$		$\dfrac{\omega_0 E}{(\alpha + j\omega)^2 + \omega_0^2}$	
矩形等幅振荡	$\begin{cases} E\cos(\omega_0 t) & \lvert t \rvert \leqslant \dfrac{\tau}{2} \\ 0 & \lvert t \rvert > \dfrac{\tau}{2} \end{cases}$		$\dfrac{E\tau}{2}\times\left[\dfrac{\sin(\omega+\omega_0)\dfrac{\tau}{2}}{(\omega+\omega_0)\dfrac{\tau}{2}} + \dfrac{\sin(\omega-\omega_0)\dfrac{\tau}{2}}{(\omega-\omega_0)\dfrac{\tau}{2}}\right]$	
帕斯瓦尔公式	$\displaystyle\int_{-\infty}^{\infty}\lvert f(t)\rvert^2\,dt = \dfrac{1}{2\pi}\int_{-\infty}^{\infty}\lvert F(\omega)\rvert^2\,d\omega$	—	—	—

附表 3　几种常用信号的连续傅里叶变换对及其对偶关系表

连续傅里叶变换对		相对偶的连续傅里叶变换对	
连续时间函数 $f(t) = \dfrac{1}{2\pi}\displaystyle\int_{-\infty}^{+\infty} F(\omega)\mathrm{e}^{j\omega t}\,\mathrm{d}\omega$	傅里叶变换 $F(\omega) = \displaystyle\int_{-\infty}^{+\infty} f(t)\mathrm{e}^{-j\omega t}\,\mathrm{d}t$	连续时间函数 $f(t)$	傅里叶变换 $F(\omega)$
$\delta(t)$	1	1	$2\pi\delta(\omega)$
$\dfrac{\mathrm{d}}{\mathrm{d}t}\delta(t)$	$j\omega$	t	$j2\pi\dfrac{\mathrm{d}}{\mathrm{d}\omega}\delta(\omega)$
$\dfrac{\mathrm{d}^k}{\mathrm{d}t^k}\delta(t)$	$(j\omega)^k$	t^k	$2\pi j^k\dfrac{\mathrm{d}^k}{\mathrm{d}\omega^k}\delta(\omega)$
$\varepsilon(t)$	$\dfrac{1}{j\omega} + \pi\delta(\omega)$	$\dfrac{1}{2}\delta(t) - \dfrac{1}{j2\pi t}$	$\varepsilon(\omega)$
$t\varepsilon(t)$	$j\pi\dfrac{\mathrm{d}}{\mathrm{d}\omega}\delta(\omega) - \dfrac{1}{\omega^2}$		
$\mathrm{sgn}(t) = \begin{cases} 1 & t>0 \\ -1 & t<0 \end{cases}$	$\dfrac{2}{j\omega}$	$\dfrac{1}{\pi},\ t\neq 0$	$F(\omega) = \begin{cases} -j & \omega>0 \\ j & \omega<0 \end{cases}$
$\delta(t-t_0)$	$\mathrm{e}^{-j\omega t_0}$	$\mathrm{e}^{j\omega_0 t}$	$2\pi\delta(\omega-\omega_0)$
$\cos(\omega_0 t)$	$\pi[\delta(\omega+\omega_0) + \delta(\omega-\omega_0)]$	$\delta(t+t_0) + \delta(t-t_0)$	$2\cos(\omega t_0)$
$\sin(\omega_0 t)$	$j\pi[\delta(\omega+\omega_0) - \delta(\omega-\omega_0)]$	$\delta(t+t_0) - \delta(t-t_0)$	$j2\sin(\omega t_0)$
$f(t) = \begin{cases} 1 & |t|<\tau \\ 0 & |t|>\tau \end{cases}$	$\tau\mathrm{Sa}\left(\dfrac{\omega\tau}{2}\right)$	$\dfrac{W}{\pi}\mathrm{Sa}(Wt)$	$F(\omega) = \begin{cases} 1 & |\omega|<W \\ 0 & |\omega|>W \end{cases}$
$f(t) = \begin{cases} 1-|t|/\tau & |t|<\tau \\ 0 & |t|>\tau \end{cases}$	$\tau\mathrm{Sa}^2\left(\dfrac{\omega\tau}{2}\right)$	$\dfrac{W}{2\pi}\mathrm{Sa}^2\left(\dfrac{Wt}{2}\right)$	$\begin{cases} 1-|\omega|/W & |\omega|<W \\ 0 & |\omega|>W \end{cases}$

续表一

连续傅里叶变换对		相对偶的连续傅里叶变换对	
$e^{-at}\varepsilon(t)$, $\mathrm{Re}\{a\}>0$	$\dfrac{1}{a+j\omega}$	$\dfrac{1}{\tau-jt}$	$2\pi e^{-\tau\omega}\varepsilon(\omega)$, $\tau>0$
$e^{-a|t|}$, $\mathrm{Re}\{a\}>0$	$\dfrac{2a}{\omega^2+a^2}$	$\dfrac{\tau}{t^2+\tau^2}$	$\pi e^{-\tau|\omega|}$, $\tau>0$
$e^{-at}\cos(\omega_0 t)\varepsilon(t)$, $\mathrm{Re}\{a\}>0$	$\dfrac{a+j\omega}{(a+j\omega)^2+\omega_0^2}$		
$e^{-at}\sin(\omega_0 t)\varepsilon(t)$, $\mathrm{Re}\{a\}>0$	$\dfrac{\omega_0}{(a+j\omega)^2+\omega_0^2}$		
$te^{-at}\varepsilon(t)$, $\mathrm{Re}\{a\}>0$	$\dfrac{1}{(a+j\omega)^2}$	$\dfrac{1}{(\tau-jt)^2}$, $\tau>0$	$2\pi\omega e^{-\tau\omega}\varepsilon(\omega)$
$\dfrac{t^{k-1}e^{-at}}{(k-1)!}\varepsilon(t)$, $\mathrm{Re}\{a\}>0$	$\dfrac{1}{(a+j\omega)^k}$		
$\delta_T(t)=\displaystyle\sum_{l=-\infty}^{+\infty}\delta(t-lT)$	$\dfrac{2\pi}{T}\displaystyle\sum_{k=-\infty}^{+\infty}\delta\left(\omega-k\dfrac{2\pi}{T}\right)$		
$e^{-\left(\frac{t}{\tau}\right)^2}$	$\sqrt{\pi}\tau e^{-\left(\frac{\omega\tau}{2}\right)^2}$		
$\left[\varepsilon\left(t+\dfrac{\tau}{2}\right)-\varepsilon\left(t-\dfrac{\tau}{2}\right)\right]\cos(\omega_0 t)$	$\dfrac{\tau}{2}\left[\mathrm{Sa}\dfrac{(\omega+\omega_0)\tau}{2}+\mathrm{Sa}\dfrac{(\omega-\omega_0)\tau}{2}\right]$		
$\displaystyle\sum_{k=-\infty}^{+\infty}F_k e^{jk\omega_0 t}$	$2\pi\displaystyle\sum_{k=-\infty}^{+\infty}F_k\delta(\omega-k\omega_0)$		

附表 4　拉普拉斯变换的基本性质

序号	性质名称		函数表达式
1	线性定理	齐次性	$\mathcal{L}\left[af(t)\right] = aF(s)$
		叠加性	$\mathcal{L}\left[f_1(t) \pm f_2(t)\right] = F_1(s) \pm F_2(s)$
2	微分定理	一般形式	$\mathcal{L}\left[\dfrac{\mathrm{d}f(t)}{\mathrm{d}t}\right] = sF(s) - f(0)$ $$\mathcal{L}\left[\dfrac{\mathrm{d}^2 f(t)}{\mathrm{d}t^2}\right] = s^2 F(s) - sf(0) - f'(0)$$ $$\vdots$$ $$\mathcal{L}\left[\dfrac{\mathrm{d}^n f(t)}{\mathrm{d}t^n}\right] = s^n F(s) - \sum_{k=1}^{n} s^{n-k} f^{(k-1)}(0)$$ $$f^{(k-1)}(t) = \dfrac{\mathrm{d}^{k-1} f(t)}{\mathrm{d}t^{k-1}}$$
		初始条件为零时	$\mathcal{L}\left[\dfrac{\mathrm{d}^n f(t)}{\mathrm{d}t^n}\right] = s^n F(s)$
3	积分定理	一般形式	$$\mathcal{L}\left[\int f(t)\,\mathrm{d}t\right] = \dfrac{F(s)}{s} + \dfrac{\left[\int f(t)\,\mathrm{d}t\right]_{t=0}}{s}$$ $$\mathcal{L}\left[\iint f(t)\,(\mathrm{d}t)^2\right] = \dfrac{F(s)}{s^2} + \dfrac{\left[\int f(t)\,\mathrm{d}t\right]_{t=0}}{s^2} + \dfrac{\left[\iint f(t)\,(\mathrm{d}t)^2\right]_{t=0}}{s}$$ $$\vdots$$ $$\mathcal{L}\left[\overbrace{\int\!\!\cdots\!\!\int}^{\text{共}n\text{个}} f(t)\,(\mathrm{d}t)^n\right] = \dfrac{F(s)}{s^n} + \sum_{k=1}^{n} \dfrac{1}{s^{n-k+1}} \left[\overbrace{\int\!\!\cdots\!\!\int}^{\text{共}k\text{个}} f(t)\,(\mathrm{d}t)^n\right]_{t=0}$$
		初始条件为零时	$$\mathcal{L}\left[\overbrace{\int\!\!\cdots\!\!\int}^{\text{共}n\text{个}} f(t)\,(\mathrm{d}t)^n\right] = \dfrac{F(s)}{s^n}$$
4	延迟定理(或称 t 域平移定理)		$\mathcal{L}\left[f(t-t_0)\right] = \mathrm{e}^{-st_0} F(s)$
5	衰减定理(或称 s 域平移定理)		$\mathcal{L}\left[f(t)\mathrm{e}^{\mp s_0 t}\right] = F(s \pm s_0)$
6	终值定理		$\lim\limits_{t \to \infty} x(t) = \lim\limits_{s \to 0} sX(s)$
7	初值定理		$\lim\limits_{t \to 0} x(t) = \lim\limits_{s \to \infty} sX(s)$
8	时域卷积定理		$\mathcal{L}\left[x_1(t) * x_2(t)\right] = \mathcal{L}\left[\int_0^t x_1(t-\tau)x_2(\tau)\mathrm{d}\tau\right] = \mathcal{L}\left[\int_0^t x_1(t)x_2(t-\tau)\mathrm{d}\tau\right]$ $= X_1(s)X_2(s)$
9	频域卷积定理		$x_1(t) \cdot x_2(t) = \dfrac{1}{2\pi \mathrm{j}} \mathcal{L}^{-1}\left[X_1(s) * X_2(s)\right]$
10	对偶性		$X(t) \overset{\mathcal{L}}{\longleftrightarrow} 2\pi x(-s)$
11	尺度变换		$x(at) \overset{\mathcal{L}}{\longleftrightarrow} \dfrac{1}{|a|} X\left(\dfrac{s}{a}\right) \quad (a \neq 0)$

附表 5 常用函数的拉普拉斯变换和 Z 变换表

序号	拉普拉斯变换 $E(s)$	时间函数 $e(t)$	Z 变换 $E(z)$
1	1	$\delta(t)$	1
2	s	$\delta'(t)$	—
3	$\dfrac{1}{1-\mathrm{e}^{-Ts}}$	$\delta_T(t)=\sum\limits_{n=0}^{\infty}\delta(t-nT)$	$\dfrac{z}{z-1}$
4	$\dfrac{1}{s}$	$\varepsilon(t)$	$\dfrac{z}{z-1}$
5	$\dfrac{1}{s^2}$	t	$\dfrac{Tz}{(z-1)^2}$
6	$\dfrac{1}{s^3}$	$\dfrac{t^2}{2}$	$\dfrac{T^2 z(z+1)}{2\,(z-1)^3}$
7	$\dfrac{1}{s^{n+1}}$	$\dfrac{t^n}{n!}$	$\lim\limits_{a\to 0}\dfrac{(-1)^n}{n!}\dfrac{\partial^n}{\partial a^n}\left(\dfrac{z}{z-\mathrm{e}^{-aT}}\right)$
8	$\dfrac{1}{s+a}$	e^{-at}	$\dfrac{z}{z-\mathrm{e}^{-aT}}$
9	$\dfrac{1}{(s+a)^2}$	$t\mathrm{e}^{-at}$	$\dfrac{Tz\mathrm{e}^{-aT}}{(z-\mathrm{e}^{-aT})^2}$
10	$\dfrac{a}{s(s+a)}$	$1-\mathrm{e}^{-at}$	$\dfrac{(1-\mathrm{e}^{-aT})z}{(z-1)(z-\mathrm{e}^{-aT})}$
11	$\dfrac{b-a}{(s+a)(s+b)}$	$\mathrm{e}^{-at}-\mathrm{e}^{-bt}$	$\dfrac{z}{z-\mathrm{e}^{-aT}}-\dfrac{z}{z-\mathrm{e}^{-bT}}$
12	$\dfrac{\omega}{s^2+\omega^2}$	$\sin(\omega t)$	$\dfrac{z\sin(\omega T)}{z^2-2z\cos(\omega T)+1}$
13	$\dfrac{s}{s^2+\omega^2}$	$\cos(\omega t)$	$\dfrac{z(z-\cos(\omega T))}{z^2-2z\cos(\omega T)+1}$
14	$\dfrac{\omega}{(s+a)^2+\omega^2}$	$\mathrm{e}^{-at}\sin(\omega t)$	$\dfrac{z\mathrm{e}^{-aT}\sin(\omega T)}{z^2-2z\mathrm{e}^{-aT}\cos(\omega T)+\mathrm{e}^{-2aT}}$
15	$\dfrac{s+a}{(s+a)^2+\omega^2}$	$\mathrm{e}^{-at}\cos(\omega t)$	$\dfrac{z^2-z\mathrm{e}^{-aT}\cos(\omega T)}{z^2-2z\mathrm{e}^{-aT}\cos(\omega T)+\mathrm{e}^{-2aT}}$
16	$\dfrac{1}{s-(1/T)\ln a}$	$a^{t/T}$	$\dfrac{z}{z-a}$

附表 6　连续系统不同特征根所对应的齐次解

特征根	响应 $y(t)$ 的齐次解 $y_h(t)$
单实根	$y_h(t) = C\mathrm{e}^{\lambda t}$
n 重实根	$y_h(t) = C_0\mathrm{e}^{\lambda t} + C_1 t\mathrm{e}^{\lambda t} + \cdots + C_{n-1} t^{n-1}\mathrm{e}^{\lambda t}$
一对共轭复根 $\lambda_{1,2} = \alpha \pm j\beta$	$y_h(t) = C_1\mathrm{e}^{\alpha t}\cos(\beta t) + C_2\mathrm{e}^{\alpha t}\sin(\beta t)$
r 重共轭复根	$y_h(t) = C_{r-1} t^{r-1}\mathrm{e}^{\alpha t}\cos(\beta t + \theta_{r-1}) + C_{r-2} t^{r-2}\mathrm{e}^{\alpha t}\cos(\beta t + \theta_{r-2}) + \cdots + C_0\mathrm{e}^{\alpha t}\cos(\beta t + \theta_0)$

附表 7　连续系统几种典型自由项函数相应的特解

激励 $x(t)$	响应 $y(t)$ 的特解 $y_p(t)$
F（常数）	P（常数）
t^m	$P_m t^m + P_{m-1} t^{m-1} + \cdots + P_1 t + P_0$（特征根均不为 0）， $t^r(P_m t^m + P_{m-1} t^{m-1} + \cdots + P_1 t + P_0)$（有 r 重为 0 的特征根）
$\mathrm{e}^{\alpha t}$	$P\mathrm{e}^{\alpha t}$（α 不等于特征根）， $(P_1 t + P_0)\mathrm{e}^{\alpha t}$（$\alpha$ 等于特征单根）， $(P_r t^r + P_{r-1} t^{r-1} + \cdots + P_0)\mathrm{e}^{\alpha t}$（$\alpha$ 等于 r 重特征根）
$\cos(\beta t)$ 或 $\sin(\beta t)$	$P_1\cos(\beta t) + P_2\sin(\beta t)$（特征根不等于 $\pm j\beta$）

附表 8　离散系统的齐次解

特征根	齐次解 $y_h(n)$
单实根 λ	$C\lambda^n$
r 重的实根 λ	$C_{r-1} n^{r-1}\lambda^n + C_{r-2} n^{r-2}\lambda^n + \cdots + C_1 n\lambda^n + C_0\lambda^n$
一对共轭复根 $\lambda_{1,2} = a + jb = \rho\mathrm{e}^{\pm j\beta}$	$\rho^n[C\cos(\beta n) + D\sin(\beta n)]$ 或 $A\rho^n\cos(\beta n - \theta)$，其中 $A\mathrm{e}^{j\theta} = C + jD$
r 重共轭复根 $\lambda_{1,2,\cdots,r} = a + jb = \rho\mathrm{e}^{\pm j\beta}$	$\rho^n[A_{r-1} n^{r-1}\cos(\beta n - \theta_{r-1}) + A_{r-2} n^{r-2}\cos(\beta n - \theta_{r-2}) + \cdots + A_0\cos(\beta n - \theta_0)]$

附表 9　离散系统的特解

激励 $f(n)$	特解 $y_p(n)$
n^M	$P_M n^M + P_{M-1} n^{M-1} + \cdots + P_1 n + P_0$（所有特征根均不等于 1），$[P_M n^M + P_{M-1} n^{M-1} + \cdots + P_1 n + P_0] n^r$（有 r 重等于 1 的特征根）
a^n	Pa^n（a 不等于特征根），$P_1 na^n + P_0 a^n$（a 是特征单根），$P_r n^r a^n + P_{r-1} n^{r-1} a^n + \cdots + P_1 na^n + P_0 a^n$（$a$ 是 r 重特征根）
$\cos(\beta n)$ 或 $\sin(\beta n)$	$P\cos(\beta n) + Q\sin(\beta n)$ 或 $A\cos(\beta n - \theta)$，其中 $Ae^{j\theta} = P + jQ$（所有特征根均不等于 $e^{\pm j\beta}$）

附表 10　连续系统一阶极点与原函数对应关系

系统函数	极点位置	时域响应
$H(s) = \dfrac{1}{s}$	$p_1 = 0$ 在原点	$h(t) = \mathcal{L}^{-1}[H(s)] = \varepsilon(t)$
$H(s) = \dfrac{1}{s+a}$	$p_1 = -a$	$h(t) = re^{-at}\varepsilon(t)$
	$a > 0$，正实轴上	指数衰减
	$a < 0$，负实轴上	指数增长
$H(s) = \dfrac{\omega}{s^2 + \omega^2}$	$p_{1,2} = \pm j\omega$，在虚轴上	$h(t) = r\sin(\omega t) \cdot \varepsilon(t)$，等幅振荡
$H(s) = \dfrac{\omega}{(s+a)^2 + \omega^2}$ $= \dfrac{\omega}{s^2 + 2as + (a^2 + \omega^2)}$	$p_1 = -a + j\omega$，$p_2 = -a - j\omega$，共轭根	$h(t) = re^{-at}\sin(\omega t) \cdot \varepsilon(t)$
	当 $a > 0$，极点在左半平面	衰减振荡
	当 $a < 0$，极点在右半平面	增幅振荡

附表 11　连续系统二阶极点与原函数对应关系

系统函数	极点位置	时域响应
$H(s) = \dfrac{1}{s^2}$	$p_1 = 0$，在原点	$h(t) = t\varepsilon(t)$，$t \to \infty$，$h(t) \to \infty$
$H(s) = \dfrac{1}{(s+a)^2} = \dfrac{1}{s^2 + 2as + a^2}$	$p_1 = -a$，实轴上	$h(t) = te^{-at}\varepsilon(t)$，$a > 0$，$t \to \infty$，$h(t) \to 0$
$H(s) = \dfrac{2\omega s}{(s^2 + \omega^2)^2}$ $H(s) = \dfrac{2s}{(s^2 + \omega^2)^2}$	$p_1 = j\omega$，在虚轴上	$h(t) = t\sin(t)\varepsilon(t)$，$t \to \infty$，$h(t)$ 增幅振荡

附表 12　连续系统与离散系统极点分布对幅频特性的影响比较

s 平面		z 平面	
极点位置	$h(t)$ 特点	极点位置	$h(n)$ 特点
虚轴上	等幅	单位圆上	等幅
原点	$\varepsilon(t) \xleftrightarrow{\mathscr{L}} \dfrac{1}{s}$	$\theta = 0$ $z = 1$	$\varepsilon(n) \xleftrightarrow{\mathscr{L}} \dfrac{1}{1 - z^{-1}}$
左半平面	减幅	单位圆内	减幅
右半平面	增幅	单位圆外	增幅

参 考 文 献

[1] 郑君里，应启衍，杨为理. 信号与系统. 3 版. 北京：高等教育出版社，2020.

[2] 陈后金，胡健，薛健. 信号与系统. 3 版. 北京：清华大学出版社，2017.

[3] OPPENHEIM A V. 信号与系统. 刘树棠，译. 2 版. 西安：西安交通大学出版社，1998.

[4] 解培中，周波. 信号与系统分析. 2 版. 北京：人民邮电出版社，2018.

[5] 孙爱晶，吉利萍，党薇. 信号与系统. 2 版. 北京：人民邮电出版社，2016.

[6] 金学波，杜晶晶，夏海霞. 信号与系统. 西安：西安电子科技大学出版社，2010.

[7] 宋家友，赵春雨，宫娜娜. 信号与系统. 西安：西安电子科技大学出版社，2019.